"十二五"职业教育国家规划教材
经全国职业教育教材审定委员会审定
全国高职高专院校机电类专业规划教材

应用电工

（第二版）

陆建国　主　编
吴国强　副主编
吕景泉　主　审

YINGYONG DIANGONG (DIERBAN)

中国铁道出版社有限公司
CHINA RAILWAY PUBLISHING HOUSE CO., LTD.

内 容 简 介

本书将原来"电工技术"课程和"维修电工"实训实践课程进行了综合设计，通过"安全用电与触电急救、常用电工工具及仪表使用、简单直流电路制作与调试、护套线照明线路的安装、荧光灯安装与调试、低压电器及继电电路识图、典型继电电路图的绘制、三相异步电动机的拆装与维修、典型继电电路安装与调试、X62W 铣床电气线路安装与调试、配电应用技术"这 11 个项目的学习，使学生在学习电工应用技能的过程中掌握电工应用知识。

本书以学生为主体、项目为载体，用任务引领、教师指导、由浅入深、由易到难的思维方式进行编写，从而有效地训练学生掌握电工技术的应用能力。

本书适合作为高职高专院校相关课程教材，也可作为电工技术职业技能鉴定的相关培训教材，以及相关工程技术人员的参考书。

图书在版编目（CIP）数据

应用电工 / 陆建国主编. —2版. — 北京 : 中国铁道出版社，2014.8（2022.2重印）

全国高职高专院校机电类专业规划教材 "十二五"职业教育国家规划教材

ISBN 978-7-113-18918-1

Ⅰ. ①应… Ⅱ. ①陆… Ⅲ. ①电工－高等职业教育－教材 Ⅳ. ①TM

中国版本图书馆CIP数据核字(2014)第151357号

| 书 | 名：应用电工（第二版） |
| 作 | 者：陆建国 |

策	划：何红艳	读者热线：(010)63560043
责任编辑：何红艳	
编辑助理：绳 超	
封面设计：付 巍	
封面制作：白 雪	
责任校对：王 杰	
责任印制：樊启鹏	

出版发行：中国铁道出版社有限公司（100054，北京市西城区右安门西街8号）

网　　址：http://www.tdpress.com/51eds/

印　　刷：北京富资园科技发展有限公司

版　　次：2009年12月第1版　2014年8月第2版　2022年2月第3次印刷

开　　本：787mm×1092 mm　1/16　印张：14.25　字数：315千

印　　数：3 501～4 000 册

书　　号：ISBN 978-7-113-18918-1

定　　价：32.00 元

出版说明

IMPRINT

　　随着我国高等职业教育改革的不断深化发展，我国高等职业教育改革和发展进入一个新阶段。2006年，教育部下发的《关于全面提高高等职业教育教学质量的若干意见》的16号文件旨在进一步适应经济和社会发展对高素质技能型人才的需求，推进高职人才培养模式改革，提高人才培养质量。

　　教材建设工作是整个高等职业院校教育教学工作中的重要组成部分，教材是课程内容和课程体系的知识载体，对课程改革和建设既有龙头作用，又有推动作用，所以提高课程教学水平和质量的关键在于建设高水平高质量的教材。

　　出版面向高等职业教育的"以就业为导向的，以能力为本位"的优质教材一直以来就是中国铁道出版社优先开发的领域。我社本着"依靠专家、研究先行、服务为本、打造精品"的出版理念，成立了"中国铁道出版社高职机电类课程建设研究组"，并经过充分调查研究，策划编写、出版了本系列教材。

　　本系列教材主要涵盖高职高专机电类的公共平台课和6个专业及相关课程，即：电气自动化专业、机电一体化专业、生产过程自动化专业、数控技术专业、模具设计与制造专业以及数控设备应用与维护专业，既自成体系又具有相对独立性。本系列教材在研发过程中邀请了高职高专自动化教指委专家、国家级教学名师、精品课负责人、知名专家教授、学术带头人及骨干教师。他们针对相关专业的课程设置融合了多年教学中的实践经验，同时吸取了高等职业教育改革的成果，无论从教学理念的导向、教学标准的开发、教学体系的确立、教材内容的筛选、教材结构的设计，还是教材素材的选择都极具特色。

　　归纳而言，本系列教材体现如下几点编写思想：

　　（1）围绕培养学生的职业技能这条主线设计教材的结构，理论联系实际，从应用的角度组织内容，突出实用性，同时注意将新技术、新工艺等内容纳入教材。

　　（2）遵循高等职业院校学生的认知规律和学习特点，对于基本理论和方法的讲述力求通俗易懂，多用图表来表达信息，以解决日益庞大的知识内容与学时偏少之间的矛盾；同时增加相关技术在实际生产和生活中的应用实例，引导学生主动学习。

　　（3）将"问题引导式""案例式""任务驱动式""项目驱动式"等多种教学方法引入教材体例的设计中，融入启发式教学方法，务求好教好学爱学。

　　（4）注重立体化教材的建设，通过主教材、配套素材光盘、电子教案等教学资源的有机结合，提高教学服务水平。

　　总之，本系列教材在策划出版过程中得到了全国高职高专自动化教指委以及广大专家的指导和帮助，在此表示深深的感谢。希望本系列教材的出版能为我国高等职业院校教育改革起到良好的推动作用，欢迎使用本系列教材的老师和同学提出宝贵的意见和建议，书中如有不妥之处，敬请批评指正。

中国铁道出版社

2014年3月

　　根据教育部〔2004〕16号及教职成〔2012〕9号《教育部关于"十二五"职业教育教材若干意见》的文件精神，原教育部高职高专自动化技术类教学指导委员会成立了"生产过程自动化""电气自动化""机电一体化"专业建设和课程建设专家小组，探讨专业建设解决方案，启动规划教材工程，本教材是原教育部高职高专自动化技术类教学指导委员会规划并指导的基于工作过程导向，面向全国职业院校、服务高职"自动化"类专业职业能力培养的综合教材。

　　本书将原来"电工技术"课程和"维修电工"实训实践课程进行了综合设计，教学过程全部集中在"维修电工"实训室中完成，是一本真正体现"基于工作过程导向"的教学做一体化教材。

　　本书力求以学生为主体、以项目为载体、任务引领、教师指导、由浅入深、由易到难，训练学生电工技术的应用能力。

　　本书的项目内容以工作过程为主线，按收集信息→制订工作计划→决定→实施→检查→评价六个工作过程进行任务划分展开描述，每个项目按照"项目学习目标、项目相关知识、项目情境、项目实施、项目评价、项目拓展"六个模块陈述内容。其中：

　　项目学习目标：项目内容概述与目标要求。

　　项目相关知识：理论知识讲解。

　　项目情境：以能力为目标、学生为主体、项目为载体、依托实训环境建立教学情境，下达任务书。

　　项目实施：完成工作任务。

　　项目评价：检查验收、师生互动点评并进行成果展示。

　　项目拓展：社会实践或研讨习题。

　　本次改版根据高职高专教学特色和目标要求，从内容上保留了第一版的安全用电与触电急救、常用电工工具及仪表使用、简单直流电路制作与调试、护套线照明线路的安装、荧光灯安装与调试、三相异步电动机的拆装与维修共六个项目的训练内容；在此基础上增加了低压电器及继电电路识图、典型继电电路图的绘制、典型继电电路安装与调试、X62W铣床电气线路安装与调试、配电应用技术五个项目的训练内容；同时参编队伍融入了一线企业技术人员，使教学内容和学生能力训练更贴近企业岗位的实际需求。

　　本书的课程内容如下表所列。

课 程 内 容

项目名称	项目相关知识
项目一　安全用电与触电急救	电工安全用电知识
	触电急救知识
	电气火灾消防知识
项目二　常用电工工具及仪表使用	常用电工工具及使用
	常用电工仪表及使用

项目名称	项目相关知识
项目三 　简单直流电路制作与调试	电气识图的基本知识
	直流电路的基本知识
	直流电路分析计算的常用方法
	常用电子元器件的识别与焊接
项目四 　护套线照明线路的安装	室内配线的基本知识
	配电板安装的基本知识
项目五 　荧光灯安装与调试	正弦交流电基本知识
	正弦交流电路的分析与计算
	荧光灯
项目六 　低压电器及继电电路识图	常用低压电器的结构和工作特点
	电气控制图的分析方法
	三相异步电动机正转控制电路
	三相异步电动机正反转控制电路
	三相异步电动机降压启动控制电路
	三相异步电动机顺序与多地控制电路
项目七 　典型继电电路图的绘制	电气制图与电气图形符号国家标准
	三相异步电动机正反转电路的CAD制图实现
项目八 　三相异步电动机的拆装与维修	三相异步电动机概述
	三相异步电动机的拆卸与装配
	三相异步电动机常见故障分析和排除
项目九 　典型继电电路安装与调试	三相异步电动机正转控制电路
	三相异步电动机正反转控制电路
	三相异步电动机降压启动控制电路
项目十 　X62W铣床电气线路安装与调试	X62W铣床基础知识
	电气控制线路工艺安装
	机床电气故障的排查
	X62W铣床常见故障分析及排除
项目十一 　配电应用技术	室内电气工程识图基础
	车间动力与照明线路基础
	车间配电线路运行与维护

本书由江苏省电力公司检修分公司李敏工程师、常州工程职业技术学院陆建国教授编写项目一；湖州职业技术学院蒉秀惠讲师编写项目二；常州工程职业技术学院周全生副教授编写项目三；常州轻工职业技术学院姚庆文教授编写项目四；常州纺织服装职业技术学院张文明教授、刘艳云讲师编写项目五；常州工程职业技术学院陆建国、湖州职业技术学院姚晴洲副教授编写项目六；常州工程职业技术学院陆建国教授编写项目八；湖州职业技术学院姚晴洲副教授编写项目九、项目十；湖州职业技术学院吴国强讲师编写项目七、项目十一。

常州工程职业技术学院陆建国、湖州职业技术学院吴国强进行课程设计并分别任主编、副主编；天津中德职业技术学院吕景泉教授主审。全书由常州工程职业技术学院陆建国负责统稿并制作电子教案。

由于编者水平有限，书中难免存在疏漏和不足之处，欢迎读者批评指正。

编　者

2014年5月

　　本书将原来"电工技术"课程和"维修电工实训实践"课程进行了综合，教学过程全部集中在维修电工实训室中完成，是一本真正体现"基于工作过程导向"的教、学、做一体化教材，教学方法倡导"做中学、学中做"、工学结合的模式。

　　教学过程中，力求以学生为主体，以项目为载体，任务引领，教师指导，由浅入深，由易到难，训练学生电工技术的应用能力。

　　本书的项目内容以工作过程为主线，按收集信息→制订工作计划→决定→实施→检查→评价六个工作过程进行任务划分并展开描述，共有十个项目，每个项目按照"项目学习目标、项目相关知识、项目情境、项目实施、项目评价、项目拓展"六个模块陈述内容。

　　项目学习目标：项目内容概述与目标要求。

　　项目相关知识：理论参考教材。

　　项目情境：以能力为目标、学生为主体、项目为载体、依托实训环境建立教学情境，下达任务书。

　　项目实施：完成工作任务。

　　项目评价：检查验收、师生互动点评并进行成果展示。

　　项目拓展：社会实践或研讨习题。

　　本书的课程内容及学时安排建议见下表。

　　本书由常州工程职业技术学院陆建国编写项目一、四；常州工程职业技术学院邓允编写项目二；常州轻工职业技术学院俞亚珍编写项目三；常州纺织服装职业技术学院张文明编写项目五；常州信息职业技术学院秦益霖编写项目六；常州机电职业技术学院陶国政编写项目七；武汉电力职业技术学院汤晓华编写项目八；常州工程职业技术学院许德志编写项目九；湖州职业技术学院高志宏编写项目十；电子教案由常州工程职业技术学院许德志编写（电子教案可在中国铁道出版社网站http://edu.tqbooks.net下载）。

　　常州工程职业技术学院陆建国进行课程设计并担任主编。天津中德职业技术学院吕景泉教授主审。编者在编写本书的过程中得到中国铁道出版社的大力支持，在此一并表示感谢！

　　由于编者水平有限，书中难免存在错误，欢迎读者批评指正。

编　者
2009年9月

课程内容及学时安排建议

原课程体系内容	新体系的项目名称	新体系的具体子项目或任务	学时
绪论 直流电路 电磁特性 交流电路 常用低压电器 异步电动机 变压器 电工测量 安全用电	安全用电与触电急救	我国工业、民用安全用电操作规程的情景展现	4
		典型触电情境再现	
		触电急救技术演练	
		电气消防技术演练	
	常用电工工具及仪表使用	常用电工工具使用	4
		常用电工仪表使用	
		常用导线认知、连接与绝缘恢复	
	简单直流电路制作与调试	电气识图	4
		简单直流电路搭接与测试	
	护套线照明线路的安装	典型单相交流电路安装方案确定	4
		典型单相交流电路安装方案的审核	
		典型单相交流电路安装方案的实施	
		典型单相交流电路安装方案的评价	
		典型单相交流电路安装方案的经济核算	
	日光灯安装与调试	日光灯安装与调试；R、L、C电参量核算	4
	常用低压电器的选择与维修	常用低压电器的识别	8
		常用低压电器的选择与安装	
		常用低压电器的拆装与维修	
	三相异步电动机的拆装与维修	三相异步电动机定子绕组拆装与首尾判别	12
		电刷的更换与调整	
		三相异步电动机的安装	
		三相异步电动机的故障判断	
		三相异步电动机检修后的一般调试	
	小型变压器的绕制	小型变压器的绕制方案制订	4
		小型变压器的绕制方案的审核	
		小型变压器的绕制方案的实施	
		小型变压器的绕制后的一般测试	
	三相异步电动机基本控制电路安装与调试	三相异步电动机直接启动控制电路制作	8
		三相异步电动机正反转控制电路制作	8
		三相异步电动机Y/△控制电路制作	8
		三相异步电动机顺序与多地控制电路安装	8
	典型机床电气线路的维修	CA6140普通车床的安装与维修	16
		X6132万能卧式升降台铣床的安装与维修（自选）	
总计			92

高等职业教育作为普通高等教育的一支生力军，在整个国民经济中发挥着越来越大的重要作用，社会越来越需要高技能、高素质的应用型技术人才。以就业为导向，以职业能力培养为核心，探索"工学结合"的人才培养模式是高等职业教育在今后很长一段时期的艰巨任务，要做好这项工作，专业建设是龙头，课程建设是基础，教材建设是最好的呈现形式。针对职业岗位能力需求，编写一批高质量的高等职业教育教材，使学生在"做中学"的过程中获取专业技能、专业知识及职业素养。为社会培养既懂生产工艺，又会电气自动化技术的"复合型"人才是职业教育工作者义不容辞的责任。

如今，"电力技术是通向可持续发展的桥梁"的论断已经逐渐成为人们的共识，新中国成立以来，党和政府非常重视电气化事业的发展，电气工业体系已日趋完备，社会需要各类电气技术人才，特别是通过电工技能鉴定而获得资质的电气技能人才。本书将原来"电工技术"课程和"维修电工"实训实践课程进行了综合设计，教学过程全部集中在"维修电工"实训室中完成，是一门真正体现"基于工作过程导向"的"教学做"一体化课程。教学方法倡导"做中学、学中做"工学结合的模式，使学生在完成工作任务的同时，获得系统的电气专业知识，达到相应的技能鉴定标准，同时具备一定能力。

能力目标：

（1）能执行电气安全操作规程；能采用安全措施保护自己及工作安全；会进行触电及电气火灾的现场处理。

（2）会使用与保养电钻、紧固工具、电工刀、剥线钳、压接钳、电烙铁、弯管机等电工工具；会使用与保养验电笔、绝缘电阻表、万用表等电工仪表；会使用与保养电流表、电压表、电能表、功率表等测量仪表。

（3）会进行简单直流电路连接、测试；会证明常用"电路分析定律"。

（4）会用电工测量工具判断单相和动力供电系统。

（5）能进行室内外线路的敷设与安装。

（6）会进行典型工业电器（三相异步电动机）的常规使用；会采取常用触电保护措施。

（7）会进行三相异步电动机的拆装与维修。

（8）会进行典型电气电路图的识图。

（9）能识别常用低压电器的图形符号、文字符号及基本结构；能根据设计要求选择与使用熔断器、低压断路器、开关、交流接触器、继电器（热继电器、中间继电器、空气阻尼式继电器等）；能检测、调整热继电器和时间继电器。

（10）能绘制三相异步电动机常用控制电气图；并制作控制电路板；会调试、检修。

（11）会执行安装工艺；会进行地线布置与连接。

（12）能进行典型机床电气线路的故障诊断与检修。

（13）能进行车间常用配电线路的运行、维护和常见故障分析。

知识目标：

（1）掌握电路的组成及其电参量的基本概念。

（2）掌握常用电路分析定律及其应用。

（3）熟悉单相正弦交流电的基本概念；了解R、L、C电路特点。

（4）熟悉三相交流电路的基本概念和使用特点。

（5）了解常用工业电器及其使用特点。

素质拓展目标：

（1）掌握常用电工技术学习的基本方法，培养一定的逻辑思维能力，善于从不同的角度发现问题，积极探索解决问题的方法。

（2）养成独立思考的学习习惯，能对所学内容进行较为全面的分析和比较，并进行总结和概括，学会举一反三、灵活应用，培养电气维修技术的综合应用能力。

（3）善于借鉴他人经验，发挥团队协作精神，具有组织协调能力、创新思维能力。

（4）养成"安全用电"的良好习惯。

目
录

项(目)(一)

➡ **安全用电与触电急救**

📝 项目学习目标

（1）通过多媒体方式展示我国电力、电气应用技术现状，让学生通过观摩，了解电气技术在国民工业中的作用，同时了解安全用电的重要性。

（2）引领学生学习安全用电的基本知识，示范常见的触电形式。

（3）引领学生完成常见安全用电的方法和措施。

（4）引领学生学会触电急救技能与电气消防技能。

（5）学生自主分组训练项目："触电急救任务（口对口人工呼吸法、胸外心脏挤压法）""电气火灾扑救任务"。

（6）总结归纳安全用电操作规程，每人写出项目报告。

📦 项目相关知识

（一）电工安全用电知识

1. 触电类型

触电是指人体触及带电体后，电流对人体造成的伤害。它有两种类型，即电击和电伤。

（1）电击。电击是指电流通过人体内部，破坏人体内部组织，影响呼吸系统、心脏及神经系统的正常功能，甚至危及生命。电击致伤的部位主要在人体内部，它可以使肌肉抽搐，内部组织损伤，造成发热发麻、神经麻痹等，严重时将引起昏迷、窒息，甚至心脏停止跳动而死亡。数十毫安工频（变化频率 50 Hz）的交变电流可使人遭到致命电击。人们通常所说的触电就是指电击，大部分触电死亡事故都是由电击造成的。

（2）电伤。电伤是指电流的热效应、化学效应、机械效应及电流本身作用造成的人体伤害。电伤会在人体皮肤表面留下明显的伤痕，常见的有灼伤、烙伤和皮肤金属化等现象。电伤是人体触电事故中危害较轻的一种。

在触电事故中，电击和电伤常会同时发生。

2. 电流对人体的伤害

电流对人体的伤害是电气事故中最主要的事故之一。电流对人体的伤害程度与通过人体电流的大小、种类、频率、持续时间，通过人体的路径及人体电阻的大小等因素有关。

（1）电流大小对人体的影响。通过人体的电流越大，人体的生理反应越明显，感觉越强烈，从而引起心室颤动所需的时间越短，致命的危险性就越大。对工频交流电，按照通过人体的电流大小和人体呈现的不同状态，可将其划分为下列三种：

① 感知电流。它是指引起人体感知的最小电流。实验表明，成年男性平均感知电流有效值约为 1.1 mA，成年女性约为 0.7 mA。感知电流一般不会对人体造成伤害，但是电流增大时，感知增强，反应变大，可能造成坠落等间接事故。

② 摆脱电流。人触电后能自行摆脱电源的最大电流称为摆脱电流。一般成年男性的平均摆脱电流约为 16 mA，成年女性约为 10 mA，儿童的摆脱电流较成年人小。摆脱电流是人体可以忍受而一般不会造成危险的电流。若通过人体电流超过摆脱电流且时间过长，会造成昏迷、窒息，甚至死亡。因此摆脱电源的能力随时间的延长而降低。

③ 致命电流。它是指在较短时间内危及生命的最小电流。当电流达到 50 mA，或更高时就会引起心室颤动，有生命危险；100 mA 以上，则足以致人死亡；而 30 mA 以下的电流通常不会有生命危险。不同的电流对人体的影响，如表 1-1 所示。

表1-1　不同的电流对人体的影响

电流/mA	通电时间	工频电流下的人体反应	直流电流下的人体反应
0～0.5	连续通电	无感觉	无感觉
0.5～5	连续通电	有麻刺感	无感觉
5～10	数分以内	痉挛、剧痛，但可摆脱电源	有针刺感、压迫感及灼热感
10～30	数分以内	迅速麻痹、呼吸困难、血压升高，不能摆脱电流	压痛、刺痛、灼热感强烈，并伴有抽筋
30～50	数秒到数分	心跳不规则、昏迷、强烈痉挛、心脏开始颤动	感觉强烈，剧痛，并伴有抽筋
50～100	超过3 s	昏迷、心室颤动、呼吸、麻痹、心脏麻痹	剧痛、强烈痉挛、呼吸困难或麻痹

电流对人体的伤害与电流通过人体时间的长短有关。通电时间越长，因人体发热出汗和电流对人体组织的电解作用，人体电阻逐渐降低，导致通过人体电流增大，触电的危险性随之增加。

（2）电源频率对人体的影响。常用的 50 ~ 60 Hz 的工频交流电对人体的伤害程度最严重。当电源的频率偏离工频越远，对人体的伤害程度越轻。在直流和高频情况下，人体可以承受更大的电流，但高压高频电流对人来说依然是十分危险的。

（3）人体电阻对人体的影响。人体电阻因人而异，基本上由表皮角质层电阻大小决定。影响人体电阻值的因素很多，皮肤状况（如皮肤厚薄、是否多汗、有无损伤、有无带电灰尘等）和触电时与带电体的接触情况（如皮肤与带电体的接触面积、压力大小等）均会影响到人体电阻值的大小。一般情况下，人体电阻为 1 000 ~ 2 000 Ω。

（4）电压大小对人体的影响。当人体电阻一定时，作用于人体的电压越高，通过人体的电流越大。实际上通过人体的电流与作用于人体的电压并不成正比，这是因为随着作用于人体电压的升高，人体电阻急剧下降，致使电流迅速增加而对人体的伤害更为严重。

（5）电流路径对人体的影响。电流通过头部会使人昏迷而死亡；通过脊髓会导致截瘫及严重损伤；通过中枢神经或有关部位，会引起中枢神经系统强烈失调而导致残废；通过心脏会造成心跳停止而死亡；通过呼吸系统会造成窒息。实践证明，从左手到脚是最危险的电流路径；从右手到脚、从手到手也是很危险的路径；从脚到脚是危险较小的路径。

3．人体的触电形式

（1）单相触电。由于电线绝缘破损、导线金属部分外露、导线或电气设备受潮等原因使其绝缘部分的性能降低，导致站在地上的人体直接或间接与相线接触，这时电流就通过人体流入大地而造成单相触电事故，如图1-1所示。

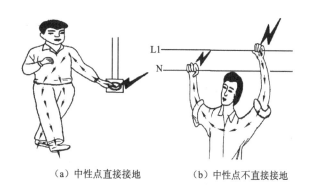

（a）中性点直接接地   （b）中性点不直接接地

图1-1　单相触电

（2）两相触电。两相触电是指人体两处同时触及同一电源的两相带电体，电流从一相导体流入另一相导体的触电方式，如图1-2所示。两相触电加在人体上的电压为线电压，所以不论电网的中性点接地与否，其触电的危险性都很大。

（3）跨步电压触电。对于外壳接地的电气设备，当绝缘层损坏而使外壳带电，或导线断落发生单相接地故障时，电流由设备外壳经接地线、接地体（或由断落导线经接地点）流入大地，向四周扩散。如果此时人站立在设备附近地面上，两脚之间也会承受一定的电压，称为跨步电压。跨步电压的大小与接地电流、土壤的电阻率、设备接地电阻及人体位置有关。当接地电流较大时，跨步电压会超过允许值，发生人身触电事故。特别是在发生高压接地故障或雷击时，会产生很高的跨步电压，如图1-3所示。跨步电压触电也是危险性较大的一种触电方式。

图1-2　两相触电

图1-3　跨步电压触电

（4）感应电压触电。当人触及带有感应电压的设备和线路时所造成的触电事故称为感应电压触电，如一些不带电的线路由于大气变化（如雷电活动），会产生感应电荷，此外，停电后一些可能感应电压的设备和线路未接临时地线，这些设备和线路对地均存在感应电压。

（5）剩余电荷触电。剩余电荷触电是指当人触及带有剩余电荷的设备时，带有电荷的设备对人体放电造成的触电事故。设备带有剩余电荷，通常是由于检修人员在检修中使用绝缘电阻表测量停电后的并联电容器、电力电缆、电力变压器及大容量电动机等设备时，检修前后没有对其及时充分放电所造成的。此外，并联电容器因其电路发生故障而不能及时放电，退出运行后又未人工放电，也导致电容器的极板上会带有大量的剩余电荷。

（二）触电急救知识

一旦发生触电事故时，应立即组织人员急救。急救时必须做到沉着果断、动作迅速、方法正确。首先要尽快使触电者脱离电源，然后根据触电者的具体情况，采取相应的急救措施。

1．脱离电源

（1）脱离电源的方法。根据出事现场情况，采用正确的脱离电源方法，是保证急救工作顺利进行的前提。具体方法如下：

① 拉闸断电或通知有关部门立即停电。

② 出事地附近有电源开关或插头时，应立即断开开关或拔掉电源插头，以切断电源。

③ 若电源开关远离出事地时，可用绝缘钳或干燥木柄斧子切断电源。

④ 当电线搭落在触电者身上或被压在身下时，可用干燥的衣服、手套、绳索、木棒等绝缘物作为救护工具，拉开触电者或挑开电线，使触电者脱离电源，或用干木板、干胶木板等绝缘物插入触电者身下，隔断电源。

⑤ 抛掷裸金属导线，使线路短路接地，迫使保护装置动作，断开电源。

（2）脱离电源时的注意事项。在帮助触电者脱离电源时，不仅要保证触电者安全脱离电源，而且还要保证现场其他人的生命安全。为此，应注意以下几点：

① 救护者不得直接用手或其他金属及潮湿的物件作为救护工具，最好采用单手操作，以防止自身触电。

② 防止触电者摔伤。触电者脱离电源后，肌肉不再受到电流刺激，会立即放松而摔倒，造成外伤，特别在高空作业更是危险，故在切断电源时，须同时有相应的保护措施。

③ 如事故发生在夜间，应迅速准备临时照明用具。

2．现场急救

触电者脱离电源后，应及时对其进行诊断，然后根据其受伤害的程度，采取相应的急救措施。

（1）简单诊断。把脱离电源的触电者迅速移至通风干燥的地方，使其仰卧，并解开其上衣和腰带，然后对触电者进行诊断。

① 观察呼吸情况。看其是否有胸部起伏的呼吸运动或将面部贴近触电者口鼻处感觉有无气流呼出，以判断是否有呼吸。

② 检查心跳情况。摸一摸颈部的颈动脉或腹股沟处的股动脉有无搏动，将耳朵贴在触电者左侧胸壁乳头内侧二横指处，听一听是否有心跳的声音，从而判断心跳是否停止。

③ 检查瞳孔。当处于假死状态时，大脑细胞严重缺氧，处于死亡边缘，瞳孔自行放大，对外界光线强弱无反应。可用手电筒照射瞳孔，看其是否回缩，以判断触电者的瞳孔是否放大。

（2）现场急救的方法。根据上述简单诊断结果，迅速采取相应的急救措施，同时向附近医院求救。

① 触电者神志清醒，但有些心慌，四肢发麻，全身无力；或触电者在触电过程一度昏迷，但已清醒过来。此时，应使触电者保持安静，解除恐慌，不要走动并请医生前来诊治或送往医院。

② 触电者已失去知觉，但心脏跳动和呼吸还存在，应让触电者在空气流动的地方舒适、安静地平卧，解开衣领便于呼吸；如天气寒冷，应注意保温，必要时闻氨水，摩擦全身使之发热，并迅速请医生到现场治疗或送往医院。

③ 触电者有心跳而呼吸停止时，应采用"口对口人工呼吸法"进行抢救。

④ 触电者有呼吸而心脏停止跳动时，应采用"胸外心脏挤压法"进行抢救。

⑤ 触电者呼吸和心跳均停止时，应同时采用"口对口人工呼吸法"和"胸外心脏挤压发"进行抢救。

应当注意，急救要尽快进行，即使在送往医院的途中也不能终止急救。抢救人员还需有耐心，有些触电者需要进行数小时，甚至数十小时的抢救，方能苏醒。此外不能给触电者打强心针、泼冷水或压木板等。

（三）电气火灾消防知识

电气火灾发生后，电气设备和线路可能带电。因此在扑灭电气火灾时，必须了解电气火灾发生的原因，采取正确的扑救方法，以防发生人身触电及爆炸事故。

1. 发生电气火灾的主要原因

电气火灾及爆炸是指因电气原因引燃及引爆的事故。发生电气火灾要具备可燃物、环境及引燃条件。对电气线路和一些设备来说，除自身缺陷、安装不当或施工等方面的原因外，在运行中，电流的热量、电火花和电弧是引起电气火灾及爆炸的直接原因。

（1）危险温度。超过危险温度是电气设备过热引起的，即由电流的热效应造成的。线路发生短路故障、电气设备过载以及电气设备使用不当均可发热，超过危险温度而引起火灾。

（2）电火花和电弧。电火花是电极间的击穿放电现象，而电弧是大量电火花汇集而成的，如开关电器的拉、合操作，接触器的触点吸、合等都能产生电火花。

（3）易燃易爆环境。在日常生活及工农业生产中，广泛存在着易燃易爆物质，如在石油、化工和一些军工企业的生产场所中，线路和设备周围存在易燃物及爆炸性混合物；另外一些设备本身可能会产生易燃易爆物质，如充电设备的绝缘油在电弧作用下，分解和气化，喷出大量的油雾和可燃气体；酸性电池排出氢气并形成爆炸性混合物等。一旦这些易燃易爆环境遇到火源，立刻着火燃烧。

2. 电气灭火常识

一旦发生电气火灾，应立即组织人员采用正确方法进行扑救，同时拨打119火警电话，向消防部门报警，并且应通知电力部门用电监察机构派人到现场指导和监护扑救工作。

（1）常用灭火器的使用。在扑救电气火灾时，特别是没有断电时，应选择合适的灭火器。表1-2所示列举了四种常用电气灭火器的主要性能及使用方法。

表1-2　四种常用电气灭火器的主要性能及使用方法

种　类	二氧化碳	四氯化碳	干　　粉	1211
规格	<2 kg； 2～3 kg； 5～7 kg	<2 kg； 2～3 kg； 5～8 kg	8 kg； 50 kg	1 kg； 2 kg； 3 kg
药剂	液态的二氧化碳	液态的四氯化碳	钾盐、钠盐	二氟一氯，一溴甲烷
导电性	无	无	无	无
灭火范围	电气、仪器、油类、酸类	电气设备	电气设备、石油、油漆、天然气	油类、电气设备、化工、化纤原料
不能扑救的物质	钾、钠、镁、铝等	钾、钠、镁、乙炔	旋转电动机火灾	
效果	距着火点3 m距离	3 kg喷30 s，7 m内	8 kg喷14～18 s，4.5 m内；50 kg喷50～55 s，6～8 m	1 kg喷6～8 s，2～3 m内
使用	一手将喇叭口对准火源，另一只手打开开关	扭动开关，喷出液体	提起圈环，喷出干粉	拔下铅封或横锁，用力压下压把即可
保养和检查	置于方便处，注意防冻、防晒和使用期	置于方便处	置于干燥通风处、防潮、防晒	置于干燥处，勿摔碰

（2）灭火器的保管。灭火器在不使用时，应注意对其的保管与检查，保证随时可正常使用。

① 灭火器应放置在取用方便之处。

② 注意灭火器的使用期限。

③ 防止喷嘴堵塞；冬季应防冻、夏季要防晒；防止受潮、摔碰。

④ 定期检查，保证完好。例如，对二氧化碳灭火器，应每月测量一次，当质量低于原来的1/10时，应充气；对四氯化碳灭火器、干粉灭火器，检查压力情况，少于规定压力时应及时充气。

项目情境

（1）由教师（代表管理方）向学生（员工）展现我国工业、民用电应用过程中的相关知识（电力系统概述）。具体如下：

① 直流电、交流电、发电、输电、变电、配电和用电。

② 我国用电指标、工频50 Hz、供电制式（三相四线、三相五线制、相线、中性线、地线）、动力电、照明电。

③ 由教师（代表管理方）在实训平台上用常用工具进行动力电、照明电现场测试。

④ 由教师（代表管理方）带领学生（员工）进行我国工业、民用电的应用过程中安全用电中常发生的不安全现象模拟展现。

（2）由教师（代表管理方）对学生（员工）进行工作任务的布置与分配，明确"安全用电与触电急救"训练的目的、要求及内容：

由××××单位电气维修部门经理（教师或学生）向完成各具体子项目（任务）的执行经理或工作人员布置任务，派发任务单，如表1-3所示。

表1-3　任务单

项目名称	子项目	内容要求	备注
安全用电与触电急救	典型触电情景再现	学生按照人数分组：模拟"单相、两相、跨步电压"触电现象	
	触电急救技术演练	学生按照人数分组训练： 脱离电源技能； 现场急救技能； 口对口人工呼吸法急救技能； 胸外心脏挤压法急救技能	
	电气消防技术演练	学生按照人数分组训练： 灭火器的使用； 水枪的使用	
目标要求	掌握触电急救与电气火灾的急救技术		
实训环境	棕垫、人体模型、木棒、电话机、绝缘手套、绝缘靴、秒表、消毒酒精、药棉、钢丝钳、导线、电气柜、灭火器等		
其他			

组别：　　　　组员：　　　　　　　项目负责人：

 项目实施

具体完成过程是：按情境进行项目布置→学生个人准备→组内讨论、检查→发言代表汇报→评价→展示案例、问题指导→组内讨论、修改方案→第二次汇报→评价→问题指导→再讨论再修改→第三次汇报→评价、验收→拓展任务、巩固训练→师生共同归纳总结→新项目布置，完成项目一的具体任务和拓展任务。

将学生根据实训平台（条件）按照项目要求进行分组实施。

（1）典型触电情境再现：模拟"单相、两相、跨步电压"触电现象。

① 目的：在电力生产和电器使用的过程中，人身触电事故时有发生，但触电并不等于死亡。实践证明，触电急救的关键是迅速脱离电源及正确的现场急救。该项目实施是为了提高学生反应速度和应急救援时的应变能力，使学生熟练掌握触电自救技能以及和其他部门的协调配合能力，确保用电安全。

② 成立应急救援组织：

总指挥：

副指挥：

组员：

③ 演习时间、地点安排：

时间：××年××月××日上午××开始。

地点：实训基地。

④ 演练物品：

a．导线数米、干木棍。

b．应急药箱一个（创可贴、紫药水或红药水、医用胶布、医用纱布、医用酒精、剪刀等）。

c．应急车辆一辆。

d．照相机一台。

⑤ 演练步骤如下：

a．总指挥宣布演练开始。

b．安全员向总指挥报告：正在施工作业的一名工人触电倒地，目前已成休克昏迷状况。

c．总指挥发布启动应急预案命令。全体应急小组成员到临时指挥点报到，听候指示。

d．总指挥分派救援任务。

e．施救步骤如下：

• 脱离电源。触电急救，首先是使触电者迅速脱离电源。因为电流作用时间越长，伤害越严重。脱离电源就是将触电者与带电设备脱离，把接触的部分带电设备的断路器、隔离开关或者其他断路器设备断开。在脱离电源过程中，救护人员既要救人，又要注意保护自己。在触电者未脱离电源前，任何人员都不准直接用手触及触电者，以防连带触电危险。

• 如果电源开关或电源插座距离较远，可用有绝缘手柄的电工钳或干燥木柄的斧头等利器切断电源。切断点应选择导线在电源侧有支持物处，防止带电导线断落触及其他人员。剪断电线要一根一根地分相剪断，并尽可能站在绝缘物体或木板上。

• 如果伤者呼吸、心跳停止，开始人工呼吸和胸外心脏挤压。切记不能给伤者注射强心针。若伤者昏迷，则将其身体放置成卧式。

• 若伤者曾经昏迷、身体遭烧伤，或感到不适，必须迅速拨打 120 急救电话叫救护车，或立即送伤者到医院急救。

• 现场抢救触电者的原则：迅速、就地、准确、坚持。迅速——争分夺秒地使触电者脱离电源；就地——必须在现场附近就地抢救，伤者有意识后再就近送医院抢救，从触电时算起，5 min 以内及时抢救，救生率 90% 左右，10 min 以内抢救，救生率 6.15% 左右，希望甚微；准确——人工呼吸的动作必须准确；坚持——只要有百万分之一希望就要近百分之百的努力抢救。

• 人工呼吸并及时输氧。——负责人：

• 立即将触电者送往附近医院。——负责人：

• 现场保护。——负责人：

• 维护秩序。——负责人：

• 事故调查。——负责人：

f．总结整改。

g．总指挥进行演练评价，宣布演练结束。

（2）触电急救技术演练：口对口人工呼吸法、胸外心脏挤压法。

演练步骤如下：

① 利用人体模型，模拟人体触电事故。

② 模拟拨打 120 急救电话。

③ 迅速切断触电事故现场电源，或用木棒从触电者身上挑开电线，使触电者迅速脱离触电状态。

④ 将触电者移至通风干燥处，身体平躺，使其躯体及衣物均处于放松状态。

⑤ 仔细观察触电者的生理特征，根据其具体情况，采取相应的急救方法实施抢救。

⑥ 口对口人工呼吸法。具体步骤如下：

a. 使触电者仰卧，迅速解开其衣领和腰带。

b. 将触电者头偏向一侧，张开其嘴，清除口腔中的假牙、血块、食物、黏液等异物，使其呼吸道畅通。

c. 救护者跪在触电者的一边，使触电者头部后仰，一只手捏紧触电者的鼻子，另一只手托在触电者颈后，将颈部上抬，然后深吸一口气，用嘴紧贴触电者嘴，大口吹气，接着放松触电者的鼻子，让气体从触电者肺部排出。按照上述方法，连续不断地进行，每 5 s 吹气一次，直到触电者苏醒为止，如图 1-4 所示。

对儿童施行此法，不必捏鼻。若开口有困难，可以紧闭其嘴唇，对准鼻孔吹气体（即口对鼻人工呼吸），效果相似。

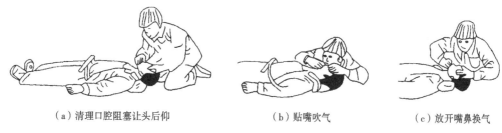

（a）清理口腔阻塞让头后仰　　　（b）贴嘴吹气　　　（c）放开嘴鼻换气

图1-4　口对口人工呼吸法

⑦ 胸外心脏挤压法。具体步骤如下：

a. 将触电者放直，仰卧在比较坚实的地方（如木板、硬地等），颈部枕垫软物使其头部稍后仰，松开衣领和腰带，抢救者跪跨在触电者腰部两侧，如图 1-5（a）所示。

b. 抢救者将右手掌放在触电者胸骨下 1/2 处，中指指尖对准其颈部凹陷的下端，左手掌复压在右手背上，如图 1-5（b）所示。

c. 抢救者凭借自身质量向下用力挤压 3 ~ 4 cm，突然松开，如图 1-5（c）和图 1-5（d）所示。挤压和放松的动作要有节奏，每秒进行一次，不可中断，直至触电者苏醒为止。采用此种方法，挤压定位要准确，用力要适当，用力过猛，会给触电者造成内伤；用力过小，使挤压无效。对儿童进行挤压抢救时更要慎重，每分钟宜挤压 100 次左右。

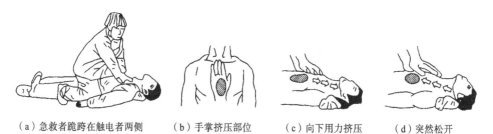

（a）急救者跪跨在触电者两侧　　（b）手掌挤压部位　　（c）向下用力挤压　　（d）突然松开

图1-5　胸外心脏挤压法

（3）电气消防技术演练：常用灭火方法、灭火器保管方法、灭火水枪的使用。

演练步骤如下：

① 模拟电气柜火灾现场。

② 模拟拨打 119 火警电话报警。

③ 切断火灾现场电源。切断电源时，应按操作规程规定的顺序进行操作，必要时，请电力部门切断电源。

④ 无法及时切断电源时，根据火灾特征，选用正确的消防器材。扑救人员应使用二氧化碳等不导电的灭火器，且灭火器与带电体之间应保持必要的安全距离（即 10 kV 以下应不小于 1 m，110～220 kV 不应小于 2 m）。

⑤ 电气设备发生火灾时，充油电气设备受热后可能发生喷油或爆炸，扑救时应根据起火现场及电气设备的具体情况防止爆炸事故连锁发生。

⑥ 用水枪灭火时，宜采用喷雾水枪。这种水枪通过水柱的泄漏电流较小，带电灭火较安全。用普通直流水枪带电灭火时，扑救人员应戴绝缘手套、穿绝缘靴或穿均压服，且将水枪喷嘴接地。

⑦ 讨论、分析火灾产生原因，排除事故隐患。

⑧ 清理现场。

项目评价

（1）项目实施结果考核。由项目委托方代表（一般来说是教师）对项目一各项任务的完成结果进行验收、评分，对合格的任务进行接收。

（2）考核方案设计。详述如下：

学生成绩的构成：A 组项目（课内项目）完成情况累积分（占总成绩的 75%）＋ B 组项目（自选项目）成绩（占总成绩的 25%）。其中 B 组项目的内容是由学生自己根据市场的调查情况，完成一个与 A 组项目相关的具体项目。

具体的考核内容：A 组项目（课内项目）主要考核项目完成的情况，作为考核能力目标、知识目标、拓展目标的主要内容，具体包括：完成项目的态度、项目报告质量（材料选择的结论、依据、结构与性能分析、可以参考的意见或方案等）、资料查阅情况、问题的解答、团队合作、应变能力、表述能力等。B 组项目（自选项目）主要考核项目确立的难度与适用性、报告质量、面试问题回答等内容。

① A 组项目（课内项目）完成情况考核评分表（见表 1-4）。

表1-4　触电急救项目考核评分表

评分内容	评 分 标 准	配 分	得 分
触电急救训练	采取方法错误，扣5～30分	30	
	挤压力度、操作频率不合适，扣10～30分	30	
	操作步骤错误，扣10～20分	20	
团结协作	小组成员分工协作不明确，扣5分；成员不积极参与，扣5分	10	
安全文明生产	违反安全文明操作规程，扣5～10分	10	
项目成绩合计			
开始时间	结束时间	所用时间	
评语			

② B组项目（自选项目）完成情况考核评分表（见表1-5）。

（3）成果汇报或调试。

（4）成果展示（实物或报告）：写出本项目完成报告（主题是安全用电操作规程）。

（5）师生互动（学生汇报、教师点评）。

（6）考评组打分。

表1-5　电气消防技术演练项目考核评分表

评分内容	评 分 标 准	配 分	得 分
电气消防训练	采取方法错误，扣5~30分	30	
	消防器材选用错误，扣30分	30	
	操作步骤错误，扣10~20分	20	
团结协作	小组成员分工协作不明确扣5分；成员不积极参与，扣5分	10	
安全文明生产	违反安全文明操作规程，扣5~10分	10	
项目成绩合计			
开始时间	结束时间	所用时间	
评语			

项目拓展

（1）到工厂或公共场所，观察相关电气线路及电气设备的人身、设备违规现象和用电隐患，指出并纠正其错误。

（2）对相关建筑大楼的电气火灾消防设施进行安全检查，做好记录，并对灭火器进行辨别。

（3）由教师根据岗位能力需求布置有关"思考讨论题"。

项目一　安全用电与触电急救

11

常用电工工具及仪表使用

项目学习目标

（1）现场给学生展示常用电工工具及仪表，让学生观摩思考，认识其种类和外形，同时让学生认识到电工工具及仪表在电工技术中的重要性。

（2）引领学生学习常用电工工具的使用方法，并给学生示范每件工具的操作要领。

（3）引领学生学习常用电工仪表的使用方法，并给学生示范各种仪表的测量要领及注意事项。

（4）引领学生识别常见电工用导线，并展示导线的连接及绝缘恢复模型。

（5）学生自主分组训练项目："常用绝缘导线剖削、连接及绝缘恢复""万用表的正确使用""绝缘电阻表和钳形电流表的测量演练""三相电路有功功率和电能的测量演练"。

（6）总结归纳常用电工工具及仪表的使用方法，每人写出项目报告。

项目相关知识

（一）常用电工工具及使用

1. 低压验电器

低压验电器又称电笔，是检测电气设备、电路是否带电的一种常用工具。普通低压验电器的电压测量范围为 60 ~ 500 V，高于 500 V 的电压则不能用普通低压验电器来测量。使用低压验电器时要注意下列几点：

（1）使用低压验电器之前，首先要检查其内部有无安全电阻器、是否有损坏、有无进水或受潮，并在带电体上检查其是否可以正常发光，检查合格后方可使用。低压验电器的结构如图 2-1 所示。

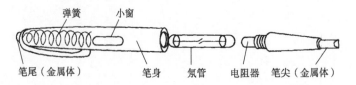

图2-1 低压验电器的结构

（2）测量时手指握住低压验电器笔身，食指触及笔身尾部金属体，低压验电器的小窗口应该朝向自己的眼睛，以便于观察，如图2-2所示。

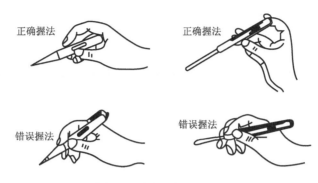

正确握法　　　　正确握法

错误握法　　　　错误握法

图2-2　验电器的手持方法

（3）在较强的光线下或阳光下测试带电体时，应采取适当避光措施，以防观察不到氖管是否发亮，造成误判。

（4）低压验电器可用来区分相线和中性线，接触时氖管发亮的是相线，不亮的是中性线。它也可用来判断电压的高低，氖管越暗，则表明电压越低；氖管越亮，则表明电压越高。

（5）当用低压验电器触及电动机、变压器等电气设备外壳时，如果氖管发亮，则表明该设备相线有漏电现象。

（6）用低压验电器测量三相三线制电路时，如果两根很亮而另一根不亮，说明这一相有接地现象。在三相四线制电路中，发生单相接地现象时，用低压验电器测量中性线，氖管也会发亮。

（7）用低压验电器测量直流电路时，把低压验电器连接在直流电的正负极之间，氖管里两个电极只有一个发亮，氖管发亮的一端为直流电的负极。

（8）低压验电器笔尖与螺钉旋具形状相似，但其承受的扭矩很小，因此，应尽量避免用其安装或拆卸电气设备，以防受损。

2. 高压验电器

高压验电器又称高压测电器，其结构如图2-3所示。

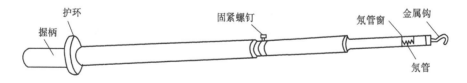

护环　　　　　　　固紧螺钉　　　　　氖管窗　　金属钩

握柄　　　　　　　　　　　　　　　　　　　　　　氖管

图2-3　高压验电器的结构

使用高压验电器时要注意下列几点：

（1）高压验电器在使用前应经过检查，确定其绝缘完好，氖管发光正常，与被测设备电压等级相适应。

（2）进行测量时，应使高压验电器逐渐靠近被测物体，直至氖管发亮，然后立即撤回。

（3）使用高压验电器时，必须在气候条件良好的情况下进行，在雪、雨、雾、湿度较大的情况下不宜使用，以防发生危险。

（4）使用高压验电器时，必须戴上符合要求的绝缘手套，而且必须有人监护，测量时要防止发生相间或对地短路事故。

（5）进行测量时，人体与带电体应保持足够的安全距离，10 kV 高压的安全距离为 0.7 m 以上。高压验电器应每半年进行一次预防性试验。

（6）在使用高压验电器时，应特别注意手握部位应在护环以下，如图 2-4 所示。

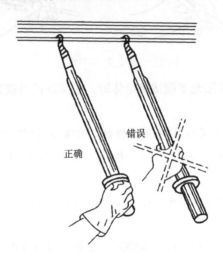

图2-4　高压验电器的手持方法

3．电工刀

电工刀是一种切削工具，主要用于剖削导线绝缘层、削制木榫、切削木台、绳索等。电工刀有普通型和多用型两种，按刀片尺寸的大小分为大、小两号，大号的刀片长度为 112 mm，小号的为 88 mm。多用型电工刀除具有刀片外，还有可收式的锯片、锥针和旋具，可用于锯割电线槽板、胶木管、锥钻木螺钉的底孔。电工刀的刀口磨制应在单面上磨出呈圆弧状的刃口，刀刃部分要磨得锋利一些。电工刀外形如图 2-5 所示。

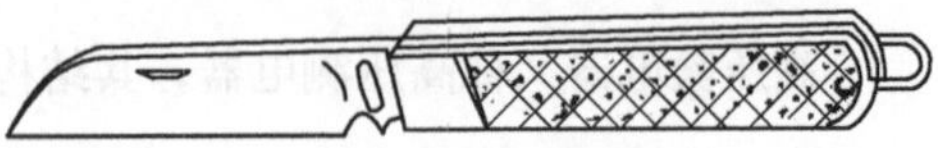

图2-5　电工刀外形

使用电工刀时要注意下列几个方面：

（1）在剖削电线绝缘层时，可把刀略微翘起一些，用刀刃的圆角抵住线芯，这样不易削伤线芯。

（2）切忌把刀刃垂直对着导线切割绝缘，以免削伤线芯。

（3）使用电工刀时，刀口应朝外进行操作。

（4）电工刀的刀柄结构没有绝缘，不能在带电体上使用电工刀进行操作，以免触电。

4．螺钉旋具

螺钉旋具又称螺丝刀，俗称起子或改锥，主要用来紧固或拆卸螺钉。按头部形状的不同，常用螺钉旋具有一字头和十字头两种，如图 2-6 所示。一字头螺钉旋具用来紧固或拆卸带一字槽的螺钉，其规格用柄部以外的长度来表示，一字头螺钉旋具常用的规格有 50 mm、100 mm、150 mm 和 200 mm 等，其中电工必备的是 50 mm 和 150 mm 两种。十字头螺钉旋具专供紧固或拆卸带十字槽的螺钉，常用的规格有四种：Ⅰ号适用的螺钉直径为 2 ~ 2.5 mm，Ⅱ号适用的螺钉直径为 3 ~ 5 mm，Ⅲ号适用的螺钉直径为 6 ~ 8 mm，Ⅳ号适用的螺钉直径为 10 ~ 12 mm。

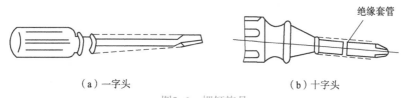

（a）一字头 　　　　　　　　　　　（b）十字头

图2-6　螺钉旋具

使用螺钉旋具时应该注意以下几点：

（1）螺钉旋具的手柄应该保持干燥、清洁、无破损且绝缘完好。

（2）电工不可使用金属杆直通柄顶的螺钉旋具，在实际使用过程中，不应让螺钉旋具的金属杆部分触及带电体，也可以在其金属杆上套上绝缘塑料管，以免造成触电或短路事故。

（3）不能用锤子或其他工具敲击螺钉旋具的手柄，或作为錾子使用。螺钉旋具的使用方法，如图 2-7 所示。

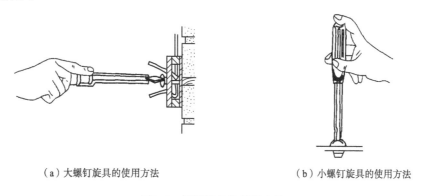

（a）大螺钉旋具的使用方法 　　　　　　　　（b）小螺钉旋具的使用方法

图2-7　螺钉旋具的使用方法

5. 钢丝钳

钢丝钳主要用于剪切、绞弯、夹持金属导线，也可用于紧固螺母、切断钢丝。其结构和使用方法，如图 2-8 所示。电工应该选用带绝缘手柄的钢丝钳，其绝缘性能为 500 V。常用钢丝钳的规格有 150 mm、175 mm 和 200 mm 三种。

图2-8　钢丝钳的结构及使用方法

使用钢丝钳时应注意以下几点：

（1）在使用电工钢丝钳以前，应该检查绝缘手柄的绝缘是否完好，如果绝缘破损，进行带电作业时会发生触电事故。

（2）用钢丝钳剪切带电导线时，既不能用刀口同时切断相线和中性线，也不能同时切断两根相线，而且，两根导线的断点应保持一定距离，以免发生短路事故。

（3）不得把钢丝钳当作锤子敲打使用，也不能在剪切导线或金属丝时，用锤或其他工具敲击钳头部分。另外，钳的轴要经常加油，以防生锈。

6. 尖嘴钳

尖嘴钳的头部尖细，适用于在狭小的工作空间操作。它主要用于夹持较小物件，也可用于弯曲导线，剪切较细导线和其他金属丝。电工使用的是带绝缘手柄的一种，其绝缘手柄的绝缘性能为 500 V，其外形如图 2-9 所示。

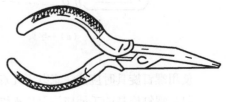

图2-9 尖嘴钳外形

尖嘴钳按其全长分为 130 mm、160 mm、180 mm、200 mm 四种。

尖嘴钳在使用时的注意事项，与钢丝钳一致。

7. 斜口钳

专用于剪断各种电线电缆，如图 2-10 所示。对粗细不同、硬度不同的材料，应选用大小合适的斜口钳。

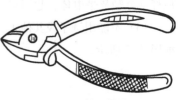

图2-10 斜口钳外形

8. 剥线钳

剥线钳是用于剥除较小直径导线、电缆绝缘层的专用工具，它的手柄是绝缘的，绝缘性能为 500 V，其外形如图 2-11 所示。剥线钳的使用方法十分简便，确定要剥削的绝缘长度后，即可把导线放入相应的切口中（直径 0.5 ~ 3 mm），用手将钳柄握紧，导线的绝缘层即被拉断后自动弹出。

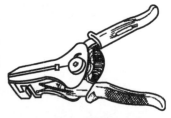

图2-11 剥线钳外形

（二）常用电工仪表及使用

1. 常用电工仪表的基本知识

测量各种电学量和各种磁学量的仪表统称为电工测量仪表，简称电工仪表。电工仪表的种类繁多，最常见的是测量基本电学量的仪表。在电气线路及设备的安装、使用与维修过程中，电工仪表对整个电气系统的检测、监视和控制都起着极为重要的作用。

（1）常用电工仪表的分类。电工仪表的分类方法很多，可以按工作原理分类，也可按测量对象分类，还可以按使用方法、准确度等级、防护性能、使用条件等分类。一般按其测量方法、结构、用途等方面的特性可分为指示仪表、比较仪表、数字仪表和巡回检测装置、记录仪表和示波器、扩大量程装置和变换器等五大类；按测量对象不同，可分为电流表、电压表、功率表、电能表、欧姆表等；按其工作原理不同可分为磁电式、电磁式、电动式、铁磁电动式、感应式及流比计（比率计）等；按准确度的等级不同可分为 0.1 级、0.2 级、0.5 级、1.0 级、1.5 级、2.5 级和 4 级共七个等级；按使用性质和装置方法的不同分为固定式和便携式等。

（2）电工仪表的等级。电工仪表的等级表示仪表精确度的级别。通常 0.1 级和 0.2 级仪表作为标准表，0.5 级～1.5 级仪表用于实验，1.5 级～4.0 级仪表用于工程。所谓仪表的等级是指在规定条件下使用时，可能产生的误差占满刻度的百分数。表示级别的数字越小，精确度就越高。例如，用 0.1 级和 4.0 级两只同样 10 A 量程的电流表分别去测 8 A 的电流，0.1 级电流表可能产生的误差为 10 A×0.1%=0.01 A，而 4.0 级电流表可能产生的误差为 10 A×4%=0.4 A。另外值得注意的是，同一只仪表使用的量程恰当与否也会影响测量的精确度。因此，对同一只仪表而言，在满足测量要求的前提下，用小的量程测量比用大的量程测量精确度高。所以通常选择量程时应使读数为满刻度 2/3 左右为宜。

（3）电工仪表的型号。电工仪表的型号是按规定的标准编制的，对于安装式和可携式指示仪表的型号各有不同的编制规则。

常用安装式仪表型号的编制规则如图 2-12 所示。例如，42L6-W 型功率表，"42" 为形状代号，按形状代号可从有关标准中查出仪表的外形和尺寸，"L" 表示整流系仪表，"6" 为设计序号，"W" 表示用来测量功率。

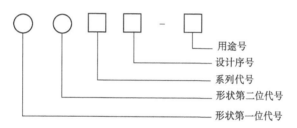

图2-12　安装式仪表型号的编制规则

2．电流表和电压表

（1）电流表和电压表的工作原理。常见的电流表和电压表按工作原理的不同分为磁电式、电磁式和电动式三种。下面以磁电式仪表为例介绍其工作原理。

磁电式仪表结构如图 2-13 所示。它的固定磁路系统由永磁铁、极靴和圆柱形铁芯组成。它的可动部分由绕在铝框上的线圈、线圈两端的半轴、指针、平衡重物、游丝等组成。圆柱形铁芯固定在仪表支架上，用来减小磁阻，并使极靴和铁芯间的空气隙中产生均匀的辐射磁场。整个可动部分被支承在轴承上，可动线圈处于永久磁铁的气隙磁场中。

当线圈中有被测电流流过时，通过电流的线圈在磁场中受力并带动指针而偏转，当与弹簧反作用力矩平衡时，指针便停留在相应位置，并在面板刻度标尺上指出被测数据。

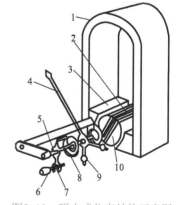

图2-13　磁电式仪表结构示意图

1—永磁铁；2—可动线圈；3—极靴；4—指针；
5—轴；6—调零螺钉；7—调零导杆；8—游丝；
9—平衡重物；10—圆柱铁芯

(2) 电流的测量。测量电流用的仪表称为电流表。为了测量一个电路中的电流，电流表必须和这个电路串联。为了使电流表的接入不影响电路的原始状态，电流表本身的内阻抗要尽量小，或者说与负载阻抗相比要足够小。否则，被测电流将因电流表的接入而发生变化。

① 直流电流的测量。用直流电流表测量直流电流的电路如图 2-14 (a) 所示。接线时电流表的正端钮接被测电路的高电位端，负端钮接被测电路的低电位端，在仪表允许量程范围内测量。如要扩大仪表量程，用以测量较大电流，则应在仪表上并联低电阻值的分流器，如图 2-14 (b) 所示。在用含有分流器的仪表测量时，应将分流器的电流端钮接入电路中，由表头引出的外附定值导线应接在分流器的电位端钮上。一般外附定值导线是与仪表、分流器一起配套的。如果外附定值导线不够长，可用相同截面积的长导线替代，但应使替代导线的电阻等于 0.035 Ω。

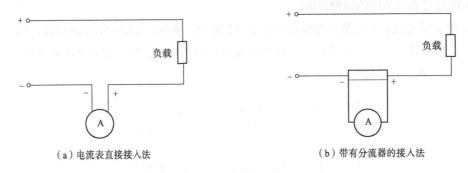

（a）电流表直接接入法   （b）带有分流器的接入法

图2-14 直流电流的测量电路图

② 交流电流的测量。用交流电流表测量交流电流时，电流表不分极性，只要在测量量程内将其串入被测电路即可，如图 2-15 (a) 所示。因交流电流表的线圈和游丝截面积很小，故不能测量较大电流。如需扩大量程，无论是磁电式、电磁式或电动式电流表，均需加接电流互感器，其接线原理如图 2-15 (b) 所示。通常电气工程上搭配电流互感器使用的交流电流表，量程为 5 A。但表盘上读数在出厂前已按电流互感器比率（变流比）标出，可直接读出被测电流值。

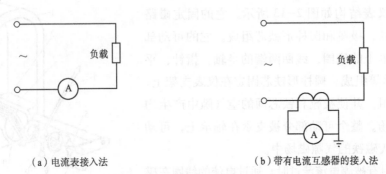

（a）电流表接入法   （b）带有电流互感器的接入法

图2-15 交流电流的测量电路图

(3) 电压的测量。用来测量电压的仪表称为电压表。为了测量电压，电压表应跨接在被测电压的两端，即和被测电压的电路或负载并联。为了不影响电路的工作状态，电压表本身的内阻抗要尽量大，或者说与负载的阻抗相比要足够大，以免由于电压表的接入而使被测电路的电压发生变化，造成较大误差。

① 直流电压的测量。直接测量电路两端直流电压的线路如图 2-16（a）所示。电压表正端钮必须接被测电路高电位点，负端钮接低电位点，在仪表量程允许范围内测量。如需扩大量程，无论是磁电式、电磁式或电动式仪表，均可在电压表外串联分压电阻器，如图 2-16（b）所示。所串联的分压电阻器的电阻值越大，量程越大。

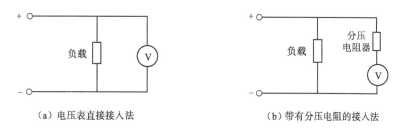

（a）电压表直接接入法　　　　　　　　　（b）带有分压电阻的接入法

图2-16　直流电压的测量电路图

② 交流电压的测量。用交流电压表测量交流电压时，电压表不分极性，只需在测量量程范围内直接并上被测电路即可，如图 2-17（a）所示。如需扩大交流电压表量程，无论是磁电式、电磁式或电动式仪表，均可加接电压互感器，如图 2-17（b）所示。电气工程上所用电压互感器按测量电压等级不同，有不同的标准电压比率，如 3 000 V/100 V、10 000 V/100 V 等，配合互感器的电压表量程一般为 100 V，选择时根据被测电路电压等级和电压表自身量程合理配合使用。读数时，电压表表盘刻度值已按互感器比率折算过，可直接读取。

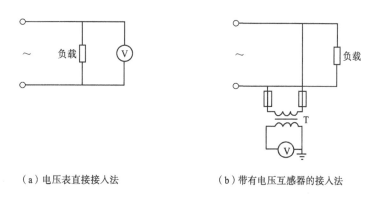

（a）电压表直接接入法　　　　　　　　　（b）带有电压互感器的接入法

图2-17　交流电压的测量电路图

3. 指针式万用表

万用表又称三用表、万能表等，是一种多功能携带式电工仪表，用来测量交、直流电压，交、直流电流、电阻等。有的万用表还可以测量电容量、晶体管共射极直流放大系数 h_{FE}、音频电平等参数。图 2-18 为指针式万用表的外形图。

万用表的结构主要由表头（测量机构）、测量线路、转换开关、面板及表壳等部分组成。万用表的工作原理比较简单，采用磁电系仪表为测量机构。测量电阻时，使用内部电池作为电源，应用电压、电流法；测量电流时，采用并联电阻器分流的方法以扩大量程；测量电压时，采用串联电阻器分压的方法以扩大量程。

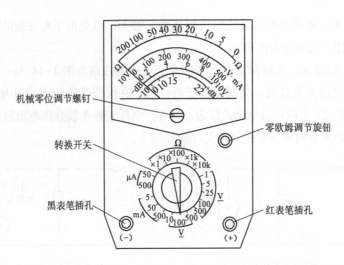

机械零位调节螺钉

零欧姆调节旋钮

转换开关

黑表笔插孔

红表笔插孔

图2-18 指针式万用表的外形图

使用万用表的注意事项：

（1）使用前认真阅读说明书，充分了解万用表的性能，正确理解表盘上各种符号和字母的含义及各标度尺的读法。熟悉转换开关和插孔的作用。

（2）使用前，先观察表头指针是否处于零位（电压、电流标度尺的零点），然后再检查表内电池是否完好。检查的方法是将转换开关置于电阻挡，倍率转换开关置于 $R×1$ 挡（测 1.5 V 电池），置于 $R×10$ k 挡（测量较高电压电池）。将表笔相碰，观察指针是否指在零位，调整零欧姆调节旋钮后，指针仍不能指在零位，需要换新电池。

（3）测量前，要根据被测电学量的项目和大小，把转换开关置于合适的位置。量程的选择，应尽量使表头指针偏转到刻度尺满刻度的 2/3 左右。如果事先无法估计被测量的大小，可在测量中从最大量程挡位逐渐减小到合适的挡位。

（4）测量时，不要用手触摸表笔的金属部分，以保证安全和测量的准确性。

（5）测量高电压（如 220 V）或大电流（如 0.5 A）时，不能在测量时旋动转换开关，避免转换开关的触点产生电弧而损坏开关。

（6）测量结束后，应将转换开关旋至最高电压挡或空挡。测量含有感抗的电路中的电压时，应在切断电源以前先断开万用表，以防自感现象产生的高压损坏万用表。

（7）应在干燥、无振动、无强磁场、环境温度适宜的条件下使用和保存万用表。长期不用的万用表，应将表内电池取出，以防电池因存放过久变质而漏出的电解液腐蚀表内元件。

在测量电阻时，不允许带电操作。因为测量电阻的欧姆挡是由干电池供电的，带电测量相当于外加一个电压，不但会使测量结果不准确，而且有可能烧坏表头。另外，不能用万用表的电阻挡直接测量微安表表头和检流计等的内阻，否则表内 1.5 V 电池发出的电流将烧坏表头。

4. 数字万用表

近二十几年来，随着单片 CMDS A/D 转换器的广泛应用，新型袖珍式数字万用表 DMM 迅速得到推广和普及，显示出强大的生命力，并在许多情况下正逐步取代指针式万用表。数字万用表具有很高的灵敏度和准确度，具有显示清晰直观、功能齐全、性能稳定、过载能力强、便于携带等特点。

（1）数字万用表的基本结构。数字万用表是在直流数字电压表的基础上发展而来的，主要由模－数（A/D）转换器、计数器、译码显示器和控制器等组成。在此基础上，利用交流－直流（AC–DC）转换器、电流－电压转换器、电阻－电压转换器，就可以把被测电学量转换成直流电压信号，这就构成了一块数字万用表，如图 2–19 所示。

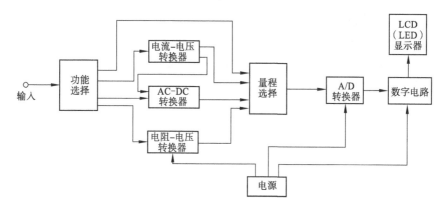

图2-19　数字万用表的构成

（2）数字万用表的特点。同指针式万用表相比，数字万用表主要有以下特点：

① 采用数字显示，读数迅速准确，能消除视差。

② 准确度高。袖珍式 $3\frac{1}{2}$ 位数字万用表与指针式万用表相比，准确度一般要高出 1 ~ 2 个等级。通常数字万用表的位数越多，准确度越高。

③ 分辨力高。数字万用表的分辨力是指在最低量程（如 200 mV 挡）末位上的一个数字所对应的电压值。$3\frac{1}{2}$ 位数字万用表 200 mV 挡的最大显示值为 199.9 mV，末位上的数字 1 表示 0.1 mV，即 100 μV，因此分辨力为 100 μV，比模拟式万用表要高 1 000 倍。

④ 输入阻抗高。$3\frac{1}{2}$ 位数字万用表交、直流电压挡的输入电阻一般为 10 MΩ，$5\frac{1}{2}$ 位数字万用表的输入电阻已能达到 10 GΩ（10^{10} Ω）。

⑤ 采用大规模集成电路（LSI），体积小、质量小、可靠性好、测量种类多、功能齐全、操作简便。

⑥ 过载能力强。数字万用表内部有较完善的保护电路，一般过载几倍也不会损坏仪表（但是对于电流挡，严重过载时可烧毁快速熔丝管）。即使误拨到电阻挡去测量电压，通常也无危险。这是因为电阻挡采用热敏电阻器等保护元件，故允许最高输入电压为 250 V（DC 或 AC 有效值），但此时将显示过载符号"1"或"–1"，正负号依输入直流电压的极性而定。当然，用电阻挡去测量电压，这属于误动作，应尽量避免。

⑦ 可利用 h_{FE} 插口作为扩展使用。袖珍式数字万用表一般都有 h_{FE} 插口，配合选择开关

可以测量 NPN 型或 PNP 型小功率三极管的共射极直流放大系数 h_{FE}，测量范围为 $0 \sim 1000$ 倍。实际上，利用 h_{FE} 插口不仅可以测量小功率三极管的 h_{FE} 值，还能扩展出许多新的用途，如检查晶闸管、单结三极管的触发能力，估测场效应管的放大能力，检查发光二极管及 LED 显示器的好坏等。

⑧ 耗电少，测量速率快。袖珍式数字万用表都采用 LCD 液晶显示器，一般用 9 V 叠层电池供电，耗电很少。电池一般可连续工作 200 h，或间断使用一年左右。数字万用表比指针式万用表测量速率快得多，如 $3\frac{1}{2}$ 位数字万用表完成一次测量过程只需 $0.4 \sim 0.2$ s，而指针式万用表测量速率一般为几秒。

⑨ 电阻挡的测试电流很小。一般高阻挡的测试电流还不到 1 μA，200 Ω 挡的最大测试电流（即把两支表笔短路时的电流）也只有 1 mA 左右。因此，数字万用表也适合测量低功耗的元器件、热敏电阻器等。相比之下，指针式万用表 R×1 挡的短路电流达几十至一百几十毫安，容易损坏额定电流很小的元器件，若用来测量热敏电阻器，由于电流的热效应会使阻值发生变化。

⑩ 抗干扰能力强。数字万用表在对数字量进行传递、运算、存储以及符号变换过程中，"0" 和 "1"，两种逻辑状态分别用低电平和高电平表示（对正逻辑电路而言），二者有明显区别，不容易受机内噪声或外界干扰的影响。另外，双积分式 A/D 转换器的最大优点就是它对于串模干扰信号和共模干扰信号有较强的抑制能力。

⑪ A/D 转换器的功能可以扩展。通过调整 A/D 转换器的基准电压，可以对被测电压进行高准确度的加、减、乘、除及倒数运算。

综上所述，数字万用表的许多优点是传统的指针式万用表望尘莫及的。但是，数字万用表也有不足之处，主要表现为，它不能反映被测电量的连续变化过程以及变化的趋势。例如，用来观察电解电容器的充、放电过程，就不如指针式万用表直观。它也不适合作为电桥调平衡用的零位指示器。另外，数字万用表的价格偏高。

(3) 使用数字万用表时的注意事项：

① 使用前，应认真阅读有关的使用说明书，熟悉电源开关、量程开关、功能键、插孔、特殊插口（如 h_{FE} 插口、C_x 插口等）的作用，以及更换电池和熔丝管的方法。还应了解仪表的过载显示符号、过载报警声音、极性显示符号、低电压指示符号的特点，掌握小数点位置随量程开关的位置而变化的规律。数字万用表在开始测量时会出现跳数现象，应当等显示值稳定后再读数。

② 如果预先无法估计被测电压或电流的大小，则应先拨至最高量程挡测量一次，再视情况逐渐把量程减小到合适位置。测量完毕，应将量程开关拨到最高电压挡，并关闭电源。

③ 测量电压时，应将数字万用表与被测电路并联，数字万用表具有自动转换功能，测直流电压不必考虑正、负极性。但是，如果误用交流电压挡去测量直流电压，或者误用直流电压挡去测量交流电压，将显示 "000"，或在低位上出现跳数。测试表笔插孔旁边的 △ 符号，表示输入电压或电流不应超过指示值。这是为了保护内部线路免受损伤。

④ 严禁在测高电压（220 V 以上）或大电流（0.5 A 以上）时拨动量程开关，以防止产生电弧，烧毁开关触点。

⑤ $3\frac{1}{2}$ 位数字万用表的量程与最大值，相差一个单位。例如，200 mA 量程时，最大显示数为 +199.9 mA（或 −199.9 mA），在数值上与量程相差 0.1 mA。满量程时，仪表发生溢出。

此时仪表仅在最高位显示数字"1"，其他位均消失，这时应选择更高的量程。

⑥ 测量电容时，由于各电容挡都存在失调电压，不测电容也会显示几至十几个字的初始值。因此在测量前必须调整零位调节旋钮，使初始值为 000 或 −000,然后再插上被测电容器。而且每次更换电容挡时，必须重新调零。目前生产的新型号数字万用表（如 DT890D 型），本身具有自动调零功能，在使用时，无须手动调零。

⑦ 当电源电压低于工作电压时，数字万用表常见的低电压指示有三种显示方法，第一种是显示符号"←"，如 DT830 型；第二种是显示字符"BATT（电池）"，如 SK6221 型；第三种是显示字符"LO BAT（电池电压低）"，如 DT890 型。

（4）数字万用表的使用。以图 2−20 所示的 DT840 型数字万用表为例，说明数字万用表的使用方法。

① 交、直流电压的测量。将电源开关置于 ON 位置（下同），根据需要将量程开关拨至 DCV（直流）或 ACV（交流）范围内的合适量程，红表笔插入 V/Ω 孔，黑表笔插入 COM 孔，并将测试笔连接到测试电源或负载上，读数即显示。在测量仪器仪表的交流电压时，应当用黑表笔去接触被测电压的低电位端（如信号发生器的公共地端或机壳），以消除仪表对地分布电容的影响，减少测量误差。

② 交、直流电流的测量。将量程开关拨至 DCA（直流）或 ACA（交流）范围内的合适量程，红表笔插入 mA 孔（≤ 200 mA 时）或 20 A 孔（>200 mA 时）。黑表笔插入 COM 孔，并通过表笔将万用表串联在被测电路中即可。在测量直流电流时，数字万用表能自动转换或显示极性。

③ 电阻的测量。将量程开关拨至 Ω（或 OHM）范围内的合适量程，红表笔插入 V/Ω 孔，黑表笔插入 COM 孔。如果被测电阻值超出所选择量程的最大值，万用表将显示过量程"1"，这时应选择更高的量程。对于大于 1 MΩ 的电阻器，要几秒后读数才能稳定，这是正常的。当检查内部线路阻抗时，要保证被测线路所有电源切断，所有电容器放电。

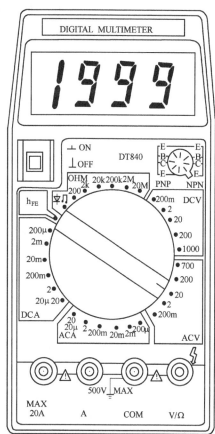

图2−20　DT840型数字万用表外形图

值得注意的是，在电阻挡，以及检测二极管、检查线路通断时，红表笔插入 V/Ω 孔，带正电，黑表笔插入 COM 孔，带负电，这与指针式万用表正好相反。因此，测量三极管、电解电容器等有极性的元器件时，必须注意表笔的极性。

④ 二极管的测量。将量程开关拨至二极管测量挡，将黑表笔插入 COM 插孔，红表笔插入 V/Ω 插孔（注意红表笔极性为正）。测量时，万用表将显示二极管的正向电压降。通常，好二极管的正向电压降显示值为 500 ~ 800 mV，若被测二极管是坏的，将显示"0"（短路）或"1"（开路）。进行反向检查时，若被测二极管是好的，将显示"1"；若被测二极管是坏的，就显示"000"或其他值。

数字万用表电阻挡所能提供的测试电流很小。因此，对二极管、三极管等非线性元器件，通常不测正向电阻而测正向电压降。一般锗管的正向电压降为 0.15～0.3 V，硅管为 0.5～0.8 V。另外，该量程还可利用蜂鸣器进行连续检查，如果所测电路的电阻在 70 Ω 以下，表内的蜂鸣器有声响，表示电路导通。

⑤ 三极管的放大倍数 h_{FE} 的测量。将量程开关拨至 h_{FE} 挡，根据被测三极管的类型，将其插入 NPN 型或 PNP 型对应的插口中，这时显示器上将显示 h_{FE} 的近似值。值得注意的是：使用 h_{FE} 插口测量三极管时，由于测试电压较低，E_0=+2.8 V，向被测管提供的基极电流 I_b 仅为 10 μA，集电极电流也较小，使被测管在低电压、小电流状态下工作，测出的 h_{FE} 值仅供参考。

⑥ 电容的测量。将量程开关拨至 CAP 挡相应量程，旋动零位调节旋钮，使初始值为 0，然后将电容器直接插入电容测试座中（不要通过表笔插孔测量），这时显示器上将显示其电容量。测量时两手不得碰触电容器的电极引线或表笔的金属端，否则，数字万用表将严重跳数，甚至过载。

5. 绝缘电阻表

绝缘电阻表又称摇表，是一种便携式的，常用来测量高电阻值的直读式仪表。一般用来测量电路、电动机绕组、电缆、电气设备等的绝缘电阻。测量绝缘电阻时，对被测试的绝缘体需加规定的较高试验电压，以计量渗漏过绝缘体的电流大小来确定它的绝缘性能好坏。渗漏的电流越小，绝缘电阻也就越大，绝缘性能也就越好；反之就越差。最常见的绝缘电阻表是由作为电源的高压手摇发电机（交流或直流发电机）及指示读数的磁电式双动圈流比计所组成。新型的绝缘电阻表有用交流电作为电源的或采用三极管直流电源变换器及磁电式仪表来指示读数的。

（1）绝缘电阻表的选用。绝缘电阻表的常用规格有 250 V、500 V、1 000 V、2 500 V 和 5 000 V，选用绝缘电阻表主要应考虑它的输出电压及测量范围。一般额定电压在 500 V 以下的设备，选用 500 V 或 1 000 V 的绝缘电阻表，额定电压在 500 V 以上的设备，选用 1 000 V 或 2 500 V 的绝缘电阻表，而测量瓷绝缘子、母线、刀开关等应选 2 500 V 以上的绝缘电阻表。

绝缘电阻表量程范围的选用，一般应注意不要使其测量范围过多地超出所需测量的绝缘电阻值，以免发生较大的测量误差。例如，一般测量低压电气设备绝缘电阻时可选用 0～200 MΩ 量程的绝缘电阻表，测量高压电气设备或电缆时可选用 0～2 000 MΩ 量程的绝缘电阻表。有些绝缘电阻表的读数不是从 0 开始，从 1 MΩ 或 2 MΩ 起始的绝缘电阻表一般不宜用来测量低压电气设备的绝缘电阻，因为这时被测电气设备和线路的绝缘电阻有可能小于 1 MΩ 或 2 MΩ，容易误将它的绝缘电阻判定为 0。

（2）绝缘电阻表的使用：

① 使用前的准备工作：

a. 测量前先将绝缘电阻表进行一次开路和短路试验，检查绝缘电阻表是否良好。若将两连线开路，摇动手柄，指针应指在"∞"处，这时如再把两连接线短接一下，指针应指在"0"处，说明绝缘电阻表是良好的，否则，该表不能正常使用。

b. 测量前必须检查被测电气设备和线路的电源是否全部切断，绝对不允许带电测量绝缘电阻。然后应对设备和线路进行放电（需 2～3 min），以免设备和线路的电容器放电危及人身安全和损坏绝缘电阻表，同时注意将被测点擦拭干净。

② 使用方法和注意事项：

a．绝缘电阻表应放在平整而无摇晃或振动的地方，使表身置于平稳状态。

b．绝缘电阻表上有三个分别标有 E(接地)、L(电路) 和 G（保护环或屏蔽端子）的接线柱。测量电路绝缘电阻时，可将被测端接于 L 接线柱上，而以良好的地线接于 E 接线柱上，如图 2-21 (a) 所示；在进行电动机绝缘电阻测量时，将电动机绕组接于 L 接线柱上，机壳接于 E 接线柱上，如图 2-21 (b) 所示；测量电缆的缆芯对缆壳的绝缘电阻时，除将缆芯和缆壳分别接于 L 和 E 接线柱外，再将电缆壳芯之间的内层绝缘物接 G 接线柱，以消除因表面漏电而引起的误差，如图 2-21 (c) 所示。

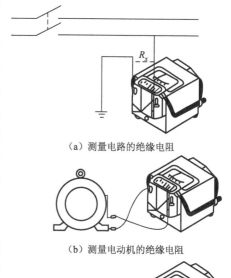

（a）测量电路的绝缘电阻

（b）测量电动机的绝缘电阻

（c）测量电缆的绝缘电阻

图2-21　绝缘电阻表的接线方法

c．接线柱与被测电路或设备间连接的导线不能用双股绝缘线或绞线，必须用单根线连接，避免因绞线绝缘不良而引起误差。

d．摇动手柄的转速要均匀，一般规定为 120 r/min，允许有 ±20% 的变化。通常都要摇动 1 min 后，待指针稳定下来再读数。若被测电路中有电容器时，先持续摇动一段时间，让绝缘电阻表对电容器充电，指针稳定后再读数。测完后先拆去接线，再停止摇动。若测量中发现指针指零，应立即停止摇动手柄。

e．在绝缘电阻表未停止转动前，切勿用手去触及设备的测量部分或绝缘电阻表的接线柱。测量完毕后，应对设备充分放电，否则容易引起触电事故。

f．禁止在雷电时或在邻近有带高压导体的设备处使用绝缘电阻表进行测量。只有在设备不带电又不可能受其他电源感应而带电时才能进行测量。

6．功率表

功率表用于测量直流电路和交流电路的功率，又称电力表或瓦特表。功率表大多采用电动式仪表的测量机构。它有两组线圈：一组是电流线圈；另一组是电压线圈。它的指针偏转（读数）与电压、电流以及电压与电流之间的相角差的余弦的乘积成正比。因此，可用它测量电路的功率。由于它的读数与电压、电流之间的相位差有关，因此电流线圈与电压线圈的接线必须按照规定的方式连接才正确。

（1）功率表的接线规则。功率表的接线必须遵守"发电机端"规则，即功率表标有"*"号的电流端钮必须接到电源的一端，而另一电流端钮接到负载端，电流线圈串联接入电路中。功率表标有"*"号的电压端钮，可以接到电流端钮的任一端，而另一电压端钮则跨接到负载的另一端。图 2-22 所示为功率表的两种正确接线方式。

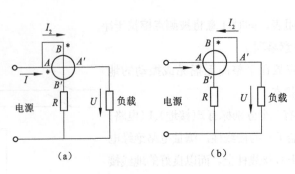

图2-22　功率表两种正确接线方法

（2）功率的测量方法。直流有功功率的测量，可以用分别测量电压、电流的间接方法测量，也可以用功率表直接测量。单相交流有功功率的测量，在频率不很高时采用电动系或铁磁电动系功率表直接测量。在频率较高时，采用热电系或整流系功率表直接测量。三相有功功率的测量，可采用三相有功功率表进行测量，也可采用几个单相有功功率表进行测量。

① 直接式接法。被测电路功率小于功率表量程时，功率表可直接接入电路。用单相有功功率表测量三相有功功率的方法有三种：一表法，二表法，三表法。其接线方法如图 2-23 所示。

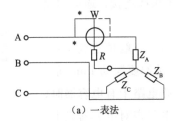

（a）一表法

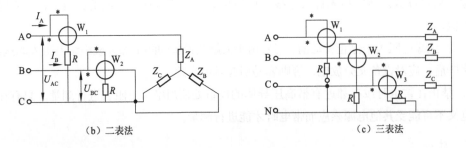

（b）二表法　　　　　　　　　　　　（c）三表法

图2-23　单相有功功率表的接线方法

三相有功功率表实际相当于两只单相功率表的组合，其内部接线与两只单相功率表测三相三线制电路功率的接线相同，但它也只能测量三相三线制或对称三相四线制电路，其接线方法如图 2-24 所示。

② 用电流互感器和电压互感器扩大功率表量程的接线。被测电路功率如果大于功率表量程，必须加接电流互感器和电压互感器，扩大其量程。其接线方法如图 2-25 (a)、(b) 所示。

（3）使用功率表时的注意事项：

① 负载不对称的三相四线制电路不能用二表法进行测量。

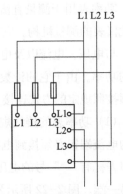

图2-24　用三相功率表直接测三相电路功率

在用二表法进行测量时，如果被测电路的功率因数低于 0.5，就会发现功率表反偏转而无法读数。这时可将该表的电流线圈接头反接，但不可将电压线圈反接，以免引起静电误差甚至导致仪表损坏（也可以换用低功率因数表进行测量）。

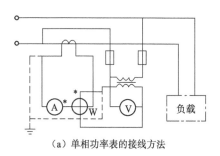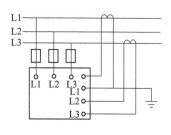

（a）单相功率表的接线方法　　　　　　（b）三相功率表的接线方法

图2-25　用电流互感器和电压互感器扩大功率表量程

② 功率表的表盘刻度只标明分格数，往往不标明瓦特数。不同电流量程和电压量程的功率表，每个分格所代表瓦数不一样，在测量时，应将指针所示分格数乘上分格常数，才能得到被测电路的实际功率数。

7. 电能表

电能表是用来测量电能的仪表，又称电度表。电能表的种类繁多，按其准确度分类有 0.5、1.0、2.0、2.5、3.0 级等；按其结构和工作原理又可分为电子数字式电能表、磁电式电能表、电动式电能表和感应式电能表等。其中测量交流电能用的感应式电能表是一种使用数量最多，应用范围最广的电工仪表。

（1）电能表型号的选择。根据测量任务的不同，电能表型号的选择也会有所不同。对于单相、三相、有功和无功电能的测量，都应选取与之相适应的仪表。在国产电能表中，型号中的前后字母和数字均表示不同含义：第一个字母 D 代表电能表；第二个字母为 D 则表示单相、为 S 则表示三相三线、为 T 则表示三相四线、为 X 则表示无功；后面的数字代表产品设计定型编号。

（2）额定电流、电压的选择。在电能表的铭牌上，均标有额定电压、标定电流和额定最大电流。其中的标定电流，只作计算负载的基数，而在额定最大电流下，应能长期工作，其误差和温升等应能完全满足规定的要求，并用括号形式将额定最大电流值标在标定电流值的后面。例如，某厂生产的 DD28 型电能表，在铭牌中标有 2（4）A 字样，则该表的标定电流为 2 A，额定最大电流为 4 A。当后者小于前者的 150% 时，通常只标明前者。因此，对电能表的额定电流、电压进行合理选择的原则是，应使电能表的额定电压、额定最大电流等于或大于负载的电压、电流。但电能表也不允许安装在 10% 额定负载以下的电路中使用。

（3）电能表的正确接线。电能表的正确接线同功率表一样，必须遵守发电机端的接线原则，即应将电能表的电流线圈和电压线圈中带"*"号的一端，共同接至电源的同一极性上。单相电能表和三相电能表的接线方法如图 2-26 所示。

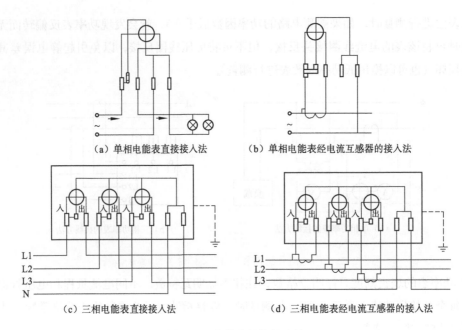

(a) 单相电能表直接接入法　　(b) 单相电能表经电流互感器的接入法

(c) 三相电能表直接接入法　　(d) 三相电能表经电流互感器的接入法

图2-26　电能表的接线方法

8. 直流电桥

直流电桥是一种利用比较法进行测量的电学测量仪器。比较法的中心思想是将待测量与标准量进行比较以确定其数值，具有测试灵敏度高和使用方便等优点。

（1）直流单臂电桥：

① 直流单臂电桥的工作原理。单臂电桥又称惠斯通电桥，当需要精确地测量中值电阻时，往往采用单臂电桥进行测量。其原理电路图如图 2-27 所示。图中 R_x 为被测电阻，G 为检流计，R_1、R_2、R_3 为可调电阻器。当满足关系式 $R_1R_3=R_2R_x$ 时，电路达到平衡。此时检流计中通过的电流为零（指针不动）。将 R_1/R_2 称为比例臂，R_3 称为比较臂。图 2-28 为 QJ23 型直流单臂电桥的面板图。在测量时可根据对被测电阻的粗略估计，选取适当的比较臂的数值乘以比例臂的倍数。

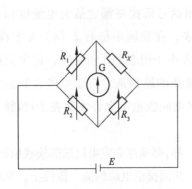

图2-27　单臂电桥原理电路图

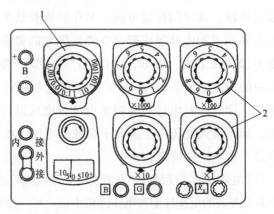

图2-28　QJ23型直流单臂电桥的面板图

1—倍率旋钮；2—比例臂读数盘

② 直流单臂电桥的使用方法：

a．使用前，先把检流计的锁扣打开，并调节调零器把指针调到零位。

b．估计被测电阻近似值，然后参照说明书上的表格选择适当的比例臂（倍率），使比例臂可调电阻器的各挡能够充分利用，以提高其精度。

c．接入电阻器时，应选择较粗较短的连接导线，并将接头拧紧，尽量提高测量精度。

d．在测量电感电路的电阻（如电动机、变压器等）时，应先接通电源按钮，后接通检流计按钮。测量结束后，应先断开检流计按钮，再断开电源按钮，以免线圈的自感电动势损坏检流计。

e．电桥电路接通后，如检流计指针向"+"的方向偏转，应增加比较臂的电阻；反之，如指针向"−"的方向偏转，则应减小比较臂的电阻。反复调节比较臂电阻使指针指向零位为止。读出刻度盘电阻值再乘以倍率，即为所测电阻值。

f．电桥电路使用完毕后，应立即将检流计的锁扣锁上，以免在搬动过程中，将悬丝振坏。

g．电池电压偏低会影响电桥的灵敏度，所以如发现电池电压偏低时应及时调换。当采用外接电源时，必须注意极性，且勿使电压超过规定值，否则可能烧坏桥臂电阻器。

（2）直流双臂电桥。单臂电桥不适于测量 1 Ω 以下的小电阻。这是因为，当被测电阻很小时，测量中连接导线的电阻和接触电阻的影响，势必造成很大的测量误差。双臂电桥又称开尔文电桥，可以消除接线电阻和接触电阻的影响，是一种专门用来测量小电阻（10^{-5} ～ 100 Ω）的电桥。图 2-29 为 QJ103 型直流双臂电桥的面板图。

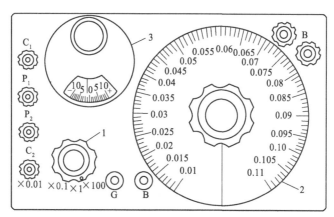

图2-29　QJ103型直流双臂电桥的面板图
1—倍率旋钮；2—可调电阻器刻度盘；3—检流计及机械调零旋钮

使用直流双臂电桥，除应注意使用单臂电桥的有关各项外，还应注意下列各项：

① 要正确连接被测电阻器与测量仪器的电流接线柱和电位接线柱。电位接线柱 P_1、P_2 所引出的连接线，应比电流接线柱 C_1、C_2 所引出的连接线更靠近被测电阻器。即被测电阻器应布置四个测针的位置。

② 选用标准电阻器，应尽量使其与被测电阻器在同一数量级，最好能满足 $\frac{1}{10}R_X < R_N < R_X$（式中，$R_N$ 为标准电阻器，R_X 为被测电阻器）。

③ 双臂电桥的电源应采用容量较大的蓄电池，电压为 1.5 ～ 4.5 V。在电流电路中应接入一个可调电阻器和一个直流电流表，对应于不同的被测电阻器，调整所需电流，即可防止电

流过大而损坏标准电阻器和被测电阻器，又能达到所需灵敏度。

④ 温度对电阻器电阻值的影响比较大，测量时应记录当时电阻器的温度。例如，测量电动机或变压器绕组的电阻时，由于它正常工作时的温度比室温高得多，应将测得的数值换算成 75 ℃时的电阻值。

项目情境

（1）由教师（代表管理方）对学生（员工）对常用电工工具及仪表的相关知识进行概述，电工常用导线的剖削、连接及绝缘恢复操作要领相关知识概述如下：

① 验电器、电工刀、螺钉旋具、剥线钳、钢丝钳、尖嘴钳、斜口钳等。

② 导线的剖削、导线的连接、导线连接的绝缘恢复。

③ 万用表、电压表、电流表、绝缘电阻表、直流电桥、功率表等。

（2）由教师（代表管理方）对学生（员工）进行电工工具使用、电工仪表使用及导线连接操作的演示：

① 由教师（代表管理方）在实训室电工平台上利用常用电工工具对常用导线进行剖削、连接及绝缘恢复操作展示。

② 由教师（代表管理方）采用常用电工仪表对实训设备电气单元进行电气参量测试展示。

（3）由教师（代表管理方）对学生（员工）进行工作任务的布置与分配，明确"常用电工工具及仪表使用"训练的目的、要求及内容：

由 ×××× 单位电气维修部门经理（教师或学生）向完成各具体子项目（任务）的执行经理或工作人员布置任务，派发任务单，如表 2-1 所示。

表2-1 任务单

项目名称	子项目	内容要求	备注
常用电工工具及仪表使用	万用表的测量演练	学生按照人数分组训练： 交流电压测量； 直流电压测量； 直流电流测量； 直流电阻测量	
	常用导线剖削、连接及绝缘恢复演练	学生按照人数分组训练： 导线剖削； 导线连接； 绝缘恢复	
	绝缘电阻表和钳形电流表的测量演练	学生按照人数分组训练： 用绝缘电阻表测量绝缘电阻； 用钳形电流表测量三相电流	
	三相电路有功功率和电能的测量演练	学生按照人数分组训练： 用单相功率表测量功率； 用单相电能表测量电能	
目标要求	会用常用电气仪表与工具		
实训环境	万用表、电压表、电流表、绝缘电阻表、直流电桥、功率表、验电器、电工刀、螺钉旋具、剥线钳、钢丝钳、尖嘴钳、斜口钳、绝缘导线若干、涤纶薄膜带、黑胶带等		
其他			

组别：　　　　组员：　　　　　　　项目负责人：

具体完成过程是：按情境进行项目布置→学生个人准备→组内讨论、检查→发言代表汇报→评价→展示案例、问题指导→组内讨论、修改方案→第二次汇报→评价→问题指导→再讨论再修改→第三次汇报→评价、验收→拓展任务、巩固训练→师生共同归纳总结→新项目布置，完成项目二的具体任务和拓展任务。

将学生根据实训平台（条件）按照项目要求进行分组实施。

1．万用表的测量演练

演练步骤如下：

（1）交流电压测量。将转换开关置于交流挡，所需量程由被测电压的高低来确定。测量交流电压时不分正负极，只需将表笔并联在被测电路或被测元器件两端。指针式万用表使用频率范围一般为 45 ~ 1 000 Hz，如果被测交流电压频率超过了这个范围，测量误差将增大，这时的数据只能作参考。

（2）直流电压测量。将转换开关置于直流挡，所需量程由被测电压的高低来确定。测量直流电压时正负极不能搞错。"+"插口的表笔接至被测电压的正极，"−"插口的表笔接至被测电压的负极。若表笔接反，表头指针会反方向偏转，容易撞弯指针。

（3）直流电流测量。将转换开关置于直流电流挡的适当量程位置。测量时必须先断开电路，然后按电流从正到负的方向，将万用表串联到被测电路中。如果误将万用表电流挡与负载并联，因它的内阻很小，会造成短路，导致电路和仪表被烧毁。

（4）直流电阻测量。将转换开关置于欧姆挡的适当量程位置上，先将两根表笔短接，并同时转动零欧姆调整旋钮，使表头指针准确停留在欧姆标度尺的零点上，然后用表笔测量电阻。面板上 ×1、×10、×100、×1k、×10k 的符号表示倍率数，从表头的读数乘以倍率数，就是所测电阻器的电阻值。

2．常用导线剖削、连接及绝缘恢复演练

演练步骤如下：

（1）取不同规格的绝缘导线，进行剖削。在连接前，必须先剖削导线绝缘层，要求剖削后的芯线长度必须适合连接需要，不应过长或过短，且不应损伤芯线。

① 塑料硬线绝缘层的剖削。塑料硬线绝缘层的剖削有以下两种方法：

a．用钢丝钳剖削塑料硬线绝缘层。线芯截面积 4 mm² 及以下的塑料硬线，一般可用钢丝钳剖削，方法如下：按连接所需长度，用钳头刀口轻切绝缘层，用左手捏紧导线，右手适当用力捏住钢丝钳头部，然后两手反向同时用力即可使端部绝缘层脱离芯线。在操作中注意，不能用力过大，切痕不可过深，以免伤及线芯，如图 2−30 所示。

b．用电工刀剖削塑料硬线绝缘层。按连接所需长度，用电工刀刀口对导线成 45°角切入塑料绝缘层，使刀口刚

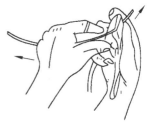

图2−30　用钢丝钳勒去导线绝缘层

好削透绝缘层而不伤及线芯，然后压下刀口，夹角改为约 15°角后把刀身向线端推削，把余下的绝缘层从端头处与芯线剥开，接着将余下的绝缘层扳翻至刀口根部后，再用电工刀切齐。

② 塑料软线绝缘层的剖削。塑料软线绝缘层剖削除用剥线钳外，仍可用钢丝钳直接剖削截面为 4 mm² 及以下的导线，方法与用钢丝钳剖削塑料硬线绝缘层时相同。塑料软线不能用电工刀剖削，因其太软，线芯又由多股铜丝组成，用电工刀极易伤及线芯。软线绝缘层剖削后，要求不存在断股（一根细芯线称为一股）和长股（即部分细芯线较其余细芯线长，出现端头长短不齐）现象。否则应切断后重新剖削。

③ 塑料护套线绝缘层的剖削。塑料护套线只有端头连接，不允许进行中间连接。其绝缘层分为外层的公共护套层和内部芯线的绝缘层。公共护套层通常都采用电工刀进行剖削。常用方法有两种：一种方法是用刀口从导线端头两芯线夹缝中切入，切至连接所需长度后，在切口根部割断护套层；另一种方法是按线头所需长度，将刀尖对准两芯线凹缝划破绝缘层，将护套层向后扳翻，然后用电工刀齐根切去。芯线绝缘层的剖削与塑料绝缘硬线端头绝缘层剖削方法完全相同，但切口相距护套层长度应根据实际情况确定，一般应在 10 mm以上。

④ 花线绝缘层的剖削。花线的结构比较复杂，多股铜质细芯线先由棉纱包扎层裹捆，接着是橡胶绝缘层，外面还套有棉织管（即保护层）。剖削时先用电工刀在线头所需长度处切割一圈拉去，然后在距离棉织管 10 mm 左右处用钢丝钳按照剖削塑料软线绝缘层的方法将内层的橡胶层勒去，将紧贴于线芯处棉纱层散开，用电工刀割去。

⑤ 橡套软电缆绝缘层的剖削。用电工刀从端头任意两芯线缝隙中割破部分护套层。然后把割破已成两片的护套层连同芯线（分成两组）一起进行反向分拉来撕破护套层，直到所需长度。再将护套层向后扳翻，在根部分别切断。

橡套软电缆一般作为田间或工地施工现场临时电源馈线，使用机会较多，因而受外界拉力较大，所以护套层内除有芯线外，还有 2～5 根加强麻线。这些麻线不应在护套层切口根部剪去，而应扣结加固，余端也应固定在插头或电具内的防拉板中。芯线绝缘层的剖削可按塑料绝缘软线绝缘层的剖削方法进行。

⑥ 铅包线护套层和绝缘层的剖削。铅包线绝缘层分为外部铅包层和内部芯线绝缘层。剖削时先用电工刀在铅包层上切下一个刀痕，再用双手来回扳动切口处，将其折断，将铅包层拉出来。内部芯线绝缘层的剖削与塑料硬线绝缘层的剖削方法相同，操作过程如图 2-31所示。

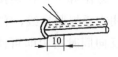

（a）剖切铅包层　　　（b）扳动和拉出铅包层　　　（c）剖削芯线绝缘层

图2-31　铅包线绝缘层的剖削

（2）单股和多股导线连接：

① 对导线连接的基本要求如下：

a．接触紧密，接头电阻小且稳定性好。与同长度、同截面积导线的电阻比应不大于 1。

b．接头的机械强度应不小于导线机械强度的 80%。

c．耐腐蚀。对于铝与铝连接，如采用熔焊法，主要防止残余熔剂或熔渣的化学腐蚀；对于铝与铜连接，主要防止电化腐蚀。在接头前后，要采取措施，避免这类腐蚀的存在，否则，在长期运行中，接头有发生故障的可能。

d．接头的绝缘层强度应与导线的绝缘强度一样。

② 铜芯线的连接。铜芯线的连接有以下几种：

a．单股铜芯线的直接连接。先按芯线直径约 40 倍长剥去线端绝缘层，并勒直芯线再按以下步骤进行：

• 把两根线头在离芯线根部的 1/3 处呈 X 状交叉，如图 2-32（a）所示。

• 把两线头如麻花状互相紧绞两圈，如图 2-32（b）所示。

• 先把一根线头扳起与另一根处于下边的线头保持垂直，如图 2-32（c）所示。

• 把扳起的线头按顺时针方向在另一根线头上紧缠 6 ～ 8 圈，圈间不应有缝隙，且应垂直排绕。缠毕切去芯线余端，并钳平切口，不准留有切口毛刺，如图 2-32（d）所示。

• 另一端头的加工方法同前。

b．单股铜芯线与多股铜芯线的分支连接。先按单股铜芯线直径约 20 倍的长度剥除多股线连接处的中间绝缘层，并按多股线的单股芯线直径的 100 倍左右剥去单股线的线端绝缘层，并勒直芯线，再按以下步骤进行：

• 在离多股线的左端绝缘层切口 3 ～ 5 mm 处的芯线上，用一字头螺钉旋具把多股芯线分成较均匀的两组（如七股线的芯线以三四分），如图 2-33（a）所示。

• 把单股铜芯线插入多股铜芯线的两组芯线中间，但单股铜芯线不可插到底，应使绝缘层切口离多股铜芯线约 3 mm。同时，应尽可能使单股铜芯线向多股铜芯线的左端靠近，以达到距多股线绝缘层的切口不大于 5 mm。接着用钢丝钳把多股线的插缝钳平、钳紧，如图 2-33（b）所示。

• 把单股铜芯线按顺时针方向紧缠在多股铜芯线上，务必要使每圈直径垂直于多股铜芯线轴心，并应使各圈紧挨密排，应绕足 10 圈，然后切断余端，钳平切口毛刺，如图 2-33（c）所示。

c．多股铜芯线的直接连接，按以下步骤进行：

• 先将剥去绝缘层的芯线头拉直，接着把芯线头全长的 1/3 根部进一步绞紧，然后把余下的 2/3 根部的芯线头，按图 2-34（a）所示方法，分散成伞骨状，并将每股芯线拉直。

• 把两导线的伞骨状线头隔股对叉，然后捏平两端每股芯线，如图 2-34（b）、（c）所示。

• 先把一端的多股芯线分成三组，接着把第一组股芯线扳起，垂直于芯线，如图 2-34（d）

所示。然后按顺时针方向紧贴并缠两圈，再扳成与芯线平行的直角，如图2-34（e）所示。

- 按照上一步骤相同的方法继续紧缠第二和第三组芯线，但在后一组芯线扳起时，应把扳起的芯线紧贴前一组芯线已弯成直角的根部，如图2-34（f）、（g）所示。第三组芯线应紧缠三圈，如图2-34（h）所示。每组多余的芯线端应剪去，并钳平切口毛刺。导线的另一端连接方法相同。

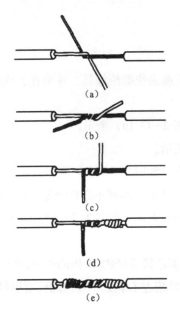

图2-32 单股铜芯线的直接连接图

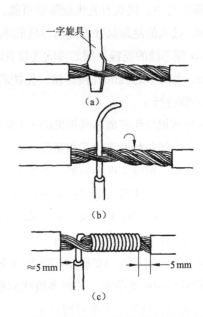

图2-33 单股铜芯线与多股铜芯线的分支连接

d．多股铜芯线的分支连接。先将干线在连接处按支线的单股铜芯线直径约60倍长剥去绝缘层。支线线头绝缘层的剥离长度约为干线单股铜芯线直径的80倍，再按以下步骤进行：

- 把支线线头离绝缘层切口根约1/10的一段芯线进一步绞紧，并把余下的约9/10芯线头松散，并逐根勒直后分成较均匀且排成并列的两组（如七股线按三四分），如图2-35（a）所示。

- 在干线芯线中间略偏一端部位，用一字头螺钉旋具插入芯线股间，分成较均匀的两组。接着把支路略多的一组芯线头插入干线芯线的缝隙中，并插足。同时移动位置，使干线芯线约以2/5和3/5分留两端，即2/5一段供支线三股芯线缠绕，3/5一段供四股芯线缠绕，如图2-35（b）所示。

- 先钳紧干线芯线插口处，接着把支线三股芯线在干线芯线上按顺时针方向垂直地紧紧排缠至三圈，剪去多余的线头，钳平端头，修去毛刺，如图2-35（c）所示。

- 按照上一步骤相同的方法缠绕另四股支线芯线头，但要缠足四圈，芯线端口也应不留毛刺，如图2-35（d）所示。

③铝芯线的连接。铝芯线的连接有以下几种：

a．小规格铝芯线的连接方法：

• 截面积在 4 mm² 以下的铝芯线，允许直接与接线柱连接，但连接前必须经过清除氧化铝薄膜的技术处理。方法是：在芯线端头上涂抹一层中性凡士林，然后用细钢丝刷或铜丝刷擦芯线表面，再用清洁的棉纱或破布抹去含有氧化铝膜屑的凡士林，但不要彻底擦干净表面的所有凡士林。

• 各种形状接点的弯制和连接方法，均与小规格铜质导线的各种连接方法相同，均可参照应用。

• 铝芯线质地很软，压紧螺钉虽应紧压住线头，不能松动，但也应避免一味地拧紧螺钉而把铝芯线压扁或压断。

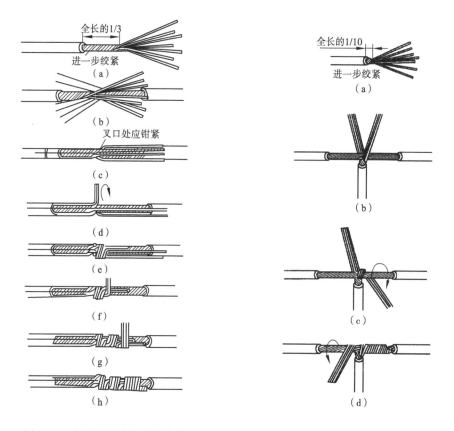

图2-34 多股铜芯线的直接连接　　　图2-35 多股铜芯线的分支连接

b．铜芯线与铝芯线的连接。由于铜与铝在一起时，时间长了铝会产生电化腐蚀，因此，对于较大负荷的铜芯线与铝芯线连接应采用铜铝过渡连接管。使用时，连接管的铜端插入铜导线，连接管的铝端插入铝导线，利用局部压接法压接。

（3）连接线头的绝缘层恢复。绝缘导线的绝缘层，因连接需要被剥离后，或遭到意外损伤后，均需恢复绝缘层，而且经恢复的绝缘性能不能低于原有的标准。在低压电路中，常用的恢复材料有黄蜡布带、聚氯乙烯塑料带和黑胶布等多种。一般采用 20 mm 的规格，其包缠方法如下：

① 包缠时，先将绝缘带从左侧的完好绝缘层上开始包缠，应包入绝缘层 30 ~ 40 mm，包缠绝缘带时，要用力拉紧，带与导线之间应保持约 45°倾斜，如图 2-36（a）所示。

② 进行每圈斜叠包缠，后一圈必须压叠住前一圈的 1/2 带宽，如图 2-36（b）所示。

③ 包至另一端也必须包入与始端同样长度的绝缘带，然后接上黑胶布，并应使黑胶布包出绝缘带层至少半根带宽，即必须使黑胶布完全包没绝缘带，如图 2-36（c）所示。

④ 黑胶布也必须进行 1/2 叠包，包到另一端也必须完全包没绝缘带，收尾后应用双手的拇指和食指紧捏黑胶布两端口，进行一正一反方向拧旋，利用黑胶布的黏性，将两端口充分密封起来，尽可能不让空气流通。这是一道关键的操作步骤，决定着加工质量的优劣，如图 2-36（d）所示。

在实际应用中，为了保证经恢复的导线绝缘层的绝缘性能达到或超过原有标准，一般均包两层绝缘带后再包一层黑胶布。

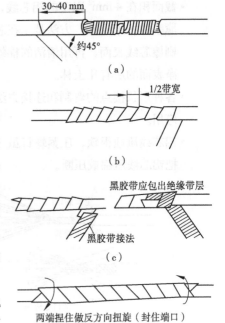

图2-36　对接接点绝缘层的恢复

3．绝缘电阻表和钳形电流表的测量演练

演练步骤如下：

（1）用绝缘电阻表测定线路间的绝缘电阻、线路对地的绝缘电阻、电动机定子绕组与机壳间的绝缘电阻。具体步骤如下：

① 选择合适的绝缘电阻表。根据三相异步电动机的电压需要选用 500 V 的绝缘电阻。

② 检查绝缘电阻表是否完好。测量前应将绝缘电阻表进行一次开路和短路试验，检查绝缘电阻表是否良好。将两连接线开路，摇动手柄，指针应指在"∞"处，再把两连接线短接一下，指针应指在"0"处，符合上述条件者即良好，否则不能使用。

③ 拆开异步电动机接线盒，并拆去之间的接片。

④ 检查引出线的标记是否正确，转子转动是否灵活，轴伸端径向有无偏摆的情况。

⑤ 将三相异步电动机的其中一相的线芯接 L 端，另一端 E 端接其绝缘层；然后按顺时针方向摇动手柄，摇动的速度应由慢而快，当转速达到 120 r/min 时（ZC-25 型），保持匀速摇动 1 min 后读数，并且要边摇边读数，不能停下来读数。

⑥ 拆线放电。

⑦ 安装好三相异步电动机接线盒，收拾好工具和仪表。

（2）用钳形电流表测定三相异步电动机的电流并判断三相电流是否平衡。具体步骤如下：

① 检查钳形电流表是否完好，握捏手柄，看钳口是否能够灵活开启。

② 测量前对钳形电流表进行机械调零。

③ 按电路图连接三相异步电机。

④ 根据铭牌示数确定空载电流及额定电流，依此选择合适量程。

⑤ 测量时，应使被测导线处在钳口的中央，并使钳口闭合紧密，以减少误差。

⑥ 测量完毕，要将转换开关放在最大量程处。

4．三相电路有功功率和电能的测量演练

演练步骤如下：

（1）用单相功率表测量白炽灯（220 V/15 W）功率。

（2）用单相功率表测量三相异步电动机功率。

（3）用单相电能表测量白炽灯（5 个 220 V/15 W）15 min 所消耗的电能。

项目评价

（1）项目实施结果考核。由项目委托方代表（一般来说是教师）对项目二各项任务的完成结果进行验收、评分，对合格的任务进行接收。

（2）考核方案设计：

学生成绩的构成：A 组项目（课内项目）完成情况累积分（占总成绩的 75%）＋ B 组项目（自选项目）成绩（占总成绩的 25%）。其中 B 组项目的内容是由学生自己根据市场的调查情况，完成一个与 A 组项目相关的具体项目。

具体的考核内容：A 组项目（课内项目）主要考核项目完成的情况作为考核能力目标、知识目标、拓展目标的主要内容，具体包括：完成项目的态度、项目报告质量（材料选择的结论、依据、结构与性能分析、可以参考的意见或方案等）、资料查阅情况、问题的解答、团队合作、应变能力、表述能力、辩解能力、外语能力等。B 组项目（自选项目）主要考核项目确立的难度与适用性、报告质量、面试问题回答等内容。

① A 组项目（课内项目）完成情况考核评分表如表 2-2、表 2-3 所示。

表2-2　万用表的测量项目考核评分表

评分内容	评分标准	配分	得分
测量交流电压	量程选择错误，一次扣8分，量程选择不合理，一次扣2分；读数错误，一次扣8分，读数误差太大，一次扣2分	20	
测量直流电压	量程选择错误，一次扣8分，量程选择不合理，一次扣2分；读数错误，一次扣8分，读数误差太大，一次扣2分	20	
测量直流电流	量程选择错误，一次扣8分，量程选择不合理，一次扣2分；读数错误，一次扣8分，读数误差太大，一次扣2分	20	
测量直流电阻	量程选择错误，一次扣8分，量程选择不合理，一次扣2分；读数错误，一次扣8分，读数误差太大，一次扣2分	20	
团结协作	小组成员分工协作不明确，扣5分；成员不积极参与，扣5分	10	
安全文明生产	违反安全文明操作规程，扣5～10分	10	
项目成绩合计			
开始时间	结束时间	所用时间	
评语			

表2-3　常用导线剖削、连接及绝缘恢复项目考核评分表

评分内容	评 分 标 准	配分	得分
导线剖削	导线剖削方法不正确，扣10分；导线刀伤，扣5分；导线钳伤，扣5分	20	
导线连接	导线对接方法不正确，扣20分；导线对接不整齐，扣10分；导线连接不紧、不平直或不圆，扣5~10分	40	
绝缘恢复	包缠方法不正确，扣15分；包缠不整齐或松弛，扣5分	20	
团结协作	小组成员分工协作不明确，扣5分；成员不积极参与，扣5分	10	
安全文明生产	违反安全文明操作规程，扣5~10分	10	
项目成绩合计			
开始时间	结束时间	所用时间	
评语			

② B组项目（自选项目）完成情况考核评分表，如表2-4、表2-5所示。

表2-4　绝缘电阻表和钳形电流表的测量项目考核评分表

评分内容	评 分 标 准	配分	得分
绝缘电阻表的使用	绝缘电阻表使用前没有检查仪表，扣10分；绝缘电阻表测量时没有放平稳，扣5分；绝缘电阻表手柄摇动不均匀或速度不合适，扣5分	20	
绝缘电阻表测量绝缘电阻	接线错误，扣10分；读数错误，扣5分；测量方法不规范，扣5分	20	
钳形电流表的使用	钳形电流表量程选择错误，扣15分；钳形电流表读数错误或不准确，扣5分	20	
钳形电流表测量电阻	指针出现明显摆动，扣10分；测量结果错误，扣10分	20	
团结协作	小组成员分工协作不明确，扣5分；成员不积极参与，扣5分	10	
安全文明生产	违反安全文明操作规程，扣5~10分	10	
项目成绩合计			
开始时间	结束时间	所用时间	
评语			

表2-5　三相电路用功功率和电能的测量项目考核评分表

评分内容	评 分 标 准	配分	得分
功率表的接线	线路安装错误，扣8分；负载安装错误，扣8分；通电操作步骤不正确，扣4分	20	
功率表的读数	读数错误，扣20分；读数不准确，扣10分	30	
电能表的接线及读数	接线错误，扣10分；读数错误，扣10分	20	
团结协作	小组成员分工协作不明确，扣5分；成员不积极参与，扣5分	10	
安全文明生产	违反安全文明操作规程，扣5~20分	20	
项目成绩合计			
开始时间	结束时间	所用时间	
评语			

（3）成果汇报或调试。

（4）成果展示（实物或报告）：写出本项目完成报告（主题是常用电工工具及仪表使用注意事项）。

（5）师生互动（学生汇报、教师点评）。

（6）考评组打分。

项目拓展

（1）对实训室的各种导电材料进行识别及分类，并能够对导线直径进行测量。

（2）用单臂电桥和双臂电桥测量实训室的小直流电阻。

（3）用低压验电器对实训室电源的通断进行测量并了解电源的特点。

（4）由教师根据岗位能力需求布置有关"思考讨论题"。

项目三

➡ 简单直流电路制作与调试

项目学习目标

（1）通过多媒体方式展示直流电路在人们生产生活中的应用场合，明确直流电路是电工技术及应用中的重要组成部分。

（2）引领学生学习直流电路的基本分析方法和步骤。

（3）引领学生学会电气识图与制图的基本要求与技能。

（4）学生自主分组训练项目："基尔霍夫定律电路板的制作与调试"。

（5）总结归纳直流电路分析、设计、制作与调试方法，每人写出项目报告。

项目相关知识

（一）电气识图的基本知识

1. 电气图的分类与制图规则

（1）电气图的分类按国家标准 GB/T 6988.1—2008《电气技术用文件的编制 第 1 部分：规则》规定，电气技术领域中电气图有：系统图或框图、功能图、逻辑图、功能表图、电路图、等效电路图、程序图、接线图、端子功能图、单元接线图、互连接线图及位置简图等。详述如下：

① 系统图或框图用符号或带注解的框，概略表示系统或分系统的基本组成、相互关系及主要特征的一种简图。

② 功能图表示理论与理想的电路而不涉及方法的一种简图。

③ 逻辑图主要用二进制逻辑单元图形符号绘制的一种简图。

④ 电路图用图形符号并按工作顺序排列，详细表示电路、设备或成套装置的全部组成和连接关系，而不考虑实际位置的一种简图。

⑤ 程序图详细表示程序单元和程序片及其互连关系的一种简图。

⑥ 接线图表示成套装置的连接关系，用以进行接线和检查的一种简图。

⑦ 互连接线图表示成套装置或设备的端子以及接在端子上的外部接线的一种接线图。

⑧ 位置简图和位置图表示成套装置、设备或装置中各个项目的位置的一种简图或一种图。

（2）GB/T 6988.1—2008 规定了电气技术领域中图的编制方法，规定了电气制图的一般规则。关于图样幅面、格式、图幅区、图线等的要求，需要时可查阅国家标准。

2. 文字符号、图形符号与项目代号

（1）文字符号。文字符号分基本文字符号（单字母和双字母）和辅助文字符号。

① 基本文字符号中单字母符号按拉丁字母将各种电气设备、装置和元器件划为 23 大类，每大类用一个专用单字母符号表示。

② 双字母符号是由一个表示种类的单字母符号与另一个字母组成，其组合形式应以单字母符号在前，另一字母在后的次序列出。双字母符号是在单字母符号不能满足要求，需将大类进一步划分时，采用的符号，可以较详细和更具体地表述电气设备装置和元器件。

③ 辅助文字符号是用以表示电气设备、装置和元器件以及线路的功能、状态和特征的辅助文字符号。使用时放在表示种类的单字母符号后面组成双字母符号，也可以单独使用。

（2）图形符号与项目代号。详述如下：

图形符号与项目代号电气简图所用图形符号见 GB/T 4728—2008《电气简图用图形符号》。

项目代号是用以识别图、图表、表格中和设备上的项目种类，并提供项目的层次关系、实际位置等信息的一种特定的代码。项目代号以一个系统、成套设备或设备的依次分解为基础，完整的项目代号包括四个代号段：高层、位置、种类和端子代号段，每个代号段又由前缀符号和字符组成，其中字符可以是拉丁字母和数字组合，也可以是大写汉语字母与数字组合。

第一段：高层代号前缀符号"="，如"=M3K2"表示——成套设备。

第二段：位置代号前缀符号"+"，如"+M123"表示——电动机在 123 室。

第三段：种类代号前缀符号"-"，如"-M3"表示——电动机；"-K2"表示——开关。

第四段：端子代号前缀符号"："，如"：14"表示——第 14 个接线端。

3. 机械设备电气图、接线图的构成及作用

（1）机械设备电气图的构成：机械设备电气图由电气控制原理图、电气装置位置图、电气元件布局图、接线图等组成。

（2）接线图的组成：接线图由单元接线图、互连接线图和端子接线图组成。

（3）作用：主要用于安装接线、线路检查、线路维修和故障处理等。在实际应用中，常将电路原理图、位置图和接线图一起使用。

4. 电气控制原理图的绘制及识读方法

在绘制、识读电气控制原理图时应遵循以下原则：

（1）电气控制原理图一般分电源电路、主电路、控制电路、信号电路及照明电路。

电源电路画成水平线，三相交流电源相序 L1、L2、L3 由上而下依次排列画出，中性线 N 和保护地线 PE 画在相线之下。直流电源则正端在上，负端在下画出。电源开关要水平画出。

主电路是指受电的动力装置及保护电路，它通过的是电动机的工作电流，电流较大。主电路要垂直电源电路画在电气控制原理图的左侧。

控制电路是指控制主电路工作状态的电路。

信号电路是指显示主电路工作状态的电路。

照明电路是指实现机床设备局部照明的电路。

这些电路通过的电流都较小，画电气控制原理图时，控制电路、信号电路、照明电路要跨接两相电源之间，依次画在主电路的右侧，且电路中的耗能元件要画在电路的下方，而电器的触点要画在耗能元件的上方。

（2）电气控制原理图中，各电器的触点位置都按电路未通电或电器未受外力作用时的常态位置画出。分析原理时，应从触点的常态位置出发。

（3）电气控制原理图中，各电气元件不画实际的外形图，而采用国家规定的统一国家标准符号画出。

（4）电气控制原理图中，同一电器的各元件不按它们的实际位置画在一起，而是按其在线路中所起作用分画在不同电路中，但它们的动作却是相互关联的，必须标以相同的文字符号。图中相同的电器较多时，需要在电器文字符号后面加上数字以示区别。

（5）电气控制原理图中，对有直接接电联系的交叉导线接点，要用小黑圆点表示；无直接接电联系的交叉导线连接点不画小黑圆点。

（二）直流电路的基本知识

1. 电路的组成与作用

（1）电路的组成。实际电路是由电气元件（如一些用电设备、控制电器等实际电路部件）相互连接而成的。供给电能的设备称为电源；用电设备称为负载；连接电源与负载的输送线路、控制设备称为中间环节。因此，不论电路结构的复杂程度如何，都可视为由电源、负载以及连接电源与负载的中间环节构成。

（2）电路的作用。电路的作用根据其工作领域的不同分成两个方面：

① 电能的输送和转换。这方面通常指的是电力工程，它包括发电、输电、配电，把电能转换成机械能、光能、热能等，以及交直流之间的整流、逆变过程等。

② 信号的传递和处理。这是以传递和处理信号为目的的电路。例如，在生产过程中各种非电物理量的自动调节，如语音、文字、音乐、图像这一类转换而成的电信号的接收和处理等。

（3）电路模型。在电路中，有各种各样的用电设备和电源，它们分别属于不同的电路元器件。这些元器件按一定的方式连接起来，就构成了电路。这些元器件在电路中的性质以及所起的作用是不同的。

2. 电路的基本物理量

（1）电流。电荷定向移动形成电流。按照规定：导体中正电荷运动的方向为电流的方向。并定义：在单位时间内通过导体任一横截面的电量为电流。电流又可以分成直流电流和交流电流两大类。凡方向不随时间变化的电流都称为直流电流。大小、方向都不随时间变化的电流称为稳恒直流，简称直流电。凡大小、方向都随时间进行周期性变化的电流称为交变电流或交流电流。当电流通过导体时，导体要发热，称为电流的热效应。在电流的周围存在着磁场，称为电流的磁效应。当电流流过某些导体（如电解液）时，要产生化学变化（如电解、电镀），称为电流的化学效应。电流用符号 I 表示，电流的基本单位为 A（安）。

（2）电阻。导体对电流的阻碍作用称为电阻。电阻用符号 R 表示，电阻的基本单位为 Ω（欧）。在一定温度下，一段均匀导体的电阻与导体的长度成正比，与导体的横截面积成反比，还与组成导体材料的性质有关。用公式表示为

$$R = \rho \frac{L}{S}$$

式中：L 为导体长度，m；S 为导体截面积，m^2；ρ 为导体电阻率，大小取决于材料。

（3）电位及电位差。带电体周围存在着一种称为电场的特殊物质，它具有电场力和电位能这两个基本性质。电荷在电场中要受到电场力的作用而发生运动，故可以认为电荷在电场中具有电位能。单位正电荷在电场中某点所具有的电位能称为这一点的电位，单位为 V（伏）。电场中任意两点电位之差称为电位差，又称电压，单位为 V。

（4）电路。电流经过的路径称为电路。最基本的电路由电源、负载和连接导线组成。电源是把其他形式的能量转换为电能的设备。在电源内部存在着一种非静电力，它能够把正电荷从负极移送到正极，使电源两极之间形成一个电位差。衡量电源力移动电荷做功本领大小的物理量称为电源的电动势，用符号 E 表示，单位为 V。电动势的方向规定为由负极指向正极，由低电位指向高电位，且仅存于电源内部。

电路分为外电路和内电路。从电源一端经负载回到另一端的电路称为外电路；电源内部的通路称为内电路。

3．欧姆定律

（1）部分电路欧姆定律：导体中的电流与导体两端电压成正比，与导体的电阻成反比。公式表述为

$$I = \frac{U}{R}$$

部分电路欧姆定律公式成立的条件是电压和电流的标定方向一致，否则公式中就应出现负号。

（2）全电路欧姆定律：含有电源的闭合电路称为全电路，如图 3-1 所示。图中点画线框内代表一个电源。电源除具有电动势 E 外，一般都是有电阻的，这个电阻称为内电阻，用 r_0 表示。当开关闭合时，负载 R 中有电流 I 流过。电动势 E、内电阻 r_0、负载电阻 R 和电流 I 之间的关系用公式表示即为

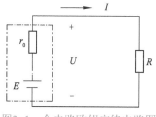

图3-1　全电路欧姆定律电路图

$$I = \frac{E}{R + r_0}$$

4．电功率

电流所做的功称为电功，用符号 W 表示。纯电阻电路中电功为

$$W = IUt = I^2 Rt = \frac{U^2}{R} t$$

若电压单位为 V，电流单位为 A，电阻单位为 Ω，时间单位为 s，则电功的单位为 J（焦）。

单位时间内电流所做的功称为电功率，用符号 P 表示，即

$$P = \frac{W}{t}$$

若电功单位为 J，时间为 s，则电功率的单位为 W（瓦），即 J/s。

5. 电源的外部特性与电路的三种状态

（1）电源的外部特性。在电动势 E 不变的情况下，电源的端电压与电路中电流大小及电源的内电阻大小有关。一般情况下，电流越大，电源的端电压就越低。

（2）电路的三种状态。当电路接通，负载中有电流流过时，电路处于导通状态；若外电路与电阻值近似为零的导体接通时，电路处于短路状态；若电路断开，电路中没有电流流过时，电路处于开路（断路）状态。电路在开路状态时，电源的端电压与电动势相等。

6. 电阻器的串联、并联及混联

（1）电阻器的串联：将电阻器依次首尾连接，组成无分支的电路，称为电阻器的串联。电阻器串联电路具有以下特点：

① 流过每一个电阻器的电流都相等。

② 电路的总电压等于各个电阻器上电压的代数和。

③ 电路的等效电阻等于各个串联电阻之和。

④ 各电阻器上分配的电压与各个自电阻器的阻值成正比。

⑤ 各电阻器上消耗的功率之和等于电路消耗的总功率。

（2）电阻器的并联：将电阻器两端分别连接在一起的方式称为电阻器的并联。电阻器并联电路具有以下特点：

① 并联电路中各电阻器两端电压相等。

② 电路的总电流等于各支路电流之和。

③ 并联电路等效电阻的倒数等于各并联支路电阻的倒数之和。

④ 各并联电阻器中的电流与电阻器所消耗的功率均与各电阻器的阻值成反比。

（3）电阻器的混联：既有电阻器串联又有电阻器并联的电路称为电阻器的混联。混联电路的计算方法是：先按串、并联等效简化的原则，将混联电路逐步化简，最终得到一个无分支电路。

7. 电路中电位、电压的计算

（1）零电位。要确定电路中各点的电位高低，就必须在电路中确定一个电位参考点。这个参考点的电位为零，即零电位。通常选大地为参考点，大地的电位为零。

（2）电位的计算。要计算电路中各点的电位，必须首先确定零电位点，再选择路径，即要计算某点的电位，可以从这点出发，经过一定的路径（路径可以任意选择）绕到零电位点。该点的电位就等于此路径上各段电压的代数和。绕行路径上电阻器两端电压的正负以电流流入端为正；电动势的正负为计算电位时的正负。

（3）电压的计算。电路中任意两点间电压的计算方法有两种：第一种方法是由电位求电压；第二种方法是分段计算，即把两点间的电压分成若干小段进行计算，各小段电压的代数和即为所求电压值。

8. 基尔霍夫定律及简单应用

基尔霍夫定律包括基尔霍夫第一定律和基尔霍夫第二定律。它们是分析计算复杂电路不可缺少的基本定律。

（1）基尔霍夫第一定律（节点电流定律）。在集总电路中，任何时刻，对任一节点，流入（或流出）该节点支路电流的代数和恒等于零。其表达式为

$$\Sigma I = 0$$

节点是多条分支电路的交汇点，可以是一个电路的实际交汇点，也可以是一个假想点。

（2）基尔霍夫第二定律（回路电压定律）。在集总电路中，任何时刻，沿任一回路，所有支路电压的代数和恒等于零。其表达式为

$$\Sigma U = 0$$

式中各电动势和电压的正负确定方法如下：

① 首先选定各支路电流的正方向。

② 任意选定沿回路的绕行方向（顺时针或逆时针）。

③ 若流过电阻器的电流方向与绕行方向一致，则该电阻器上的压降取正，反之取负。

④ 若电动势的方向与绕行方向一致，该电动势取正，反之取负。

按上述方法及步骤，可列出电路的回路方程。

（三）直流电路分析计算的常用方法

1. 电阻电路的等效化简

当三个电阻器尾端接在一起，首段分别接三相电源时，称为电阻器Y（星形）联结，当三个电阻器首尾端接在一起，接点分别接三相电源时称为电阻器△（三角形）联结，三个电阻器间的Y联结与△联结之间可以互相等效，它们之间的关系式如图3-2所示。由Y联结的三个电阻 R_1、R_2、R_3 求等效△联结电阻 R_{12}、R_{23}、R_{31} 的公式如下：

$$\begin{cases} R_{12} = R_1 + R_2 + \dfrac{R_1 R_2}{R_3} \\[2mm] R_{23} = R_2 + R_3 + \dfrac{R_2 R_3}{R_1} \\[2mm] R_{31} = R_3 + R_1 + \dfrac{R_3 R_1}{R_2} \end{cases}$$

由△联结电阻 R_{12}、R_{23}、R_{31} 求等效Y联结电阻 R_1、R_2、R_3 的公式如下：

$$\begin{cases} R_1 = \dfrac{R_{12} R_{31}}{R_{12} + R_{23} + R_{31}} \\[2mm] R_2 = \dfrac{R_{23} R_{12}}{R_{12} + R_{23} + R_{31}} \\[2mm] R_3 = \dfrac{R_{31} R_{23}}{R_{12} + R_{23} + R_{31}} \end{cases}$$

当丫联结的三个电阻 $R_丫$ 相等时，其等效△联结的三个电阻 $R_△$ 也相等，即

$$R_△ = 3R_丫$$

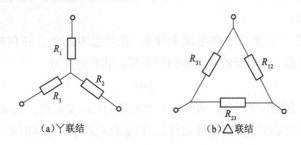

（a）丫联结　　　　　　（b）△联结

图3-2　三个电阻器的联结方式

2．支路电流法

对任何复杂直流电路，都可以用基尔霍夫定律列出节点电流方程式和回路电压方程式联立求解。以电路中各支路电流为未知量，就可以用支路电流法求解。下面以图3-3所示电路为例，说明求解方法。

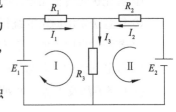

（1）在电路图上标出各支路电流 I_1、I_2、I_3 的方向、列出独立的节点电流方程。

图3-3　支路电流法解图

（2）选定适当回路并确定其绕行方向，列出回路电压方程。本电路可列出的方程组为

$$\begin{cases} I_1 + I_2 = I_3 \\ I_1 R_1 + I_3 R_3 = E_1 \\ I_2 R_2 + I_3 R_3 = E_2 \end{cases}$$

（3）将已知的电动势 E_1 和 E_2 以及电阻器 R_1、R_2、R_3 的数值代入方程组。解出此方程组，就可以求得三个支路电流值。

3．回路电流法

对支路数较多的电路求解，用回路电流法较为方便。以图 3-4 为例，说明求解方法。

（1）以网孔为基础，假设回路电流参考方向。

（2）列出各网孔的回路电压方程。列方程时，电动势的方向若与回路电流方向一致，电动势取正，反之取负；本回路中所有电阻器上的压降永远为正，相邻回路的公共电阻器上压降，当两个回路电流方向相同时取正，反之取负。本例电路列出的方程组为

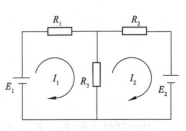

图3-4　回路电流法解图

$$\begin{cases} (R_1 + R_3)I_1 - R_3 I_2 = E_1 \\ (R_2 + R_3)I_2 - R_3 I_1 = -E_2 \end{cases}$$

（3）解出所列出的方程组后，再用节点电流法求出各支路电流。本电路图中有

$$I_1 - I_2 = I_3$$

4．节点电压法

对只有两个节点的直流电路，用节点电压法进行求解最为简便。如图3-5所示，其求解步骤如下：

（1）选定节点电压方向。

（2）列出节点电压表达式，并求出节点电压值。

（3）根据欧姆定律求出各支路电流。

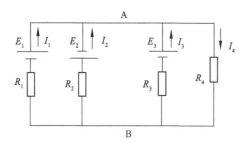

图3-5　节点电压法解图

$$U_{AB} = \frac{\dfrac{E_1}{R_1} - \dfrac{E_2}{R_2} + \dfrac{E_3}{R_3}}{\dfrac{1}{R_1} + \dfrac{1}{R_2} + \dfrac{1}{R_3} + \dfrac{1}{R_4}}$$

式中分子各项的符号为：当 E 的方向与所选电压方向相反时为正，反之为负。分母各项皆为正。则

$$I_1 = \frac{E_1 - U_{AB}}{R_1} \qquad I_2 = \frac{-E_2 - U_{AB}}{R_2}$$

$$I_3 = \frac{E_3 - U_{AB}}{R_3} \qquad I_4 = \frac{U_{AB}}{R_4}$$

5．叠加原理

在线性电阻电路中，任一支路的电流（或电压）都是电路中各个电源单独作用时，在该处产生的电流（或电压）的代数和，这个结论称为叠加原理。叠加原理主要用来指导其他定理、结论和分析电路。运用叠加原理过程中，当一个电源单独作用时，应将其余的恒压源做全部短路、恒流源做全部开路处理。

6．戴维南定理

任何只包含电阻和电源的线性有源二端网络，对外都可用一个等效电源来代替。这个电源的电动势等于该网络的开路电压；这个电源的内阻等于该网络的入端电阻（即网络中各电动势短接时，两出线端间的等效电阻）。这个结论称为戴维南定理。

用戴维南定理解题的步骤如下：

（1）把电路分为待求支路和含源二端网络两部分。

（2）把待求支路断开，求出含源二端网络的开路电压（即等效电动势 E_0）和入端电阻（即

等效内阻 R_0)。

(3) 画出含源二端网络的等效电路（E_0 与 R_0 串联），再接入待求支路电阻，求出该支路电流及有关量。

7. 电压源、电流源的等效变换

(1) 电压源、电流源的概念：

① 电压源。一般都用一个恒定电动势 E 和内阻 r_0 串联组合来表示一个电源，如图 3-6 (a) 所示。用这种方式表示的电源称为电压源。$r_0=0$ 时称为理想电压源。

② 电流源。用一个恒定电流 I_s 和内阻 r_0 并联表示一个电源，如图 3-6 (b) 所示，用这种方式表示的电源称为电流源。r_0 无穷大时称为理想电流源。

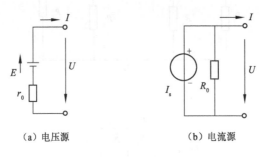

（a）电压源　　　　　　　（b）电流源

图3-6　电压源、电流源电路图

(2) 电压源与电流源的等效变换。一个电源既可以用电压源表示，又可以用电流源表示，它们之间可以进行等效变换，其方法如下：

① 已知电压源，若要用等效电流源表示，则电流源的电流 $I_s=E/r_0$，并联的内阻与电压源内阻相同。

② 已知电流源，若要用等效电压源表示，则电压源的电动势 $E=I_s r_0$，串联的内阻与电流源内阻相同。

(3) 等效过程中应注意的问题：

① 理想电压源与理想电流源之间不能进行等效变换。

② 与理想电压源并联的电阻器或电流源均不起作用，将其作开路处理。

③ 与理想电流源串联的电阻器或电压源均不起作用，将其作短路处理。

（四）常用电子元器件的识别与焊接

1. 常用电子元器件的识别

(1) 电阻器。电阻器可以说是电子设备中最常用的元器件。电阻器按材料分一般有：碳膜电阻器、金属膜电阻器、水泥电阻器、线绕电阻器等。一般的家庭电器使用碳膜电阻器较多，因为它成本低廉；金属膜电阻器精度要高些，使用在要求较高的设备上；水泥电阻器和线绕电阻器能够承受比较大的功率，线绕电阻器的精度也比较高，常用在要求很高的测量仪器上。

① 电阻器阻值的识读方法：

a．直标法：它是直接将电阻器的阻值和允许偏差，用阿拉伯数字和文字符号直接标记在电阻体上。

b．文字符号法：它是将电阻器的标称阻值用文字符号表示，并规定阻值的整数部分写在单位标志的前面，阻值的小数部分写在阻值单位标志符号的后面，如 R33 表示阻值为 0.33 Ω；5.1 Ω 标志为 5R1；4.7 kΩ 标志为 4k7；2.2 MΩ 标志为 2M2 等。

c．色标法：它是指用不同颜色表示电阻器的不同的标称阻值和允许偏差（规定见表 3-1），在电阻器上用色环标志。每种颜色代表不同的数字，根据色环的颜色及排列来判断电阻的大小。色环电阻器分为四色环和五色环。如四色环，顾名思义，就是用四条有颜色的环代表阻值大小。小功率碳膜和金属膜电阻器，一般都用色环表示电阻器阻值的大小。

表3-1　电阻器的色环

颜色	Color	第1数字	第2数字	第3数字（4环电阻器无此环）	Multiple（乘数）	Error（误差）
黑	Black	0	0	0	10^0	
棕	Brown	1	1	1	10^1	±1%
红	Red	2	2	2	10^2	±2%
橙	Orange	3	3	3	10^3	
绿	Green	5	5	5	10^5	±0.5%
蓝	Blue	6	6	6		±0.25%
紫	Purple	7	7	7		±0.1%
灰	Grey	8	8	8		
白	White	9	9	9		
金	Gold				10^{-1}	±5%
银	Silver				10^{-2}	±10%

色标法则也可熟记以下口诀：棕一红二橙三,黄四绿五蓝六,紫七灰八白九,金五银十黑零。

• 四色环电阻器表示：

第一条色环表示阻值的第一位数字；第二条色环表示阻值的第二位数字；第三条色环表示 10 的幂数；第四条色环表示误差。

例如，电阻器色环：棕绿红金。

第一位：1；第二位：5；10 的幂为 2（即 100）；误差为 5%

即阻值为：15×100 Ω=1 500 Ω=1.5 kΩ。

• 精确度更高的五色环电阻器表示：

第一条色环表示阻值的第一位数字；第二条色环表示阻值的第二位数字；第三条色环表示阻值的第三位数字；第四条色环表示阻值乘数的 10 的幂数；第五条色环表示误差（常见是棕色，误差为 1%）。

例如，电阻器色环：黄紫红橙棕。

前三位数字是：472

第四位表示 10 的幂为 3，即 1 000

即阻值为：472 Ω×1 000=472 kΩ。

项目三 简单直流电路制作与调试

② 电阻器的检测。通常在测试 ±5%、±10%、±20% 的电阻器时，可采用万用表、电桥检查一下，看其阻值是否与标称值相符。还要注意每个电阻器所承受的电压、功率是否合适。

③ 电位器的检测。使用电位器前先要用万用表合适的欧姆挡挡位，测量电位器两固定端的电阻值是否与标称值相符，然后再测量滑动端与任一固定端之间阻值变化情况，慢慢移动滑动端，如果万用表指针移动平稳，没有跳动和跌落现象，转动转轴或移动滑动端时，应感觉平滑，且松紧适中，听不到"咝咝"声，表明电位器的电阻体良好，滑动端接触可靠。

（2）电容器。被绝缘介质隔开的两个导体的组合，称为电容器。在电路里，电容器跟电阻器一样是电子设备中最常用的元器件。电容器在电路中可起到滤波、移相、隔直流、旁路、选频及耦合等作用。常见的电容器按制造材料的不同可以分为：瓷介电容器、涤纶电容器、电解电容器，还有先进的聚丙烯电容器等。它们各有不同的用途，如瓷介电容器常用于高频，电解电容器用于电源滤波等。

① 电容器主要参数：

a. 电容器的标称容量和误差。电容器容量的大小就是表示能存储电能的大小，电容器对交流信号的阻碍作用称为容抗，它与交流信号的频率和电容器容量有关。电容器的标称容量和误差一般标在电容器外壳上。

b. 额定直流工作电压（耐压值）。电容器的工作电压不允许超过其额定工作电压，否则会出现击穿，严重的会因漏电发热，产生爆裂事故。对有极性电容器（电解电容器），不允许反极性使用，否则会产生爆裂事故。

c. 绝缘电阻。电容器的绝缘电阻是指电容器两极之间的电阻，或称漏电阻。总的来讲越大越好。

② 电容器判别与选用：

a. 识读方法。具体方法如下：

• 直标法。在电容器表面直接标出标称容量的数值和单位，如 470 pF、0.22 μF、100 μF 等。大多数电路图中都以 pF 为单位的小容量电容器，仅标出数值而不标出单位，如 10 用来表示 10 pF，1 000 表示 1 000 pF。而对以 μF 为单位的、在数值上存在小数点的电容器，μF 也均在电路原理图上省略，如 0.22 表示 0.22 μF；0.47 表示 0.47 μF。也有些电容器将小数点用 R 来表示，如 R47 表示 0.47 μF。

• 全数字表示法。全数字表示法的单位用 pF，由三位数码构成：第一位、第二位表示容量的有效数字，第三位表示在前两位有效数字后面加"0"的个数。如 102 表示 1 000 pF；224 表示 22×10^4 pF，即 0.22 μF。

表示"0"的个数的第三位数字最大只表示到"8"，一旦第三位数字为"9"时，则表示的是 10^{-1}，如 569 表示 56×10^{-1} pF，即 5.6 pF。

• 字母表示法。它属于国际电工委员会推荐的表示法，使用四个字母：p（皮）、n（纳）、μ（微）、m（毫）来表示电容器的容量单位。通常用两个数加一个字母表示电容器的标称容量，字母前为容量值的整数，字母后为容量值的小数。

• 色标法。色标与电阻器的色标相似。色标通常有三种颜色，沿着引线方向，前两种色标表示有效数字，第三色标表示有效数字后面零的个数，单位为 pF。有时一、二色标为同色，就涂成一道宽的色标。

b．电容器的检测。具体方法如下：

• 小电容器的检测：对于几百皮法的小电容器，可用万用电表 R×10kΩ 挡，两表笔分别接电容任意两个引脚，测得的阻值应为无穷大，若指针有偏转，说明电容存在漏电或击穿现象。如要测出具体样量，可采用数字万用表电容挡测量。

对于 0.01 μF 以上的电容器，可用万用表 R×10kΩ 挡直接测试电容器有无充放电现象以及内部有无漏电和短路，并可根据指针摆动幅度的大小估计出电容器容量的大小。如要精确测量则可使用数字万用表。

• 判别电解电容器的极性：根据电解电容器正接时漏电小及反接时漏电大的现象可判别其极性。用万用表欧姆挡测电解电容器的漏电电阻，并记下该阻值，然后调换表笔再测一次，两次漏电阻中大的那次，黑表笔接的是电解电容器的正极，红表笔接的是负极。

（3）电感器。电感线圈是将绝缘的导线在绝缘的骨架上绕一定的圈数制成。直流可通过线圈，直流电阻就是导线本身的电阻，压降很小；当交流信号通过线圈时，线圈两端将会产生自感电动势，自感电动势的方向与外加电压的方向相反，阻碍交流的通过，所以电感器的特性是通直流、阻交流，频率越高，线圈阻抗越大。

电感量的单位为亨利，简称亨，用 H 表示；电感量小的用毫亨（mH）表示；更小的用微亨（μH）表示。其换算关系为：1 H＝1 000 mH＝1 000 000 μH。

电感器一般有直标法和色标法，色标法与电阻器类似。

电感一般可用万用表的欧姆挡 R×1 或 R×10 挡来测量，若测得阻值为无穷大，表明电感器已断路；如测得阻值很小，说明电感器正常，相同电感量的多个电感器，阻值小的品质因数 Q 高。要正确测量电感器的电感量和品质因数 Q，需要专门的仪器。

（4）二极管：

① 结构。二极管是由一个 PN 结加上两条电极引线和管壳而制成的。P 区引出线为正极，N 区引出线为负极。

② 二极管的简易测试。普通二极管的外壳上一般会印有型号和标记。标记有箭头、色点、色环三种，箭头所指方向或靠近色环的一端为负极，有色点的一端为正极。若遇到型号和标记不清楚时，可用万用表的欧姆挡判别二极管的正负极，还可用万用表来大致测量二极管的质量好坏。在测量时，应把万用表拨到欧姆挡的 R×100 或 R×1000 挡。

（5）晶体三极管。半导体三极管又称晶体三极管，简称晶体管或三极管。它是由两个靠得很近并相互影响的 PN 结构成，是组成放大电路的主要元器件。

三极管种类很多，按照工作频率分，有高频管、低频管等；按照功率分，有大、中、小功率管等；按照材料分，有硅管、锗管等。其封装形式有金属封装、玻璃封装和塑料封装等。根据结构不同，三极管可分为 NPN 型和 PNP 型两种，图3-7所示为三极管的结构示意图和符号。从图中可以看出，它是由三层半导体构成，分别称为发射区、基区和集电区；由三个区各引出一个电极，分别为发射极、基极和集电极；三层半导体形成两个 PN 结，分别为发射结和集电结。

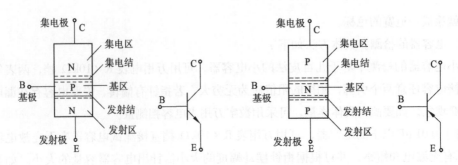

图3-7 三极管的结构示意图和符号

三极管制造工艺特点是：发射区掺杂重、杂质浓度高；基区很薄，且杂质浓度低；集电区面积最大、掺杂轻、杂质浓度较低。这种内部结构可以保证三极管具有电流放大作用，在使用时，发射极和集电极一般不能互换。

2. 常用电子元器件的焊接

（1）电烙铁的种类。常用的电烙铁主要有以下几类：

① 外热式电烙铁。常用的外热式电烙铁有25 W、45 W、75 W和100 W等规格。烙铁的温度与烙铁头的体积、开关、长短等都有一定的关系。为适应不同焊接物体的要求，烙铁头的形状也有所不同。

② 内热式电烙铁。内热式电烙铁具有升温快、耗电省、体积小、热效率高的特点，应用非常普遍。

③ 吸锡电烙铁。吸锡电烙铁是将活塞式吸锡器与电烙铁融为一体的拆焊工具。它具有使用方便、灵活，适用范围宽等特点，但不足之处是每次只能对一个焊点进行拆焊。

④ 恒温电烙铁。在焊接集成电路、晶体管器件时，常用到恒温电烙铁，因为半导体器件的焊接温度不能太高，焊接时间不能过长，否则会因过热而损坏元器件。焊接较大元器件时，如控制变压器、扼流圈等，因焊点较大，可选用60～100 W的电烙铁。在金属框架上焊接，选用300 W的电烙铁较合适。

（2）电烙铁的选用。选用电烙铁时，应考虑以下几点：

① 焊接集成电路、晶体管及其他受热易损元器件时，应选用20 W内热式或25 W外热式电烙铁。

② 焊接导线及同轴电缆时，应选用45～75 W外热式电烙铁（或50 W内热式电烙铁）。

③ 焊接较大的元器件时，如大电解电容器的引脚、金属底盘接地焊片等，应选用100 W或以上的电烙铁。

（3）电烙铁的使用与注意事项：

① 电烙铁的握法分为反握法、正握法和握笔法三种，如图3-8所示。反握法适用于大功率电烙铁，焊接散热量较大的被焊件；正握法适用于弯形且功率比较大的电烙铁；握笔法适用于小功率的电烙铁，焊接散热量小的被焊件，如收音机、电视机电路的焊接和维修等。

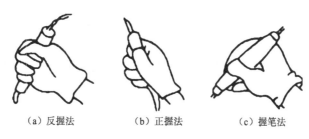

(a) 反握法   (b) 正握法   (c) 握笔法

图3-8　电烙铁的握法

② 新烙铁在使用前必须先给烙铁头镀上一层焊锡。

③ 较长时间不使用电烙铁时应断电。不能让电烙铁在不使用的情况下长期通电。暂时不用时，应将电烙铁头放置在金属架上散热，并避免电烙铁的高温烧坏工作台及其他物品。

④ 电烙铁在焊接前，选用松香焊剂，以保护烙铁头不被腐蚀。烙铁应放在烙铁架上，轻拿轻放，不要将烙铁头上的焊锡乱甩。

⑤ 更换烙铁芯要注意引线不要接错。电烙铁的一根接线直接跟外壳相连能使电烙铁外壳带电，被焊物也会带电，从而发生触电事故。

⑥ 焊接完毕时，烙铁头上残留焊锡继续保留，防止加热时出现氧化层。

（4）对焊接的要求。焊接的质量直接影响整机产品的可行性与质量。在锡焊时，必须做到以下几点：

① 焊点的机械强度要满足需要。为了保证足够的机械强度，一般采用把被焊元器件的引脚打弯后再焊接的方法，但不能用过多的焊料堆积，以防造成虚焊或焊点之间短路。

② 焊接可靠，保证导电性能良好，必须防止虚焊。

③ 焊点表面要光滑、清洁。为使焊点美观、光滑、整齐，要有熟练的焊接技能，并要选择合适的焊料和焊剂，否则将出现表面粗糙、拽尖、棱角现象。另外，烙铁要保持适当的温度。

（5）焊接前的准备：

① 元器件引脚加工成形。元器件在印制电路板上的排列和安装方式有两种：一种是立式；另一种是卧式。加工时，注意不要将引脚齐根弯折，并用工具保护引脚的根部，以免损坏元器件。

② 搪锡（镀锡）。时间长了，元器件引脚表面会产生一层氧化膜，影响焊接。除少数有银、金镀层的引脚外，大部分元器件引脚在焊接前必须先搪锡。

（6）焊接操作手法：

① 采用正确的加热方法。根据焊件形状选用不同的烙铁头，尽量要让烙铁头与焊件形成面接触而不是点接触或线接触，提高效率。不要用烙铁头对焊件加工，以免加速烙铁头的损耗和造成元器件损坏。

② 加热要靠焊锡桥。焊锡桥是靠烙铁上保留少量焊锡作为加热时烙铁头与焊件之间传热的桥梁，但作为焊锡桥的锡保留量不可过多。

③ 采用正确的撤离烙铁方式。烙铁撤离要及时，而且撤离时的角度和方向对焊点的成形有一定影响。如垂直向下撤离，烙铁头上吸除焊锡；垂直向上撤离，烙铁头上不挂锡；水平撤离，焊锡挂在烙铁上等。

④ 焊锡量要合适。焊锡量过多容易造成焊点上焊锡堆积并容易造成短路，且浪费材料。焊锡量过少，容易焊接不牢，造成焊件脱落。

另外，在焊锡凝固之前不要使焊件移动或振动，不要使用过量的焊剂和用已热的烙铁头作为焊料的运载工具。

(7) 导线与接线端子的焊接：

① 绕焊：把经过镀锡的导线端头在接线端子上缠一圈，用钳子拉紧缠牢后进行焊接，如图 3-9 (a) 所示，这种焊接可靠性最好。

② 钩焊：将导线端子弯成钩形，钩在接线端子上并用钳子夹紧后焊接，如图 3-9 (b) 所示，这种焊接操作简便，但强度低于绕焊。

③ 搭焊：把镀锡的导线端搭到接线端子上施焊，如图 3-9 (c) 所示。这种焊接最简便，但强度可靠性最差，适用于临时连接等。

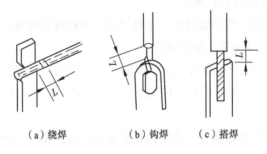

（a）绕焊　　　　　（b）钩焊　　　　　（c）搭焊

图3-9　导线与端子的焊接（L=1～3mm）

(8) 导线与导线的焊接。导线之间的焊接以绕焊为主，主要有以下几个步骤：

① 去掉一定长度的绝缘外层。

② 端头上锡，并套上合适的绝缘套管。

③ 绞合导线，施焊。

④ 趁热套上套管，冷却后套管划定在接头处。

此外，对调试或维修中的临时线，也可采用搭焊的方法。

🔖 项目情境

(1) 由教师（代表管理方）对学生（员工）进行简单直流电路板制作要领的相关知识概述：

① 欧姆定律、基尔霍夫电压定律、基尔霍夫电流定律、支路电流法。

② 电子元器件的识别与焊接。

(2) 由教师（代表管理方）对学生（员工）进行电路板的焊接要领演示。

由教师（代表管理方）用电烙铁在实训平台上进行电路板焊接要领演示与模拟示范。

(3) 由教师（代表管理方）对学生（员工）进行工作任务的布置与分配，明确"简单直流电路制作与调试"训练的目的、要求及内容：

由××××单位电气维修部门经理（教师或学生）向完成各具体子项目（任务）的执行经理或工作人员布置任务，派发任务单，如表 3-2 所示。

表3-2　任　务　单

项目名称	子 项 目	内 容 要 求	备 注
简单直流电路制作与调试	基尔霍夫定律电路板的制作与调试	学生按照人数分组训练： 电路参数分析与确定技能； 电路板布线技能； 焊接技能； 调试技能	
目标要求	会用搭接直流电路并会用常用定律分析电路		
实训环境	电烙铁、万用表、RLC元器件、空心镏钉板、印制电路板、导线、插线头等		
其他			

组别：　　　　　组员：　　　　　　　　项目负责人：

项目实施

具体完成过程是：按情境进行项目布置→学生个人准备→组内讨论、检查→发言代表汇报→评价→展示案例、问题指导→组内讨论、修改方案→第二次汇报→评价→问题指导→再讨论再修改→第三次汇报→评价、验收→拓展任务、巩固训练→师生共同归纳总结→新项目布置，完成项目三的具体任务和拓展任务。

将学生根据实训平台（条件）按照项目要求进行分组实施。

1. 基尔霍夫定律电路板的制作

演练步骤如下：

（1）设计电路并画出原理图，如图 3-10 所示。要求：

① 普通电阻 R_1=200 Ω、R_2=150 Ω、R_3=200 Ω、R_4=100 Ω、R_5=150 Ω、电源 E_1=6 V、E_2=12 V；

② E_1、R_1、R_3、R_4 组成（FADE）第一网孔，E_2、R_2、R_3、R_5 组成（BADC）第二网孔，R_3 为公用支路。

（2）电路参数分析与确定（用基尔霍夫定律分析计算）。

（3）用 QJ23 直流单臂电桥测试各个电阻值。

（4）电路板布线，画出安装草图。

（5）电路板的安装与焊接。

2. 基尔霍夫定律电路板的调试

（1）用万用表测试调整直流电源 E_1=6 V、E_2=12 V。

（2）对电路板的性能进行调试与故障排除。

① 实训前先任意设定三条支路的电流参考方向，如图 3-10 所示中的 I_1、I_2、I_3 所示，并熟悉线路结构，并安装相应需求开关。

② 分别将两路直流稳压源接入电路，令 $E_1 = 6$ V，$E_2 = 12$ V，其数值要用电压表监测。

③ 熟悉电流插头和插孔的结构，先将电流插头的红黑两接线端接至数字毫安表的"＋、－"极；再将电流插头分别插入三条支路的三个电流插孔中，读出相应的电流值，记入表 3-3 中。

项目 三 简单直流电路制作与调试

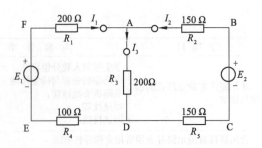

图3-10 基尔霍夫定律电路板原理图

④ 用直流数字电压表分别测量两路电源及电阻器上的电压值，数据记入表 3-3 中。

表3-3 基尔霍夫定律的验证数据表

内容	电源电压/V		支路电流/mA				回路电压/V				
	E_1	E_2	I_1	I_2	I_3	ΣI	U_{FA}	U_{AB}	U_{CD}	U_{DE}	ΣU
计算值											
测量值											
相对误差											

（3）注意事项：

① 两路直流稳压源的电压值和电路端电压值均应以电压表测量的读数为准，电源表盘指示只作为显示仪表，不能作为测量仪表使用，恒压源输出以接负载后为准。

② 谨防电压源两端碰线短路而损坏仪器。

③ 若用指针式电流表进行测量时，要识别电流插头所接电流表的"＋、－"极性。当电表指针出现反偏时，必须调换电流表极性重新测量，此时读得的电流值必须加负号。

（4）写出实训工作报告。具体要求如下：

① 根据实训数据，选定实训电路中的任一个节点，确定节点电流定律的正确性；选定任一个闭合回路，确定回路电压定律的正确性。

② 误差原因分析。

③ 收获与体会。

项目评价

（1）项目实施结果考核。由项目委托方代表（一般来说是教师）对项目三各项任务的完成结果进行验收、评分，对合格的任务进行接收。

（2）考核方案设计：

学生成绩的构成：主要视项目完成情况进行考核评价。

具体的考核内容：主要考核项目完成的情况作为考核能力目标、知识目标、拓展目标的主要内容，具体包括：完成项目的态度、项目报告质量（材料选择的结论、依据、结构与性能分析、可以参考的意见或方案等）、资料查阅情况、问题的解答、团队合作、应变能力、表述能力等。

项目（课内项目）完成情况考核评分表如表 3-4 所示。

表3-4 基尔霍夫定律电路板的制作与调试项目考核评分表

评分内容	评 分 标 准	配 分	得 分
色环电阻器的识别	一个元器件判断不正确，扣5分；共三个电阻器	15	
电路板布线	布线不正确，扣20分；布线不合理，扣5分	25	
电路板接线	接线处不正确，每处扣5分	20	
电路板焊接	焊点虚焊、漏焊、毛糙，每处扣5分	20	
团结协作	小组成员分工协作不明确，扣5分；成员不积极参与，扣5分	10	
安全文明生产	违反安全文明操作规程，扣5～10分	10	
项目成绩合计			
开始时间	结束时间	所用时间	
评语			

（3）成果汇报或调试。

（4）成果展示（实物或报告）。写出本项目完成报告。

（5）师生互动（学生汇报、教师点评）。

（6）考评组打分。

🎍 项目拓展

（1）在实训室动手制作戴维南定理测试电路板。

（2）对实训室工作台板上的色环电阻器进行识别。

（3）由教师根据岗位能力需求布置有关"思考讨论题"。

项目四

护套线照明线路的安装

项目学习目标

(1) 现场给学生展示护套线照明线路板、室内配电板外观，让学生观摩思考，并认识到护套线照明线路板及配电板在室内照明布线的重要性。

(2) 引领学生学习护套线照明线路及配电板的基本知识点。

(3) 引领学生学习护套线照明线路的安装与调试方法，并给学生现场示范基本操作要领。

(4) 引领学生学习配电板的安装与调试方法。

(5) 学生自主分组训练项目 ："护套线照明线路的安装""室内配电板的安装"。

(6) 总结归纳室内布线电路的安装与调试方法，每人写出项目报告。

项目相关知识

(一) 室内配线的基本知识

1. 室内配线的基本要求和工序

(1) 室内配线的基本要求。室内配线不仅要求安全可靠，而且要求线路布局合理、整齐、牢固。

① 配线时要求导线额定电压应大于线路的工作电压，导线绝缘状况应符合线路安装方式和环境敷设条件，导线截面应满足供电负荷和机械强度要求。

② 接头的质量是造成线路故障和事故的主要因素之一，所以配线时应尽量减少导线接头。在导线的连接和分支处，应避免受到机械力的作用。穿管导线和槽板配线中间不允许有接头，必要时可采用接线盒（如线管较长）或分线盒（如线路分支）。

③ 明线敷设要保持水平和垂直。敷设时，绝缘导线至地面的最小距离应符合表 4-1 所示中的规定，或穿管保护，以利于安全和防止受机械损伤。配线位置应便于检查和维护。

表4-1 绝缘导线至地面的最小距离

布线方式	最小距离/m	布线方式	最小距离/m
导线水平敷设时：室内 室外	2.5 2.7	导线垂直敷设时：室内 室外	1.8 2.7

④ 绝缘导线穿越楼板时，应将导线穿入钢管或硬塑料管内保护。保护管上端口距地面不应小于 1.8 m，下端口到楼板下为止。

⑤ 导线穿墙时，也应加装保护管（瓷管、塑料管、竹管或钢管）。保护管伸出墙面的长度不应小于 10 mm，并保持一定的倾斜度。

⑥ 导线通过建筑物的伸缩缝或沉降缝时，敷设导线应稍有余量。敷设线管时，应装设补偿装置。

⑦ 导线相互交叉时，为避免相互碰触，应在每根导线上加套绝缘管，并将绝缘管在导线上固定牢靠。

⑧ 为确保安全，室内外电器管线和配电设备与各种管道间以及与建筑物、地面间的最小距离应满足一定要求。

（2）室内配线的工序。室内配线主要包括以下工作内容：

① 首先熟悉设计施工图，做好预留预埋工作（其主要内容有：电源引入方式的预留预埋位置；电源引入配电箱的路径；垂直引上、引下以及水平穿越梁、柱、墙等的位置和预埋保护管）。

② 按设计施工图确定灯具、插座、开关、配电箱及电气设备的准确位置，并沿建筑物确定导线敷设的路径。

③ 在土建粉刷前，将配线中所有的固定点打好眼孔，将预埋件埋齐，并检查有无遗漏和错位。

④ 装设绝缘支撑物、线夹、线管及开关箱、盒。

⑤ 敷设导线。

⑥ 连接导线。

⑦ 将导线出线端与电气元件及设备连接。

⑧ 检验工程是否符合设计和安装工艺要求。

2. 绝缘子配线

绝缘子机械强度大，适合于用电量较大而且又比较潮湿的场合，绝缘子一般有鼓形绝缘子、蝶形绝缘子、针式绝缘子和悬式绝缘子等，其外形如图 4-1 所示。

（1）绝缘子配线有如下方法：

① 绝缘子的固定。在木结构上只能固定鼓形绝缘子，可用木螺钉直接拧入，如图 4-2（a）所示；在砖墙或混凝土墙上，可利用预埋的木桦和木螺钉来固定鼓形绝缘子，如图 4-2（b）所示；或用预埋的支架和螺栓来固定鼓形绝缘子、蝶形绝缘子和针式绝缘子等，如图 4-2（c）所示，此外，还可用缠有铁丝的木螺钉和膨胀螺栓来固定鼓形绝缘子；在混凝土墙上还可用环氧树脂黏合剂来固定绝缘子，如图 4-2（d）所示。

② 敷设导线及导线的绑扎。在绝缘子上敷设导线，也应从一端开始，先将一端的导线绑扎在绝缘子的颈部，然后将导线的另一端绑扎固定，最后把中间导线也绑扎固定。导线在绝缘子上绑扎固定的方法如下：导线终端可用回头线绑扎，绑扎回头线宜用绝缘线。

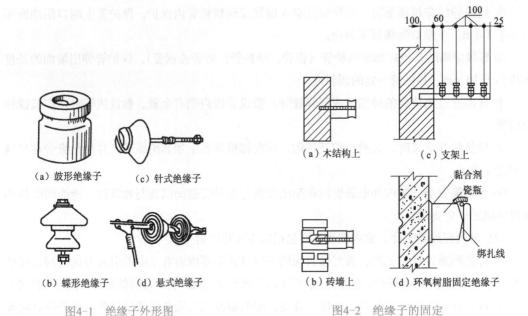

（a）鼓形绝缘子　　（c）针式绝缘子

（b）蝶形绝缘子　　（d）悬式绝缘子

图4-1　绝缘子外形图

（a）木结构上　　　（c）支架上

黏合剂
瓷瓶

绑扎线

（b）砖墙上　　　（d）环氧树脂固定绝缘子

图4-2　绝缘子的固定

鼓形、蝶形绝缘子在直线段导线一般采用单绑法或双绑法两种。截面在 $6\ mm^2$ 及以下的导线可采用单绑法，步骤如图 4-3（a）所示；截面在 $10\ mm^2$ 以上的导线可采用双绑法，步骤如图 4-3（b）所示。

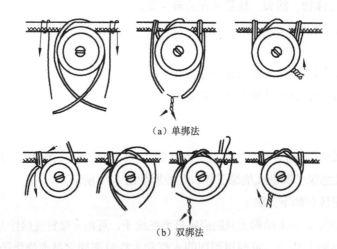

（a）单绑法

（b）双绑法

图4-3　鼓形、蝶形绝缘子在直线段导线的绑扎

（2）绝缘子配线的要求如下：

① 在建筑物的侧面或斜面配线时，必须将导线绑扎在绝缘子的上方。

② 导线在同一平面内如有曲折时，绝缘子必须装设在导线曲折角的内侧。

③ 导线在不同的平面上曲折时，在凸角的两面上应装设有两个绝缘子。

④ 导线分支时，必须在分支点处设置绝缘子，用以支撑导线；导线互相交叉时，应在距建筑物近的导线上套瓷管保护。

⑤ 平行的两根导线，应放在两绝缘子的同一侧或在两绝缘子的外侧，不能放在两绝缘子的内侧。

⑥ 绝缘子沿墙壁垂直排列敷设时，导线弛度不能大于 5 mm；沿屋架或水平架敷设时，导线弛度不能大于 10 mm。

3. 塑料护套线配线

塑料护套线是一种具有塑料护套层的双芯或多芯绝缘导线，可直接敷设在空心板、墙壁等物体表面上，用铝片线卡（或塑料线卡）作为导线的支撑物。

（1）塑料护套线配线有以下几种方法：

① 画线定位。按照线路的走向、电器的安装位置，用弹线袋画线，并按护套线的安装要求每隔 150 ～ 300 mm 画出铝片线卡的位置，靠近开关插座和灯具等处均需设置铝片线卡。

② 凿眼并安装圆木。錾打线路中的圆木孔，并安装好所有的圆木。

③ 固定铝片线卡。按固定的方式不同，铝片线卡的形状有用小铁钉固定和用黏合剂固定两种。在木结构上，可用小铁钉固定铝片线卡；在抹灰浆的墙上，每隔 4 ～ 5 挡，进入木台和转弯处须用小铁钉在圆木上固定铝片线卡；其余的可用小铁钉直接将铝片线卡钉入灰浆中；在砖墙和混凝土墙上可用圆木或环氧树脂黏合剂固定铝片线卡。

④ 敷设导线。勒直导线，将护套线依次夹入铝片线卡。

⑤ 铝片线卡的夹持。护套线均置于铝片线卡的钉孔位后，即可按图 4-4 所示的方法将铝片线卡收紧夹持护套线。

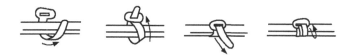

图4-4　铝片线卡收紧夹持护套线操作

（2）塑料护套线配线要求如下：

① 护套线的接头应在开关、灯盒和插座等外，必要时可装接线盒，使其整齐美观。

② 护套线在穿墙和楼板时，应穿保护管，其凸出墙面距离为 3 ～ 10 mm。

③ 与各种管道紧贴交叉时，应加装保护套。

④ 当护套线暗设在空心楼板孔内时，应将板孔内清除干净、中间不允许有接头。

⑤ 塑料护套线转弯时，转弯角度要大，以免损坏导线，转弯前后应各用一个铝片线卡夹住，如图 4-5（a）所示。

⑥ 塑料护套线进入木台前应安装一个铝片线卡，如图 4-5（b）所示。

⑦ 两根护套线相互交叉时，交叉处要用四个铝片线卡夹住，如图 4-5（c）所示。护套线间应尽量避免交叉。

⑧ 护套线离地最小距离不得小于 0.15 m，在穿越楼板及离地低于 0.15 m 的护套线，应加电线管保护。

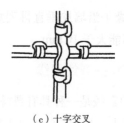

（a）转角部分　　　　　（b）进入木台　　　　　（c）十字交叉

图4-5　铝片线卡的安装

4．线管配线

把绝缘导线穿在管内配线称为线管配线。线管配线有明配和暗配两种：明配是指把线管敷设在墙上以及其他明露处，要配置得横平竖直，要求线管较短、弯头小；暗配是指将线管置于墙等建筑物内部，线管较长。

（1）线管配线的方法有以下几种：

① 线管选择。根据敷设的场所来选择敷设线管类型，如潮湿和有腐蚀气体的场所采用管壁较厚的白铁管；干燥场所采用管壁较薄的电线管；腐蚀性较大的场所则采用硬塑料管。

根据穿管导线截面和根数来选择线管的管径。一般要求穿管导线的总截面（包括绝缘层）不应超过线管内径截面的40%。

② 落料。落料前应检查线管质量，有裂缝、凹陷及管内有杂物的线管均不能使用。两个接线盒之间称为一个线段，根据线路弯曲转角情况来决定用几根线管接成一个线段，并确定弯曲部位。一个线段内应尽可能减少管口的连接接口。

③ 弯管。弯管方法如下：

a．为便于线管穿线，管子的弯曲角度一般不应大于90°。明配敷设时，管子的曲率半径 $R \geqslant 4d$；暗配敷设时，管子的曲率半径 $R \geqslant 6d$。

b．直径为50 mm以下的线管，可用弯管器进行弯曲。在弯曲时，要逐渐移动弯管器棒，且一次弯曲的弧度不可过大，否则会弯裂或弯瘪线管。凡管壁较薄且直径较大的线管，弯曲时管内要灌满沙，否则会把线管弯瘪；如果加热弯曲，要用干燥无水分的沙灌满，并在管口两端塞上木塞。弯曲硬塑料管时，先将塑料管用电炉或喷灯加热，然后放到木胚具上弯曲成形。

④ 锯管。按实际长度需要用钢锯锯管，锯割时应使管口平整，并要锉去毛刺和锋口。

⑤ 套丝。为了使管子与管子之间或管子与接线盒之间连接起来，就需要在管子端部套丝，钢管套丝时可用管子套丝绞板。

⑥ 线管连接。各种连接方法如下：

a．线管与线管连接。线管与线管之间的连接，无论是明配管线还是暗配管线，最好采用管箍连接（尤其对埋地线管和防爆线管）。为了保证线管接口的严密性，管子的丝扣部分应顺螺纹方向缠上麻丝，并在麻丝上涂上一层白漆，再用管箍拧紧，使两管端部吻合。

b．线管与接线盒的连接。线管的端部与各种接线盒连接时，应采用在接线盒内外各用一个薄形螺母（又称纳子或锁紧螺母）来夹紧线管，如图4-6和图4-7所示。

c．硬塑料管之间的连接。硬塑料管之间的连接分为插入法连接和套接法连接。

• 插入法连接。连接前先将待连接的两根管子的管口分别做成内倒角和外倒角，然后用汽油或酒精把管子的插接段的油污和杂物擦干净，接着将一个管子插接段放在电炉或喷灯上加热至145℃左右，呈柔软状态后，将另一个管子插入部分涂一层胶合剂（过氧乙烯胶）后迅速插入柔软段，立即用湿布冷却，使管子恢复原来的硬度。

• 套接法连接。连接前先将同径的硬塑料管加热扩大成套管，然后把需要连接的两管端倒角，用汽油或酒精擦干净，待汽油挥发后，涂上黏合剂，迅速插入热套管中。

⑦ 线管的接地。线管配线的线管必须可靠接地。为此，在线管与线管、线管与配电箱及接线盒等连接处用直径为 6～10 mm 圆钢制成的跨接线连接，并在线管的始末端和分支上分别与接地体可靠连接，使线路中所有线管都可靠接地。

⑧ 线管的固定。线管明配敷设时应采用管卡支持，线管进入开关、灯头、插座、接线盒孔前 300 mm 处，以及线管弯头两边均需用管卡固定，如图 4-7 所示。管卡均应安装在木结构或圆木上。

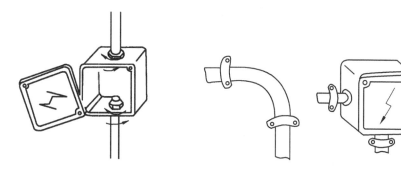

图4-6　线管与接线盒的连接　　　　　　　　图4-7　管卡固定

线管在砖墙内暗配敷设时，一般在土建砌砖时预埋，否则应先在砖墙上留槽或开槽，然后在砖缝里打入圆木并钉钉子，再用铁丝将线管绑扎在钉子上，进一步将钉子钉入。

线管在混凝土内暗配敷设时，可用铁丝将管子绑扎在钢筋上，也可用钉子钉在模板上，将管子用垫块垫高 15 mm 以上，使管子与混凝土模板间保持足够的距离，并防止浇灌混凝土时管子脱开。

⑨ 扫管穿线。穿线前先清扫线管，用压缩空气或用钢线上绑扎擦布的办法，将线管内杂物和水分清除。穿线的方法如下：

选用直径为 1.2 mm 的钢丝作为引线。当线管较短且弯头较少时，可把钢丝引线直接由管子的一端送向另一端。如果线管较长或弯头较多，将钢丝引线从一端穿入管子的另一端有困难时，可以从线管的两端同时穿入钢丝引线，将引线端弯成小钩。当钢丝引线在线管中相遇时，用手转动引线使其钩在一起，然后把一根引线拉出，即可将导线牵引入管。

导线穿入线管前，线管口应先套上护圈，接着按线管长度，加上两端连接所需的长度余量截取导线，剥离导线两端的绝缘层，并同时在两端头标有同一根导线的记号。再将所有导线和钢丝引线缠绕。穿线时，一个人将导线理顺往线管内送，另一个人在另一端抽拉钢丝引线，这样便可将导线穿入线管。

（2）线管配线的要求如下：

① 穿管导线的绝缘强度应不低于 500 V；规定导线最小截面，铜芯线为 1 mm²，铝芯线为 2.5 mm²。

② 线管内导线不准有接头，也不准穿入绝缘破损后经过包缠恢复绝缘的导线。

③ 管内导线不得超过 10 根，不同电压或进入不同电能表的导线不能穿在同一根线管内，但一台电动机内包括控制信号回路的所有导线及同一台设备的多台电动机线路，允许穿在同一根线管内。

④ 除直流回路导线和接地导线外，不得在钢管内穿单根导线。

⑤ 线管转弯时，应采用弯曲线管的方法，不宜采用制成品的月亮弯，以免造成管口连接处过多。

⑥ 线管线路应尽可能少转角或弯曲，因转角越多，穿线越困难。

⑦ 在混凝土内暗配敷设的线管，必须使用壁厚为 3 mm 的电线管。当电线管的外径超过混凝土厚度的 1/3 时，不准将电线管埋在混凝土内，以免影响混凝土的强度。

5．白炽灯的安装与维修

白炽灯结构简单、使用可靠、价格低廉，其电路便于安装和维修，应用十分广泛。

（1）灯具的选用。有关灯具的选用注意以下几个方面：

① 灯泡。在灯泡颈状端头上有灯丝的两个引出线端，电源由此通入灯泡内的灯丝。灯丝出线端的构造，分为插口（又称卡口）和螺口两种。

② 灯座。灯座又称灯头，其品种较多。常用的灯座如图 4-8 所示，可按使用场所进行选择。

图4-8　常用的灯座

③ 开关。开关的品种也很多，常用的开关如图 4-9 所示。按应用结构，可分为单联开关和双联开关。近几年出现的明装、暗装开关，市面机电商场都有，可根据需要选用。

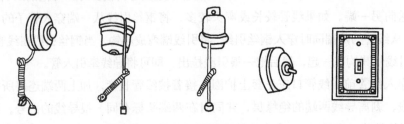

图4-9　常用的开关

（2）白炽灯照明线路原理图。白炽灯照明线路原理图有以下两种：

① 单联开关控制白炽灯。它是由一只单联开关来控制一只白炽灯,其接线原理如图4-10所示。

② 双联开关控制白炽灯。它是由两只双联开关来控制一只白炽灯,其接线原理如图4-11所示。

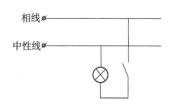
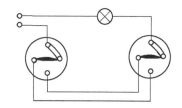

图4-10 单联开关控制白炽灯接线原理图   图4-11 双联开关控制白炽灯接线原理图

(3) 白炽灯照明线路的安装。白炽灯照明线路的安装注意以下两个方面:

① 灯座的安装:

a.灯座上的两个接线端子,一个与电源的中性线连接,另一个与来自开关的一根连接线(即通过开关的相线)连接。

插口灯座上的两个接线端子,可任意连接上述两个线头,但是螺口灯座上的接线端子,为了使用安全,切不可任意乱接,必须把中性线线头连接在连通螺纹圈的接线端子上,而把来自开关的连接线线头,连接在连通中心铜簧片的接线端子上,如图4-12所示。

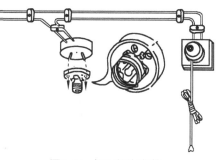

图4-12 螺口灯座安装

b.吊灯灯座必须采用塑料软线(或花线),作为电源引线。两线连接前,均应先削去线头的绝缘层,接着将一端套入挂线盒罩,在近线端处打个结,另一端套入灯座罩盖后,也应在近线端处打个结,如图4-13所示,其目的是不使导线线芯承受吊灯的质量。然后分别在灯座和挂线盒上进行接线(如果采用花线,其中一根带花纹的导线应接在与开关连接的线上),最后装上罩盖和遮光灯罩。安装时,把多股的线芯拧成一体,接线端子上不应外露线芯。挂线盒应安装在木台上。

图4-13 避免线芯承受吊灯质量的方法

c. 平灯座要装在木台上，不可直接安装在建筑物平面上。

② 开关的安装：

a. 单联开关的安装。在墙上准备装开关的位置装木桦，将一根相线与一根开关线穿过木台两孔，并将木台固定在墙上，同时将两根导线穿过开关两孔眼，接着固定开关并进行接线，装上开关盖子即可。单联开关内部结构如图 4-14 所示。

图4-14　单联开关内部结构

b. 双联开关的安装。双联开关一般用于两处控制一只灯的线路，其安装方法如图 4-15 所示。图中号码 1 和 6 分别为两只双联开关中连铜片的接头，两个接头不能接错，双联开关接错时会发生短路事故，所以接好线后应仔细检查后方可通电使用。

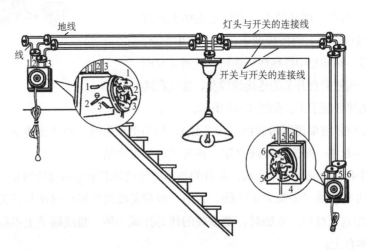

图4-15　双联开关安装方法

（二）配电板安装的基本知识

把电能表、电流互感器、控制开关、短路和过载保护等电器安装在同一块板上，这块板称为配电板，如图 4-16 所示。一般总熔断器盒不安装在配电板上，而是安装在进户管的墙上。

1. 总熔断器盒的安装

常用的总熔断器盒分铁皮盒式和铸铁壳式。铁皮盒式分为 1~4 型四个规格，1 型为最大，盒内能装三只 200 A 熔断器；4 型为最小，盒内能装三只 10 A 或一只 30 A 熔断器及一只接线桥。铸铁壳式分为 10 A，30 A，60 A，100 A 或 200 A 五个规格，每个内均只能单独装一只熔断器。

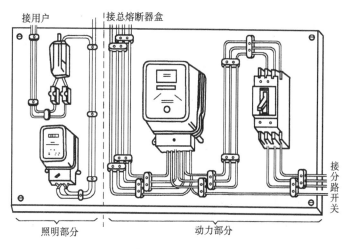

接用户　接总熔断器盒

接分路开关

照明部分　　　　　　动力部分

（a）小容量配电板

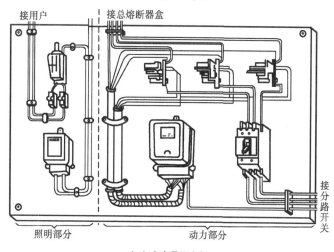

接用户　接总熔断器盒

接分路开关

照明部分　　　　　　动力部分

（b）大容量配电板

图4-16　配电板的安装

　　总熔断器盒有防止下级电力线路的故障蔓延到前级配电干线上而造成更大区域停电的作用，且能加强计划用电的管理（因低压用户总熔断器盒内的熔体规格，由供电单位置放，并在盖上加封）。总熔断器盒安装必须注意以下几点：

　　① 总熔断器盒应安装在进户管的户内侧。

　　② 总熔断器盒必须安装在实心木板上，木板表面及四沿必须涂上防火漆。安装时，1型铁皮盒式和200 A铸铁壳式总熔断器盒，应用穿墙螺栓或膨胀螺栓固定在建筑物墙面上，其余各种木板，可用木螺钉来固定。

　　③ 总熔断器盒内熔断器的上接线柱，应分别与进户线的电源相线连接，接线桥的上接线柱应与进户线的电源中性线连接。

　　④ 总熔断器盒内如安装多个电能表，则在电能表前级应分别安装分熔断器盒。

　　2．电流互感器的安装

　　电流互感器的安装要注意如下几点：

① 电流互感器二次侧标有"K1"或"+"的接线柱要与电能表电流线圈的进线柱连接，标有"K2"或"−"的接线柱要与电能表的出线柱连接，不可接反。电流互感器的一次侧标有"L1"或"+"的接线柱，应接电源进线，标有"L2"或"−"的接线柱应接电源出线，如图 4-17 所示。

② 电流互感器二次侧的"K2"或"−"接线柱、外壳和铁芯都必须接地。

③ 电流互感器应装在电能表的上方。

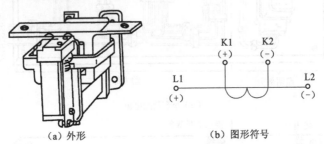

（a）外形   （b）图形符号

图4-17　电流互感器

3．单相电能表的安装

单相电能表共有四个接线柱，从左到右按 1，2，3，4 编号。接线方法一般按号码 1，3 接电源进线；2，4 接电源出线，如图 4-18 所示。

也有些电能表的接线方法按号码 1，2 接电源进线；3，4 接电源出线，具体的接线方法应参照电能表接线柱盖子上的接线图。

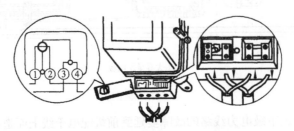

图4-18　单相电能表的安装接线

4．三相电能表的安装

三相电能表分为三相三线和三相四线电能表两种；又可分为直接式和间接式三相电能表两类。直接式三相电能表常用的规格有 10 A，20 A，30 A，50 A，75 A 和 100 A 等多种，一般用于电流较小的电路中；间接式三相电能表常用的规格为 5 A，与电流互感器连接后，用于电流较大的电路上。

（1）直接式三相四线电能表的接线。这种电能表共有 11 个接线柱头，从左到右按 1，2，3，4，5，6，7，8，9，10，11 编号。其中 1，4，7 是电源相线的进线柱头，用来连接从总熔断器盒下柱头引来的三根相线；3，6，9 是相线的出线柱头，分别接总开关的三个进线柱头；10，11 是电源中性线的进线柱头和出线柱头；2，5，8 三个接线柱可空着，如图 4-19 所示。

（2）直接式三相三线电能表的接线。这种电能表共有八个接线柱头，其中1，4，6是电源相线进线柱头；3，5，8是相线出线柱头；2，7两个接线柱可空着，如图4-20所示。

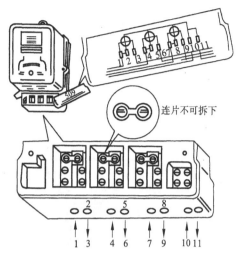

连片不可拆下

（3）间接式三相四线电能表的接线。这种三相电能表须配用三只同规格的电流互感器，接线时需把从总熔断器盒下接线柱头引来的三根相线，分别与三只电流互感器一次侧的"＋"接线柱头连接。同时用三根绝缘导线从这三个"＋"接线柱引出，穿过线管后分别与电能表的2，5，8三个接线柱连接。接着用三根绝缘导线，从电流互感器二次侧的"＋"接线柱头引出，穿过另一根保护线管与电能表1，4，7三个进线柱头连接。然后用一根绝缘导线穿过

图4-19　直接式三相四线电能表的接线

后一个保护线管，一端并联三只电流互感器二次侧的"－"接线柱头，另一端并联电能表的3，6，9三个出线柱头，并把这根导线接地。最后用三根绝缘导线，把三只电流互感器一次侧的"－"接线柱头分别与总开关的三个进线柱头连接起来，并把电源中性线穿过前一根线管与电能表10进线柱连接，接线柱11用来连接中性线的出线，如图4-21所示，接线时应先将电能表接线盒内的三块连片都拆下来。

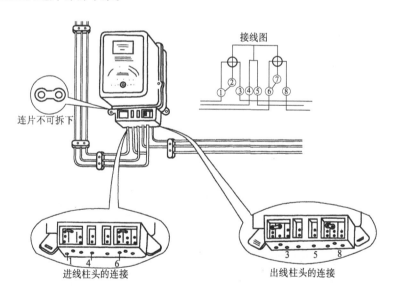

图4-20　直接式三相三线电能表的接线

（4）间接式三相三线制电能表的接线。这种电能表只须配两只同规格的电流互感器，接线时把从总熔断器盒下接线柱头引出来的三根相线中的两根相线分别与两只电流互感器一次侧的"＋"接线柱头连接。同时把两个"＋"接线柱头用铜心塑料硬线引出，并穿过线管分别接到电能表2,7接线柱头上,接着从两只电流互感器的"＋"接线柱用两根铜心塑料硬线引出,

并穿过另一根线管分别接到电能表 1，6 接线柱头。然后用一根导线从两只电流互感器二次侧的"－"接线柱头引出，穿过后一根线管接到电能表 3，8 接线头上，并把这根导线接地。最后将总熔断器盒下接线柱头余下的一根相线和从两只电流互感器一次侧的"－"接线柱头引出的两根绝缘导线接到总开关的三个进线柱头上，同时从总开关的一个进线柱头（总熔断器盒引入的相线柱头）引出一根绝缘导线，穿过前一根线管，接到电能表 4 接线柱上，如图 4-22 所示。同时注意应将三相三线电能表接线盒内的两个连片都拆下。

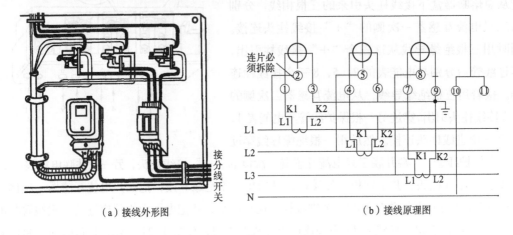

（a）接线外形图　　　　　　　　　　（b）接线原理图

图4-21　间接式三相四线电能表的接线

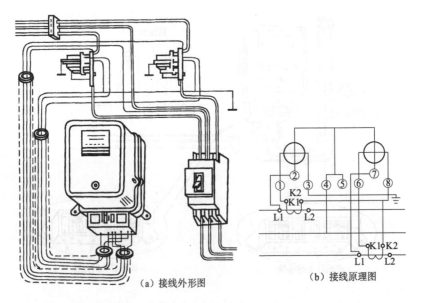

（a）接线外形图　　　　　　（b）接线原理图

图4-22　间接式三相三线电能表的接线

5．电能表的安装要求

电能表的安装要求如下：

（1）电能表总线必须采用铜芯塑料硬线，其最小截面积不能小于 1.5 mm²，中间不允许有接头，从总熔断器盒至电能表之间的敷设长度，不宜超过 10 m。

（2）电能表总线必须明配敷设，采用线管安装时线管也必须明装。在进入电能表时，一般以"左进右出"原则接线。

（3）电能表安装必须垂直于地面，表的中心离地高度应为 1.4 ～ 1.5 m。

6. 配电板的安装要求

（1）控制箱内外的所有电气设备和电气元件的编号，必须与原理图上的编号完全一致、安装和检查时都要对照原理图进行。

（2）安装接线时为了防止出错，主、辅电路要分开先后接线，控制电路应一个小回路一个小回路地接线，安装好一部分，检测一部分，就可避免在接线中出现差错。

（3）接线时要注意，不要把主电路用线和辅助电路用线搞错。

（4）为了使今后不因一根导线损坏而需全部更新，在导线穿管时，应多穿入 1 ～ 2 根备用线。

（5）配电板明配线管时要求线路整齐美观，导线去向清楚，便于查找故障。当配电板内空间较大时可采用塑料线槽配线方式。塑料线槽布置在配电板四周和电气元件上下。塑料线槽用螺钉固定在底板上。

（6）配电板暗配时，在每一个电气元件的接线端处钻出比连接导线外径略大的孔，在孔中插进塑料套管即可穿线。

（7）连接线的两端根据电气原理图或接线图套上相应的线号。线号的种类有：用压印机压在异形塑料管上的线号；印在白色塑料套管上的线号；录上书写的线号。

（8）根据接线端子的要求，将削去绝缘的导线线头按螺钉拧紧方向弯成圆环或直接接上，多股线压头处应镀上焊锡。

（9）同一接线端子上压两根不同截面积导线时，大截面积的放在下层，小截面积的放在上层。

（10）所有压接螺栓需配置镀锌的平垫圈、弹簧垫圈，并要牢固压紧，以防止松动。

（11）接线完毕后，应根据原理图、接线图仔细检查各元器件与接线端子之间及它们相互之间的接线是否正确。

项目情境

（1）由教师（代表管理方）对学生（员工）进行室内布线及配电板的相关知识概述，护套线照明线路的安装与调试相关操作要领相关知识概述：

① 室内配线的基本要求和工序、绝缘子配线、塑料护套线配线、线管配线等。

② 总熔断器盒的安装、电流互感器的安装、单相电能表的安装、三相电能表的安装、电能表的安装要求、配电板的安装要求等。

（2）由教师（代表管理方）对学生（员工）进行护套线照明线路安装及配电板操作的展示：

① 由教师（代表管理方）在实训室电工平台上进行护套线照明线路安装的操作展示。

② 由教师（代表管理方）在实训室电工平台上进行配电板安装的操作展示。

（3）由教师（代表管理方）对学生（员工）进行工作任务的布置与分配，明确"护套线照明线路的安装"训练的目的、要求及内容：

由 ×××× 单位电气维修部门经理（教师或学生）向完成各具体子项目（任务）的执行经理或工作人员布置任务，派发任务单，如表4-2所示。

表4-2 任务单

项目名称	子项目	内容要求	备注
护套线照明线路的安装	护套线照明线路板的安装与调试	学生按照人数分组训练： 护套线的放线技能； 护套线的敷线技能； 护套线照明线路板的调试技能	
	室内配电板的安装与调试	学生按照人数分组训练： 元器件的排列及固定技能； 配电板上导线的布置及连接技能	
目标要求	能装配照明线路的安装与调试		
实训环境	剥线钳、钢丝钳、尖嘴钳、螺钉旋具、电工刀、扳手、测电笔、钢锯、榔头、电钻、锤子、圆木、单相电能表、刀开关、漏电保护开关、双极插座（明装）、螺口平灯头、瓷插式熔断器、挂线盒、塑料护套线、铝线卡、木螺钉、小铁钉		
其他			

组别：   组员：   项目负责人：

项目实施

具体完成过程是：按情境进行项目布置→学生个人准备→组内讨论、检查→发言代表汇报→评价→展示案例、问题指导→组内讨论、修改方案→第二次汇报→评价→问题指导→再讨论再修改→第三次汇报→评价、验收→拓展任务、巩固训练→师生共同归纳总结→新项目布置，完成项目四的具体任务和拓展任务。

将学生根据实训平台（条件）按照项目要求进行分组实施。

1. 护套线照明线路板的安装与调试

演练步骤如下：

（1）定位画线，固定钢筋轧头。

（2）敷设导线，各线头做好记号。

（3）木台画线、削槽、钻眼。

（4）固定木台，安装元件和接线。

（5）检查线路。

2. 室内配电板的安装与调试

演练步骤如下：

（1）根据电气元件的排列确定盘面尺寸。

（2）进行电气元件的定位画线及钻孔。

（3）在配电板上安装各电气元件，敷设各电气元件间的连接导线。

（4）线路安装好后，仔细检查线路正确与否。无误，则通电试验。

（1）项目实施结果考核。由项目委托方代表（一般来说是教师）对项目四各项任务的完成结果进行验收、评分，对合格的任务进行接收。

（2）考核方案设计：

学生成绩的构成：A组项目（课内项目）完成情况累积分（占总成绩的75%）+B组项目（自选项目）成绩（占总成绩的25%）。其中B组项目的内容是由学生根据市场的调查情况，完成一个与A组项目相关的具体项目。

具体的考核内容：A组项目（课内项目）主要考核项目完成的情况作为考核能力目标、知识目标、拓展目标的主要内容，具体包括：完成项目的态度、项目报告质量（材料选择的结论、依据、结构与性能分析、可以参考的意见或方案等）、资料查阅情况、问题的解答、团队合作、应变能力、表述能力等。B组项目（自选项目）主要考核项目确立的难度与适用性、报告质量、面试问题回答等内容。

① A组项目（课内项目）完成情况考核评分表，如表4-3所示。

表4-3　护套线照明线路板的安装与调试项目考核评分表

评分内容	评分标准	配分	得分
护套线配线	护套线敷设不平直，每根扣5分；导线剖削损伤，每处扣5分；钢筋轧头（或线卡）安装不符合要求，每处扣2分	30	
线路及元器件安装	木台、灯座、开关等元件安装松动、不规范，每处扣5分；导线连接、压接不规范，每处扣2分；相线未进开关，扣10分；一次通电不成功，扣20分	50	
团结协作	小组成员分工协作不明确，扣5分；成员不积极参与，扣5分	10	
安全文明生产	违反安全文明操作规程，扣5~10分	10	
项目成绩合计			
开始时间	结束时间	所用时间	
评语			

② B组项目（自选项目）完成情况考核评分表，如表4-4所示。

表4-4　室内配电板的安装与调试项目考核评分表

评分内容	评分标准	配分	得分
安装设计	绘制电路图不正确，扣10分	20	
线路的安装	元器件布置不合理，扣5分；灯座、开关、插座等安装松动，每处扣5分；电气元件损坏，每处扣10分；相线未进开关，扣10分；导线安装不符合要求，每根扣2分；线芯剖削损伤，每处扣2分；电能表安装不符合要求，扣10分；熔丝选择不符合要求，扣5分	40	
通电试验	安装线路错误造成短路、断路故障，一次通电不成功，扣10分，扣完20分为止	20	
团结协作	小组成员分工协作不明确，扣5分；成员不积极参与，扣5分	10	
安全文明生产	违反安全文明操作规程，扣5~10分	10	
项目成绩合计			
开始时间	结束时间	所用时间	
评语			

（3）成果汇报或调试。

（4）成果展示（实物或报告），写出本项目完成报告。

（5）师生互动（学生汇报、教师点评）。

（6）考评组打分。

 项目拓展

（1）线管敷设照明线路的安装与调试。

（2）单相电能表的校准。

（3）单相供电线路性质判别和容量计算技能训练。

（4）由教师根据岗位能力需求布置有关"思考讨论题"。

项 目 五

→ **荧光灯安装与调试**

📝 项目学习目标

(1) 现场给学生展示常用的各种荧光灯具，让学生观摩思考，大概认识其种类和外形，同时让学生认识到荧光灯在工厂或家庭照明中的重要性。

(2) 引领学生学习交流电路的分析与计算。

(3) 引领学生学习家庭用荧光灯线路的安装与调试方法，并给学生示范安装要领及注意事项。

(4) 引领学生学习常见荧光灯的故障查找与排除方法和技巧。

(5) 学生自主分组训练项目："荧光灯线路的安装与调试""荧光灯常见故障及排除"。

(6) 总结归纳荧光灯线路安装与调试的方法，每人写出项目报告。

📦 项目相关知识

（一）正弦交流电基本知识

1. 正弦交流电的基本概念

大小与方向均随时间做周期性变化的电流（电压、电动势）称为交流电。交流电的变化随时间按正弦函数变化的称为正弦交流电，其波形如图 5-1 所示。工程上用的一般都是正弦交流电。工作在交流电下的电路称为交流电路。

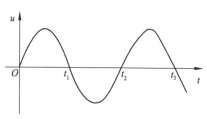

图5-1　正弦交流电波形

2. 正弦交流电的瞬时值、最大值、有效值和平均值

(1) 瞬时值。交流电在某一瞬间的数值称为交流电的瞬时值，用小写字母 e、u、i 等表示。

(2) 最大值。交流电的最大瞬时值称为交流电的最大值（又称振幅值或峰值），用字母 E_m、U_m、I_m 等表示。

(3) 有效值。若一个交流电和直流电通过相同的电阻器，经过相同的时间产生的热量相等，则这个直流电的量值就称为该交流电的有效值，用大写字母 E、U、I 等表示。

对于正弦交流电，有效值与最大值的关系式为

$$I = \frac{I_{\mathrm{m}}}{\sqrt{2}} \approx 0.707\, I_{\mathrm{m}}$$

$$E = \frac{E_{\mathrm{m}}}{\sqrt{2}} \approx 0.707\, E_{\mathrm{m}}$$

$$U = \frac{U_{\mathrm{m}}}{\sqrt{2}} \approx 0.707\, U_{\mathrm{m}}$$

平时所讲交流电的大小，都是指有效值的大小。

（4）平均值。正弦交流电在正半周期内所有瞬时值的平均大小称为正弦交流电的平均值，用字母 E_{p}、U_{p}、I_{p} 表示。

3．正弦交流电的周期、频率及角频率

（1）周期和频率。交流电完成一次循环所需要的时间称为周期，用字母 T 表示，单位是 s。在每一秒内交流电重复变化的次数称为频率，用字母 f 表示，单位是 Hz。频率和周期互为倒数。

我国工业上使用的正弦交流电频率为 50 Hz，习惯上称为工频。

（2）角频率。正弦交流电表达式的 ωt 项中，ω 通常称为角频率或角速度。它表示交流电每秒钟内变化的角度，在这里的角度常用弧度来表示，故 ω 的单位是 rad/s。

4．正弦交流电的相位、初相角及相位差

在交流电表达式中，符号 sin 后面 ωt 为角度，不同正弦量在 $t=0$ 时的初始值是不一样的。把 $t=0$ 时正弦交流电的相位角称为初相角或初相位，因此完整的正弦交流电表达式应为

$$i = I_{\mathrm{m}} \sin\,(\omega t + \varphi)$$

式中：$\omega t + \varphi$ 为相位；φ 为初相角（初相位）。

两个同频率交流电的相位之差称为相位差，用字母 φ 表示，即

$$\varphi = (\omega t + \varphi_1) - (\omega t + \varphi_2) = \varphi_1 - \varphi_2$$

确定一个交流电变化情况的三个重要数值是：最大值、频率和初相角。通常称为交流电的三要素。

5．正弦交流电的三种表示方法

正弦交流电常用的表示方法有解析法、图形法和矢量法三种：

（1）用一个数学式子来表示交流电的方法称为解析法。

（2）用波形图来表示交流电的方法称为图形法，又称曲线图法。

（3）用矢量来表示交流电的方法称为矢量法。这是一种比较简便直观地表示交流电的方法。

6．三相交流电源

（1）基本知识。三相交流电是由三相交流发电机产生，经三相输电线输送到各地的对称电源。三相电源对外输出的为 e_{U}、e_{V}、e_{W} 三个电动势，三者之间的关系为：大小相等、频率相同、相位上互差 120°，即

$$e_{\mathrm{U}} = E_{\mathrm{m}} \sin \omega t$$

$$e_{\mathrm{V}} = E_{\mathrm{m}} \sin\,(\omega t - 120°)$$

$$e_W = E_m \sin(\omega t - 240°) = E_m \sin(\omega t + 120°)$$

三相电动势达到最大值的先后次序称为相序。正序为 U-V-W-U；反之为逆序。常用黄、绿、红三色分别表示 U、V、W 三相。

（2）三相电源的联结：

① 三相电源的星形联结（Y）。图5-2所示为电源的星形联结。将三相绕组的末端 U2、V2、W2 连接在一起，用 N 表示，称为电源的中性点，从中性点引出的导线称为中性线。当中性点接地时，该点称为零点，从零点引出的线称为零线。自三相绕组始端 U1、V1、W1 引出的三根线称为相线或端线，俗称火线。当发电机或变压器的绕组连接成星形时，未必都引出中性线。有中性线的三相电路称为三相四线制电路，无中性线的三相电路称为三相三线制电路。

星形联结时，有两组电压，如图5-2所示。相线和中性线间的电压，即每相线绕组上的电压称为相电压，分别为 u_1、u_2、u_3，其参考方向规定由相线指向中性线。相线与相线间的电压称为线电压，分别为 u_{12}、u_{23}、u_{31}，其参考方向如图5-2所示。如果相电压对称，那么线电压也对称，即这两组电压分别大小相等，相位互差120°。

② 三相电源的三角形联结（△）。把各相绕组首尾依次相连，即 U2 与 V1、V2 与 W1、W2 与 U1 相连，如图5-3所示。三角形联结的电源只有三个端点，没有中性点，只能引出三根端线，这样的三相电路只能是三相三线制。

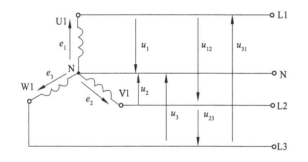

图5-2　三相电源的星形联结

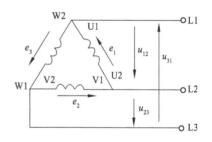

图5-3　三相电源的三角形联结

三相电源的三角形联结，必须是首尾依次相连。这样在这个闭合回路中各电动势之和等于零，在外部没有接上负载时，这一闭合回路中没有电流。如有一相接反，三相电动势之和不等于零，因每相线绕组内阻抗不大，在内部会出现很大的环流，而烧坏绕组。因此，在判别不清是否正确联结时，应保留最后两端不联结（如 W2 和 U1），形成一个开口三角形，用电压表测量开口处的电压，如读数为零，表示接法正常，再接成封闭三角形。

（二）正弦交流电路的分析与计算

1. 单相正弦交流电路的分析与计算

（1）纯电阻电路：

① 电流与电压的关系。在交流电路中，只含有电阻器的电路,称为纯电阻电路,如图5-4(a)

所示。像白炽灯、电烙铁、电炉和电暖气等电路元件接在交流电源上，都可以看成是纯电阻电路，电压、电流的参考方向如图5-4（a）所示。电压有效值和电流有效值之间的关系如下：

$$I=\frac{U}{R}$$

其波形如图5-4（b）所示，其矢量关系如图5-4（c）所示。可见，纯电阻电路在正弦交流电压作用下，电阻器中的电流也是与电压同频、同相的正弦量。

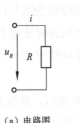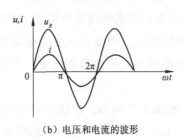

（a）电路图　　　　　　（b）电压和电流的波形　　　　　　（c）相量图

图5-4　纯电阻电路

② 功率：

a．瞬时功率。在交流电路中，电压和电流都是瞬时变化的，同一瞬间电压与电流的瞬时值的乘积称为瞬时功率，用小写字母 p 表示，即

$$p=ui=U_{\mathrm{m}}\sin\omega t\times I_{\mathrm{m}}\sin\omega t=\sqrt{2}\,U\sin\omega t\times\sqrt{2}\,I\sin^2\omega t$$

纯电阻电路的瞬时功率的变化曲线如图5-5所示。瞬时功率虽然随时间变化，但它始终在水平方向上方，即瞬时功率 p 总为正值，说明它总是从电源吸收能量，是耗能元件。

b．有功功率（平均功率）。工程上常取瞬时功率在一个周期内的平均值来表示电路消耗的功率，称为有功功率，也称平均功率。由定积分可以计算出平均功率的结果为

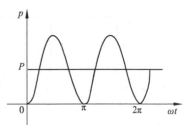

图5-5　纯电阻电路的瞬时功率

$$P=\frac{U_{\mathrm{m}}I_{\mathrm{m}}}{2}=UI=R^2I=\frac{U^2}{R}$$

（2）纯电感电路：

① 电流与电压的关系。通常当一个线圈的电阻小到可以忽略不计的程度，这个线圈在交流电路中便可以看成是一个纯电感元件，将它接在交流电源上就构成纯电感电路，如图5-6（a）所示。电压有效值和电流有效值之间的关系如下：

$$U=X_L I$$

式中，$X_L=\omega L=2\pi fL$ 称为电感器的电抗，简称感抗，其大小除与自感系数有关外，还与频率成正比，感抗的单位也是欧（Ω）。频率 ω 越高，感抗越大，故电感线圈在电子线路中常用作高频扼流线圈，用来限制高频电流；而在直流电路中，频率 ω 为零，故感抗等于零，因此电感线圈在直流电路中可视为一短路导线。

纯电感电路在正弦交流电流作用下，电感器中的电压也是正弦形式，其波形如图5-6（b）所示；其电压 u 和电流 i 的相量关系如图5-6（c）所示。

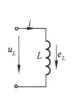

（a）电路图

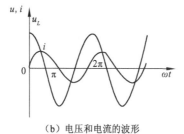

（b）电压和电流的波形

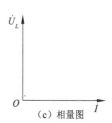

（c）相量图

图5-6　纯电感电路

② 功率：

a．瞬时功率。电感器上的电压与流过电感器的电流瞬时值的乘积称为瞬时功率，即

$$p=ui$$
$$=U_m\sin\left(\omega t+\frac{\pi}{2}\right)\times I_m\sin\omega t$$
$$=2UI\sin\omega t\ \cos\omega t$$
$$=IU\sin 2\omega t$$

由上式可以看出，瞬时功率 p 也是一个正弦函数。瞬时功率的变化曲线如图 5-7 所示。瞬时功率以电流或电压的 2 倍频率变化，其物理过程是：当 $p>0$ 时，电感器从电源吸收电能转换成磁场能储存在电感器中；当 $p<0$ 时，电感器中储存的磁场能转换成电能送回电源。因为瞬时功率 p 的波形在水平方向上、下的面积是相等的，所以电感器不消耗能量，它是一个储能元件。

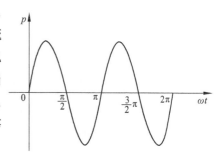

图5-7　纯电感电路的瞬时功率

b．有功功率。根据以上对波形的描述和理论计算可得电感器的有功功率为

$$P=0$$

电感器的有功功率为零，说明它并不消耗能量，只是将能量不停地吸收和放出。

c．无功功率。纯电感电路瞬时功率波形在水平方向上、下的面积相等，说明电感器与电源交换的能量相等。其能量的交换规模用瞬时功率的最大值来表征，因为它并不被消耗掉，所以称为无功功率，用 Q 表示。

$$Q=UI=X_LI^2=\frac{U^2}{X_L}$$

（3）纯电容电路：

① 电流与电压的关系。因为电容器的耗损很小，所以一般情况下可将电容器看成是一个纯电容，将它接在交流电源上就构成纯电容电路，如图 5-8（a）所示。电压有效值和电流有效值之间的关系如下：

$$I=\frac{U}{X_C}$$

式中，$X_C=\dfrac{1}{\omega C}=\dfrac{1}{2\pi fC}$ 称为电容的电抗，简称容抗，容抗的单位是欧（Ω）。

容抗的大小与电容器的大小成反比，与频率成反比，频率越高，容抗越小，故在交流电路中电容器可视为近似短路;在直流电路中,因频率为零,容抗趋向无穷大,电容器相当于开路。所以电容器在电路中起"隔直通交"的作用。纯电容电路波形如图 5-8(b)所示;电压 u 和电流 i 的相量关系如图 5-8(c)所示。

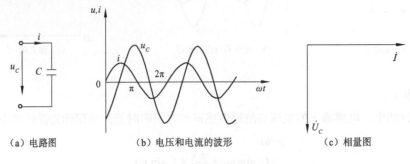

（a）电路图　　　　（b）电压和电流的波形　　　　（c）相量图

图5-8　纯电容电路

② 功率:

a. 瞬时功率。电容器的瞬时功率为

$$p=ui=U_{\mathrm{m}}\sin \omega t\times I_{\mathrm{m}}\sin \left(\omega t+\frac{\pi}{2}\right)=U_{\mathrm{m}}I_{\mathrm{m}}\sin \omega t\cos \omega t$$

同样,电容器的瞬时功率 p 也是一个正弦函数,其变化曲线如图 5-9 所示。和纯电感电路一样,瞬时功率以两倍电压的频率变化;当 $p>0$ 时,电容器从电源吸收电能转换成电场能储存在电容器中;当 $p<0$ 时,电容器中储存的电场能转换成电能送回电源。可见电容器不消耗电能,它也是储能元件。

b. 有功功率。电容器的有功功率与电感器的有功功率一样,即

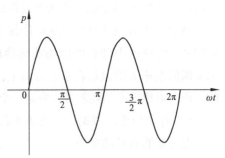

图5-9　纯电容电路瞬时功率

$$p=0$$

电容器的有功功率为零,说明它并不消耗能量,只是将能量不停地吸收和送出。

c. 无功功率。和电感器一样,同样用无功功率来衡量电容器与电源之间能量的交换规模。电容器的无功功率为

$$Q=UI=X_{C}I^{2}=\frac{U^{2}}{X_{C}}$$

2. 电阻器、电感器和电容器串联电路

电阻器、电感器和电容器的串联电路如图 5-10 所示。

在 R、L、C 串联电路中存在以下关系:

(1) 电压关系式:

$$U=\sqrt{U_{R}^{2}+(U_{L}-U_{C})^{2}}$$

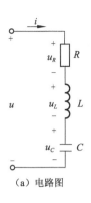
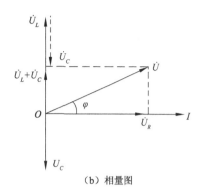

（a）电路图 （b）相量图

图5-10 R、L、C串联电路及其相量图

（2）电路的总阻抗：

$$Z = \sqrt{R^2 + (X_L - X_C)^2}$$

（3）电路的总视在功率：

$$S = \sqrt{P^2 + Q^2} = \sqrt{P^2 + (Q_L - Q_C)^2}$$

上述电压、阻抗和功率的关系，用图形可分别表示为三个直角三角形，如图 5-11 所示。

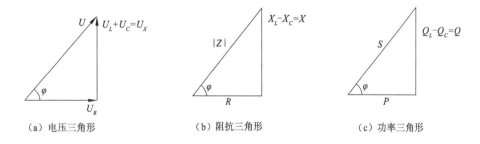

（a）电压三角形 （b）阻抗三角形 （c）功率三角形

图5-11 电压、阻抗、功率三角形

从图 5-11 中可以看出，电路中有功功率、无功功率及视在功率的表达式如下：

（1）有功功率：

$$P = UI \cos \varphi$$

（2）无功功率：

$$Q = UI \sin \varphi$$

（3）视在功率：

$$S = UI$$

有功功率公式中的 $\cos \varphi$ 称为电路的功率因数，φ 称为功率因数角。电路的功率因数 $\cos \varphi$ 越大，电源设备的容量利用越充分，供电线路上的损耗就越小。在实际工作中总是想法提高电路的功率因数。

3. 三相正弦交流电路的分析与计算

（1）三相负载星形联结及中性线作用。由三相电源供电的负载称为三相负载。实际生产和生活中用电负载按连接到三相电源上的情况不同，又分成两类：一类是必须接入三相交流电源才能正常工作的负载，如三相交流电动机，它们的每一相阻抗都是完全相同的，称为三相对称负载；另一类是由单相电源供电就能正常工作的负载，如家用电器和电灯，这类负载通常是按照平均分配的方式接入三相交流电源，使三相交流电源能够均衡供电，它们在电源上的每一相阻抗可能不相等，故称为三相不对称负载。两类三相负载星形联结接线图如图5-12所示。

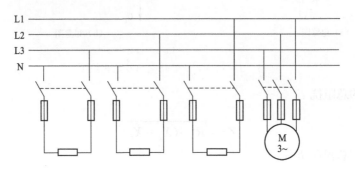

图5-12 三相负载星形联结接线图

图 5-13 所示电路是三相负载星形联结的电路图，把三相负载的一端联结在一起，记作 N'，接中性线。另外三端分别接三根端线，负载的相电压等于电源的相电压。电流的参考方向如图 5-13 所示。

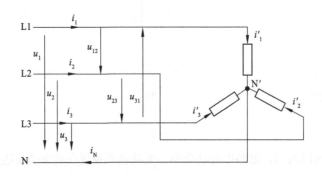

图5-13 三相负载星形联结的电路图

其中 i_1、i_2、i_3 表示流过端线的电流，称为线电流。i'_1、i'_2、i'_3 是流过负载的电流，称为相电流。流过中性线的电流称为中性线电流，用 i_N 表示。从图中可看出：$i_1 = i'_1$、$i_2 = i'_2$、$i_3 = i'_3$，即各线电流等于对应的相电流。若用 I_L 表示线电流的有效值，用 I_P 表示相电流的有效值，那么，线电流与相电流的有效值关系可表示为

$$I_L = I_P$$

（2）三相对称负载的三角形联结。图 5-14 是三相负载三角形联结的电路图，每相负载依次相连，再把三个端点和电源的三根端线相连。负载的相电压等于电源的线电压。

当三相负载对称时，各负载的相电流的大小相等，即 $I_{12} = I_{23} = I_{31} = I_p$，而相位互差 120°，如图 5-15 所示，具有对称性。

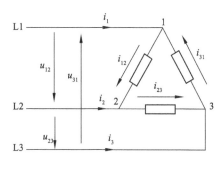
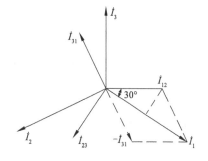

图5-14　三相对称负载三角形联结的电路图　　　　　图5-15　线电流和相电流的相量图

线电流和相电流的关系,可用相量图的方法来处理。以 $\dot{I}_1$ 为例,因为 $\dot{I}_1 = \dot{I}_{12} - \dot{I}_{31} = \dot{I}_{12} + (-\dot{I}_{31})$,利用平行四边形法则做出 $\dot{I}_{12}$ 和 $(-\dot{I}_{31})$ 的相量和,即为 $\dot{I}_1$,从图 5-15 中可看出,当三相负载对称时,线电流和相电流的有效值关系为

$$I_L = \sqrt{3} I_P$$

4．三相电功率

无论三相负载是星形联结还是三角形联结,总的有功功率 P 都等于各相有功功率之和,即 $P=P_1+P_2+P_3$。当负载对称时,每相有功功率相等,即

$$P=3P_P=3U_P I_P \cos\varphi$$

式中:P_P 为每相负载的有功功率(W);U_P 为相电压(V);I_P 为相电流(A);$\cos\varphi$ 为每相负载的功率因数。

不论负载是星形联结还是三角形联结,三相负载的有功功率都可表示为

$$P = \sqrt{3} U_L I_L \cos\varphi$$

式中:P 为三相负载的有功功率(W);U_L 为线电压(V);I_L 为线电流(A);$\cos\varphi$ 为每相负载的功率因数。

(三)荧光灯

荧光灯又称日光灯,是应用比较普遍的一种电光源。

1．荧光灯的组成与工作原理

(1)荧光灯的组成。由灯管、辉光启动器(又称启辉器)、镇流器、灯架和灯座等组成。

① 灯管。由玻璃管、灯丝和灯丝引脚(俗称灯脚)等构成。

② 辉光启动器。由氖泡、小电容器、出线脚和外壳等构成。氖泡内装有动触片和静触片。其规格分 4～8W 用的、15～20W 用的和 30～40W 用的以及通用型 4～40W 用的等多种。

③ 镇流器。主要由铁芯和电感线圈组成,其品种分为开启式、半封闭式、封闭式三种,其规格需与灯管功率配用。

④ 灯架。有木制和铁制两种,其规格配合灯管长度选用。

⑤ 灯座。分弹簧式(又称插入式)和开启式两种,规格有小型的、大型的两种。小型的只有开启式,配用 6W、8W 和 12W(细管)灯管,大型的适用于 15W 以上各种灯管。

（2）荧光灯的工作原理。荧光灯的电路图如图 5-16 所示。荧光灯工作全过程分启辉和工作两种状态。其工作原理是：灯管的灯丝（又称阴极）通电后发热，阴极预热。但荧光灯管属长管放电发光类型，启辉前内阻较高，阴极预热发射的电子不能使灯管内形成回路，需要施加较高的脉冲电压。此时灯管内阻很大，镇流器因接近空载，其线圈两端的电压降极小，电源电压绝大部分加在辉光启动器上，在较高电压的作用下，氖泡内动、静两触片之间就产生辉光放电而逐渐发热，U 形双金属片因温度上升而动作，触及静触片，于是就形成启辉状态的电流回路。接着，因辉光放电停止，U 形双金属片随温度下降而复位，动、静两触片分断，于是，在电路中形成一个触发，使镇流器电感线圈中产生较高的感应电动势，出现瞬时高压脉冲；在脉冲电动势作用下，使灯管内惰性气体被电离而引起弧光放电，随着弧光放电而使管内温度升高，液态汞就汽化游离，游离的汞分子因运动剧烈而撞击惰性气体分子的机会骤增，于是就引起汞蒸气弧光放电，这时就辐射出紫外线，激励灯管内壁上的荧光材料发出可见光，因大多数荧光灯的发光色近似"日光色"，故将其俗称为日光灯。

灯管启辉后，内阻下降，镇流器两端的电压降随即增大（相当于电源电压的一半以上），加在氖泡两极间的电压也就大为下降，已不足以引起极间辉光放电，两触片保持分断状态，不起作用；电流即由灯管内气体电离而形成通路，灯管进入工作状态。

荧光灯附件要与灯管功率、电压和频率等相适应。

2. 荧光灯的安装

荧光灯的安装方法，主要是按电路图连接电路。常用荧光灯的电路图，除了图 5-16 所示以外，尚有四个线头镇流器的接线图，如图 5-17 所示。

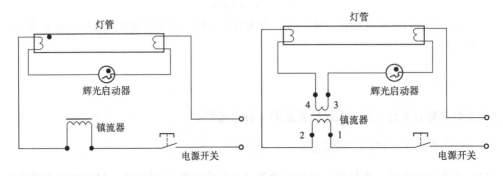

图5-16　荧光灯电路图　　　　图5-17　四个线头镇流器的接线图

荧光灯管是细长形管，光通量在中间部分最高。安装时，应将灯管中部置于被照面的正上方，并使灯管与被照面横向保持平行，力求得到较高的照度。吊式灯架的挂链吊钩应拧在平顶的木结构或木棒上，或预制的吊环上，方为可靠。接线时，把相线接入控制开关，开关出线必须与镇流器相连，再按镇流器接线图接线。

当四个线头镇流器的线头标记模糊不清楚时，可用万用表电阻挡测量，电阻值小的两个线头是二次线圈，标记为 3、4，与辉光启动器构成回路。电阻值大的两个线头是一次线圈，标记为 1、2，接法与两个线头镇流器相同。在工矿企业中，往往把两盏或多盏荧光灯装在一个大型灯架上，仍用一个开关控制，接线按并联电路接法，如图 5-18 所示。

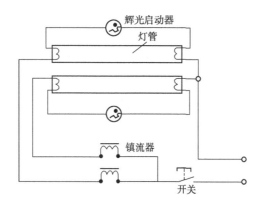

图5-18　多盏荧光灯的并联电路图

![项目情境]

（1）由教师（代表管理方）对学生（员工）进行交流电基本知识的相关知识概述，荧光灯基本知识相关知识概述如下：

① 正弦交流电的分析与计算。

② 荧光灯。

（2）由教师（代表管理方）对学生（员工）进行荧光灯线路的安装与调试操作的展示。

① 由教师（代表管理方）在实训室电工平台上进行荧光灯线路的安装与调试操作展示。

② 由教师（代表管理方）在实训室电工平台上进行荧光灯常见故障与排除操作展示。

（3）由教师（代表管理方）对学生（员工）进行工作任务的布置与分配，明确"荧光灯安装与调试"训练的目的、要求及内容：

由 ×××× 单位电气维修部门经理（教师或学生）向完成各具体子项目（任务）的执行经理或工作人员布置任务，派发任务单，如表 5-1 所示。

表5-1　任 务 单

项目名称	子 项 目	内 容 要 求	备 注
荧光灯安装与调试	荧光灯线路的安装与调试	学生按照人数分组训练： 设计家用荧光灯线路接线图和装配图； 家用荧光灯线路的安装； 家用荧光灯线路的调试	
	荧光灯常见故障及排除	学生按照人数分组训练： 荧光灯故障查找； 荧光灯维修	
目标要求	会分析交流电路，能安装荧光灯并会调试		
实训环境	剥线钳、尖嘴钳、电工刀、螺钉旋具、试电笔、万用表、手电钻、荧光灯具、荧光灯管、荧光灯镇流器、荧光灯辉光启动器、螺钉若干		
其他			

组别：　　　　组员：　　　　　　项目负责人：

🕰项目实施

具体完成过程是：按情境进行项目布置→学生个人准备→组内讨论、检查→发言代表汇报→评价→展示案例、问题指导→组内讨论、修改方案→第二次汇报→评价→问题指导→再讨论再修改→第三次汇报→评价、验收→拓展任务、巩固训练→师生共同归纳总结→新项目布置，完成项目五的具体任务和拓展任务。

将学生根据实训平台（条件）按照"项目要求"进行分组实施。

1. 荧光灯线路的安装与调试演练

演练步骤如下：

（1）根据实际安装位置条件，设计并绘制安装图，如图5-19所示。

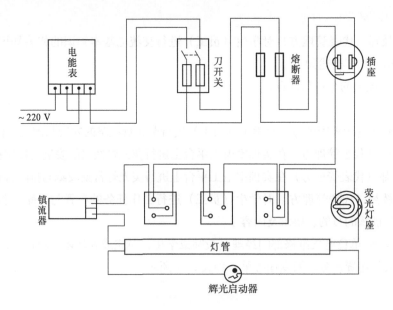

图5-19　荧光灯线路安装

（2）依照实际的安装位置，确定开关、插座及荧光灯的安装位置并做好标记。

（3）定位划线：按照已确定好的开关及插座等的位置，进行定位划线，操作时要依据横平竖直的原则。

（4）截取塑料槽板：根据实际划线的位置及尺寸，量取并切割塑料槽板，切记要做好每段槽板的相对位置标记，以免混乱。

（5）打孔并固定：可先在每段槽板上间隔 500 mm 左右的距离钻 ϕ4 mm 的排孔（两头处均应钻孔），按每段相对位置放置，把槽板置于划线位置，用划针穿过排孔，在定位划线处和原划线处垂直划一"十"字作为木榫的底孔测心，然后在每一圆心处均打孔，并镶嵌木榫。

（6）固定槽板：把相对应的每段槽板，安放在墙上对应的位置，用木螺钉把槽板固定于墙和天花板上，在拐弯处应选用合适的接头或弯角。

（7）装接开关和插座：把开关和插座分别接线并固定在事先准备好的圆木上，把灯座接线，并固定在灯头盒上。

（8）连接荧光灯并通电试灯：用万用表或绝缘电阻表，检测线路绝缘和通断状况无误后，接上电源，闭合刀开关试灯。

2. 荧光灯常见故障及排除

演练步骤如下：

（1）荧光灯故障分析。荧光灯的常见故障原因、现象和排除方法如表5-2所示。

（2）荧光灯的维修。

表5-2　荧光灯的常见故障原因、现象和排除方法

故 障 现 象	产生故障的可能原因	排 除 方 法
灯管不发光	无电源	验明是否停电，或熔丝烧断
	灯座触头接触不良，或电路线头松散	重新安装灯管，或重新连接已经松散的线头
	辉光启动器损坏，或与基座触头接触不良	检查辉光启动器、线头；更换辉光启动器
	镇流器线圈或管内灯丝断裂或脱落	用万用表低电阻挡测量线圈和灯丝是否通路
灯管两端发亮，中间不亮	辉光启动器接触不良，或内部小电容击穿，或辉光启动器已损坏	检查辉光启动器，观察小电容器是否击穿，若是，可以剪去后复用
启辉困难（灯管两端不断闪烁，中间不亮）	辉光启动器配用不成套	换上配套的辉光启动器
	电源电压太低	调整电路，检查电压
	环境气温太低	可用热毛巾在灯管上来回烫熨（但注意安全）
	镇流器配用不成套，启辉电流过小	换上配套镇流器
	灯管老化	更换灯管
灯光闪烁或管内有螺旋形滚动光带	辉光启动器或镇流器连接不良	按好连接点
	镇流器不配套	换上配套的镇流器
	新灯管暂时现象	使用一段时间，现象自行消失
	灯管质量不佳	更换灯管
镇流器过热	镇流器不佳	更换镇流器
	灯具散热条件差	改善灯具散热条件
镇流器发出嗡声	镇流器内铁芯松动	插入垫片或更换镇流器
灯管两端发黑	灯管老化	更换灯管
	启辉不佳	排除启辉系统故障
	电压过高	调整电压
	镇流器不配套	换上配套的镇流器

 项目评价

（1）项目实施结果考核。由项目委托方代表（一般来说是教师）对项目五各项任务的完成结果进行验收、评分，对合格的任务进行接收。

（2）考核方案设计：

学生成绩的构成：A组项目（课内项目）完成情况累积分（占总成绩的75%）＋ B 组项目（自选项目）成绩（占总成绩的25%）。其中 B 组项目的内容是由学生根据市场的调查情况，完成一个与 A 组项目相关的具体项目。

具体的考核内容：A组项目（课内项目）主要考核项目完成的情况作为考核能力目标、知识目标、拓展目标的主要内容，具体包括：完成项目的态度、项目报告质量（材料选择的结论、依据、结构与性能分析、可以参考的意见或方案等）、资料查阅情况、问题的解答、团队合作、应变能力、表述能力等。B组项目（自选项目）主要考核项目确立的难度与适用性、报告质量、面试问题回答等内容。

① A组项目（课内项目）完成情况考核评分表如表5-3所示。

表5-3　荧光灯线路的安装与调试项目考核评分表

评　分　内　容	评　分　标　准	配　分	得　分
安装设计	绘制电路图不正确	20	
线路的安装	元件布置不合理，扣5分；木台、灯座、开关、插座和吊线盒等安装松动，每处扣5分；电气元件损坏，每个扣10分；相线未进开关内部，扣10分；塑料槽板不平直，每根扣2分；线芯剖削有损伤，每处扣5分；塑料槽板转角不符合要求，每处扣2分；管线安装不符合要求，每处扣5分	40	
通电试验	安装线路错误，造成短路、断路故障，一次通电不成功扣10分，扣完20分为止	20	
团结协作	小组成员分工协作不明确，扣5分；成员不积极参与，扣5分	10	
安全文明生产	违反安全文明操作规程，扣5～10分	10	
项目成绩合计			
开始时间	结束时间	所用时间	
评语			

② B组项目（自选项目）完成情况考核评分表如表5-4所示。

表5-4　荧光灯常见故障及排除项目考核评分表

评　分　内　容	评　分　标　准	配　分	得　分
故障现象观察	确定出故障个数（两个），少观察一个扣5分	10	
故障分析	分析出故障原因，分析一处错误扣20分	40	
故障排除	不能正确维修或更换的，每个扣15分	30	
团结协作	小组成员分工协作不明确，扣5分；成员不积极参与，扣5分	10	
安全文明生产	违反安全文明操作规程，扣5～10分	10	
项目成绩合计			
开始时间	结束时间	所用时间	
评语			

（3）成果汇报或调试。

（4）成果展示（实物或报告）：写出本项目完成报告。

（5）师生互动（学生汇报、教师点评）。

（6）考评组打分。

项目拓展

（1）对工厂或公共场所观察荧光灯工作情况及其存在故障，并观察荧光灯线路的安装情况。

（2）由教师根据岗位能力需求布置相关"思考讨论题"。

项目六

⇒低压电器及继电电路识图

项目学习目标

（1）现场给学生展示常用的低压电器，让学生观摩思考，大概识别出低压电器的类别。

（2）引领学生学习常用低压电器的标识、结构和工作原理。

（3）图片展示各种基本的三相异步电动机控制电路，让学生观摩，并大概了解项目概况。

（4）引领学生学习电气控制图的基本分析方法。

（5）引领学生学习典型继电控制电路的基本原理分析。

（6）总结六个典型继电控制电路并进行默图和原理分析考核。

项目相关知识

（一）常用低压电器的结构和工作特点

低压电器是指交流电压在1 000 V以下、直流电压在1 200 V以下的电气线路中起保护、控制或调节等作用的电气元件。

低压电器的种类繁多，但就其控制对象不同，低压电器分为配电电器和控制电器两大类。低压配电电器主要用于低压配电系统和动力回路，具有工作可靠、热稳定性好和电动力稳定性好、能承受一定电动力作用等优点。常用低压配电电器包括刀开关、转换开关、熔断器、低压断路器等。低压控制电器主要用于电力传输系统中，具有工作准确可靠、操作效率高、寿命长、体积小等优点。常用的低压控制电器包括接触器、继电器、启动器、主令电器、控制器、电阻器、变阻器、电磁铁等。

1. 低压开关

低压开关主要作隔离、转换及接通和分断电路用，多数用作机床电路的电源开关和局部照明电路的控制开关，有时也可用来直接控制小容量电动机的启动、停止和正反转。低压开关一般为非自动切换电器，常用的主要类型有刀开关、组合开关和低压断路器。

（1）封闭式负荷开关。封闭式负荷开关是在开启式负荷开关的基础上改进设计的一种开关。其灭弧性能、操作性能、通断能力和安全防护性能都优于开启式负荷开关。因其外壳多为铸铁或用薄钢板冲压而成，故俗称铁壳开关。可用于手动不频繁地接通和断开带负载的电路以及作为线路末端的短路保护，也可用于控制15 kW以下的交流电动机不频繁地直接启动和停止。

常用的封闭式负荷开关有 HH3、HH4 系列，其中 HH4 系列为全国统一设计产品，它主要由刀开关、熔断器、操作机构和外壳组成。图 6-1 所示为 HH4 系列封闭式负荷开关的机构和符号。

这种开关的操作机构具有以下两个特点：一是采用了储能分合闸方式。使触头的分合速度与手柄操作速度无关，有利于迅速熄灭电弧，从而提高开关的通断能力，延长其使用寿命；二是设置了联锁装置，保证开关在合闸状态下开关盖不能开启，而当开关盖开启时又不能合闸，确保操作安全。

（2）组合开关。组合开关又称转换开关，它体积小、触点对数多、接线方式灵活、操作方便，常用于交流 50 Hz、380 V 以下及直流 220 V 以下的电气线路中，供手动不频繁地接通和断开电路、换接电源和负载以及控制 5 kW 以下小容量异步电动机的启动、停止和正反转。常用的组合开关有 HZ10-10/3 型等，其结构和符号如图 6-2 所示。

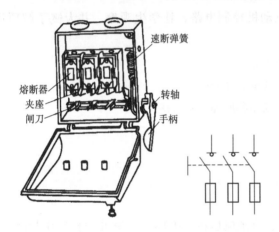
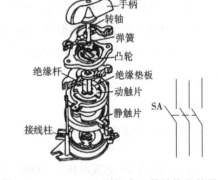

图6-1　HH系列封闭式负荷开关结构和符号　　　　图6-2　HZ10-10/3型组合开关结构和符号

（3）低压断路器。低压断路器简称断路器，是低压配电网络和电力拖动系统中常用的一种配电电器，结构和符号如图 6-3 所示。它集控制和多种保护功能于一体，在正常情况下可用于不频繁地接通和断开电路以及控制电动机的运行。当电路中发生短路、过载和失电压等故障时，能自动切断故障电路，保护线路和电气设备。低压断路器具有操作安全、安装使用方便、工作可靠、动作值可调、分断能力较强、兼顾多种保护、动作后不需要更换元件等优点，因此得到广泛应用。

断路器主要由动触点、静触点、灭弧装置、操作机构、热脱扣器、电磁脱扣器以及外壳等部分组成。其结构采用立体布置，操作机构在中间；上面是由加热元件和双金属片等构成的热脱扣器，作过载保护，配有电流调节装置，调节整定电流；下面是由线圈和铁芯等组成的电磁脱扣器，作短路保护，它也有一个电流调节装置，调节瞬时脱扣整定电流。主触点在操作机构后面，由动触点和静触点组成，配有栅片灭弧装置，用以接通和分断主回路的大电流。另外还有动合和动断辅助触点各一对。主、辅触点的接线柱均伸出壳外，以便于接线。在外壳顶部还伸出接通（绿色）和分断（红色）按钮，通过储能弹簧和杠杆机构实现断路器的手动接通和分断操作。

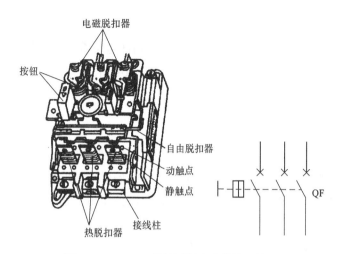

图6-3 DZ5-20型低压断路器结构和符号

断路器的工作原理如图 6-4 所示，使用时断路器的三副主触点串联在被控制的三相电路中，按下接通按钮时，外力使锁扣克服反作用弹簧的反力，将固定在锁扣上面的动触点与静触点闭合，并由锁扣锁住搭钩使动、静触点保持闭合，开关处于接通状态。

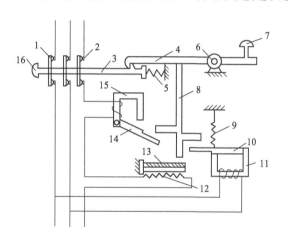

图6-4 低压断路器工作原理示意图

1—动触点；2—静触点；3—锁扣；4—搭钩；5—反作用弹簧；6—转轴座；
7—分断按钮；8—杠杆；9—拉力弹簧；10—欠电压脱扣器衔铁；11—欠电压脱扣器；
12—热元件；13—双金属片；14—电磁脱扣器衔铁；15—电磁脱扣器；16—接通按钮

当线路发生过载时，过载电流流过热元件产生一定的热量，使双金属片受热向上弯曲，通过杠杆推动搭钩与锁扣脱开，在反作用弹簧的推动下，动、静触点分开，从而切断电路，使用电设备不致因过载而烧毁。

当线路发生短路故障时，短路电流超过电磁脱扣器的瞬时脱扣整定电流，电磁脱扣器产生足够大的吸力将衔铁吸合，通过杠杆推动搭钩与锁扣分开，从而切断电路，实现短路保护。低压断路器出厂时，电磁脱扣器的瞬时脱扣整定电流一般整定为 $10I_n$（I_n 为断路器的额定电流）。

欠电压脱扣器的动作过程与电磁脱扣器恰好相反。当线路电压正常时，欠电压脱扣器的衔铁被吸合，衔铁与杠杆脱离，断路器的主触点能够闭合；当线路上的电压消失或下降到某一数值时，欠电压脱扣器的吸力消失或减小到不足以克服拉力弹簧的拉力时，衔铁在拉力弹簧的作用下撞击杠杆，将搭钩顶开，使触点分断。由此也可看出，具有欠电压脱扣器的断路器在欠电压脱扣器两端无电压或电压过低时，不能接通电路。

需手动分断电路时，按下分断按钮即可。

2. 熔断器

熔断器是低压配电网络和电力拖动系统中主要用作短路保护的电器。使用时串联在被保护的电路中，当电路发生短路故障，通过熔断器的电流达到或超过某一规定值时，以其自身产生的热量使熔丝熔断，从而自动分断电路，起到保护作用。它具有结构简单、价格便宜、动作可靠、使用维护方便等优点，因此得到广泛应用。

熔断器的结构：熔断器主要由熔丝、安装熔丝的熔管和熔座三部分组成。熔丝的材料通常有两种：一种是由铅、铅锡合金或锌等低熔丝材料制成，多用于小电流电路；另一种是由银、铜等较高熔丝的金属制成，多用于大电流电路。熔管是熔丝的保护外壳，用耐热绝缘材料制成，在熔丝熔断时兼有灭弧作用。熔座是熔断器的底座，作用是固定熔管和外接引线。

熔断器的主要技术参数有：额定电压、额定电流、分断能力和时间－电流特性。额定电压是指保证熔断器能长期正常工作的电压。额定电流是指保证熔断器长期正常工作的电流。分断能力是由熔断器各部分长期工作的允许温升决定的。

熔断器按结构形式分为半封闭插入式、无填料封闭管式、有填料封闭管式。常用的低压熔断器如 RL1 系列螺旋式熔断器，其结构和图形符号如图 6-5 所示。RL1 系列螺旋式熔断器的分断能力较强、结构紧凑、体积小、安装面积小、更换熔体方便、工作安全可靠，并且熔断后有明显指示，因此广泛应用于控制箱、配电屏、机床设备及振动较大的场合，在交流额定电压 500 V、额定电流 200 A 及以下的电路中，作为短路保护器件。熔断管内除装有熔丝外，还填满起灭弧作用的石英砂。熔断管的上盖中心装有红色熔断指示器，一旦熔丝熔断，指示器即从熔断管上盖中脱落，并可从瓷盖上的玻璃窗口直接发现，以便更换熔断管。螺旋式熔断器接线时，电源进线必须与熔断器中心触片接线柱相连，与负载的连线应接在与螺口相连的上接线柱上，这样在旋出瓷帽并更换熔断管时，金属螺口不带电，有利于操作人员的安全。

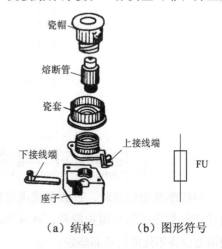

（a）结构　　（b）图形符号

图6-5　RL1系列螺旋式熔断器结构和图形符号

3. 主令电器

主令电器是在自动控制系统中发出指令或信号的操纵电器。常见主令电器有按钮开关、位置开关等。由于是专门发号施令的，故称为主令电器。主要用来切换控制电路，使电路接通或分断，实现对电力拖动系统的各种控制，以满足生产机械的要求。

（1）按钮开关。按钮开关（简称按钮）是一种用人的手指或手掌所施加的力来实现操作的，并具有储能（弹簧）复位的一种控制开关。按钮的触点允许通过的电流较小，一般不超过 5 A，因此一般情况下它不直接控制主电路的通断，而是在控制电路中发出指令或信号去控制接触器、继电器等电器，再由它们去控制主电路的通断、功能转换或电气联锁。按钮一般由按钮帽，复位弹簧，桥式触头的动触点，静触点，支柱连杆及外壳等部分组成，如图 6-6 所示。按钮的图形与文字符号如图 6-7 所示。

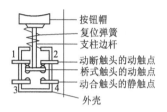

图6-6 按钮开关的结构图　　　　　　　　　图6-7 按钮开关的图形与文字符号

按钮按静态（不受外力作用）时触点的分合状态，可分为动合按钮（启动按钮）、动断按钮（停止按钮）和复合按钮（动合、动断组合为一体的按钮）。

动合按钮：未按下时，触点是断开的；按下时触点闭合；当松开后，按钮自动复位。

动断按钮：与动合按钮相反，未按下时，触点是闭合的；按下时触点断开；当松开后，按钮自动复位。

复合按钮：将动合和动断按钮组合为一体。按下复合按钮时，其动断触点先断开，然后动合触点再闭合；而松开时，动合触点先断开，然后动断触点再闭合。

根据工作状态指示和工作情况要求，选择按钮或指示灯的颜色，例如：启动按钮可选用白、灰或黑色，优先选用白色，也允许选用绿色；急停按钮应选用红色；停止按钮可选用黑、灰或白色，优先用黑色，也允许选用红色。

（2）位置开关。位置开关又称行程开关或限位开关。它的作用与按钮相同，但其触点的动作不是靠手按，而是利用生产机械中的运动部件的碰撞而动作，来接通或分断某些控制电路。其外形结构及符号如图 6-8 所示。

位置开关的型号有 LX19 系列、JLXK 1 系列等。

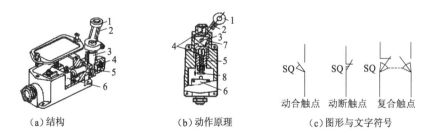

（a）结构　　　　　　　（b）动作原理　　　　　　（c）图形与文字符号

图6-8　LX1-111系列位置开关结构及图形与文字符号

1—滚轮；2—杠杆；3—转轴；4—复位弹簧；
5—撞块；6—微动开关；7—凸轮；8—调节螺钉

4. 接触器

接触器是电力拖动和自动控制系统中应用最普遍的一种电器。它作为执行元件，可以远距离频繁地自动控制电动机的启动、运转和停止，具有控制容量大、工作可靠、操作频率高（每小时可以带电操作 1 200 次）、使用寿命长等优点，因而在电力拖动系统中得到了广泛的应用。

交流接触器按主触点通过的电流种类，分为交流接触器和直流接触器两种。

（1）交流接触器。交流接触器的结构主要由触头系统、电磁系统、灭弧装置三大部分组成，另外还有反作用力弹簧、缓冲弹簧、触点压力弹簧和传统机构部分。图 6-9 是 CJ10-20 型交流接触器的结构与工作原理图。交流接触器的文字符号是 KM，交流接触器的图形符号如图 6-10 所示。

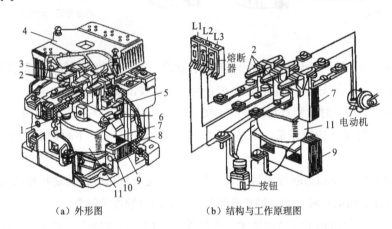

（a）外形图   （b）结构与工作原理图

图6-9 CJ10-20型交流接触器的结构与工作原理图

1—反作用弹簧；2—主触点；3—触点压力弹簧；4—灭弧罩；5—辅助动断触点；
6—辅助动合触点；7—动铁芯；8—缓冲弹簧；9—静铁芯；10—固定件；11—线圈

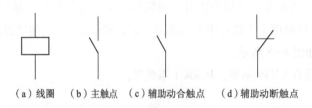

（a）线圈   （b）主触点   （c）辅助动合触点   （d）辅助动断触点

图6-10 交流接触器的图形符号

① 电磁系统。电磁系统由电磁线圈、铁芯（静铁芯）、衔铁（动铁芯）等组成。其中动铁芯与动触点支架相连。电磁线圈通电时产生磁场，使动、静铁芯磁化而相互吸引，当动铁芯被吸引向静铁芯时，与动铁芯相连的动触点也被拉向静触点，令其闭合接通电路。电磁线圈断电后，磁场消失，动铁芯在复位弹簧作用下，回到原位，牵动动触点与静触点分离，分断电路。

为了减少工作过程中交变磁场在铁芯中产生的涡流及磁滞损耗，避免铁芯过热，交流接触器的铁芯和衔铁一般用 E 形硅钢片叠压铆成。交流接触器的铁芯上有一个短路铜环，称为短路环，如图 6-11 所示。短路环的作用是减少交流接触器吸合时产生的振动和噪声。当线圈中通以交变电流时，铁芯中产生的磁通也是交变的，对衔铁的吸引力也是变化的。当磁通达到最大值时，铁芯对衔铁的吸力最大；当磁通达到零值时，铁芯对衔铁的吸力也为零值，衔铁受复位弹簧的反作用力有释放的趋势，这时衔铁不能被铁芯吸牢，造成铁芯振动，发出噪声，使人感到疲劳，并使衔铁与铁芯磨损，造成触点接触不良，产生电弧灼伤触点。为了消除这种现象，在铁芯上装有短路铜环。

当线圈通电后，产生线圈电流的同时，在短路环中产生感应电流，两者由于相位不同，各自产生的磁通的相位也不同。在线圈电流产生的磁通为零时，感应电流产生的磁通不为零而产生吸引力，吸住衔铁，使衔铁始终被铁芯吸牢，这样会使振动和噪声显著减小。气隙越小，短路环的作用越大，振动和噪声也越小。

② 触头系统。触头系统按功能不同分为主触头和辅助触头两类。主触头用以通断电流较大的主电路；辅助触头用以通断电流较小的控制电路，还能起自锁和联锁等作用，一般由两对动合和两对动断触点组成。触点有动合和动断之分。当线圈通电时，所有的动断触点首先分断，然后所有的动合触点闭合，当线圈断电时，在反向弹簧力作用下，所有触点都恢复平常状态。动合触点和动断触点是联动的。接触器的主触头均为动合触点，辅助触头有动合、动断之分。按结构形式划分，交流接触器的触头有桥式触头和指形触头两种，如图6-12所示。无论桥式触头还是指形触头，都装有压力弹簧以减小接触电阻并消除开始接触时产生的有害振动。

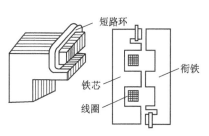

图6-11　铁芯上的短路环

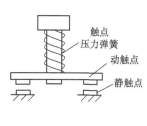

（a）双断点桥式触头

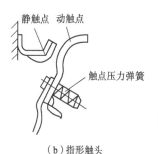

（b）指形触头

图6-12　触头的结构形式

③ 灭弧装置。交流接触器在分断较大电流电路时，在动、静触点之间将产生较强的电弧，它不仅会烧伤触点，延长电路分断时间，严重时还会造成相间短路。因此在容量稍大的电气装置中，均加装了一定的灭弧装置用以熄灭电弧。交流接触器中常用的灭弧方法有以下几种：

a．纵缝灭弧。纵缝灭弧方法是借助灭弧罩来完成灭弧任务的。灭弧罩制成纵缝，且上宽下窄，如图6-13所示。触点伸入灭弧罩下部宽缝中。触点分断时产生的电弧随热气流上升，在窄缝中传给室壁降温而熄弧。

b．电动灭弧。利用触点断开时本身的电动力把电弧拉长，以扩大电弧散热面积，使电弧在拉长过程中，尽量散热而迅速熄灭。电动灭弧如图6-14所示。

c．双断口灭弧。双断口灭弧方法适用于桥式触头。它将电弧自然分成两段，在各段上利用电动力加快散热速度而灭弧。其装置如图6-15所示。

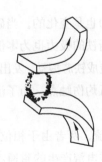

图6-13 纵缝灭弧

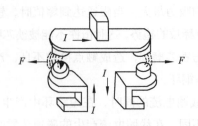

图6-14 电动灭弧

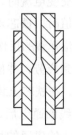

图6-15 双断口灭弧

栅片灭弧要借助灭弧罩完成，这种灭弧罩用陶土或石棉水泥制成，如图6-16所示。灭弧罩内装有镀铜薄铁片组成的灭弧罩，各灭弧栅之间相互绝缘，触点分断电路时产生电弧，电弧又产生磁场，灭弧栅片系导磁材料，它将电弧上部的磁通通过灭弧栅片形成闭合回路。由于电弧的磁通上部稀疏，下部稠密，这种下密上疏的磁场分布将对电弧产生由至至上的电磁力，将电弧推入灭弧栅片中去，被灭弧栅片分割成几段短电弧，这不仅使栅片之间的电弧电压低于燃弧电压，而且通过栅片吸收电弧热量，使电弧很快熄灭。

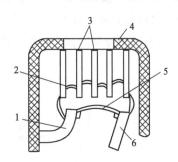

图6-16 栅片灭弧装置

1—静触点；2—短电弧；3—灭弧栅片；4—灭弧罩；5—电弧；6—动触点

④ 辅助部件。交流接触器除了上述三个主要部件外，还有反作用弹簧、缓冲弹簧、触点压力弹簧、传动装置及底座、接线柱等。

（2）直流接触器。直流接触器是用于远距离接通和分断直流电路及频繁地操作和控制直流电动机的一种自动控制电器，常用的有CZ0系列，另外还有CZ17、CZ18、CZ21等多个系列，广泛应用于冶金、机械和机床的电气控制设备中。直流接触器由于通的是直流电，没有冲击启动电流，所以不会产生铁芯的猛烈撞击现象，因此它的寿命长，适用于频繁启动的场合。直流接触器的外形与交流接触器的外形基本相同，文字与图形符号也和交流接触器相同。其结构主要由电磁系统、触头系统和灭弧装置三部分组成。

① 电磁系统。直流接触器的电磁系统由线圈、铁芯和衔铁组成。由于线圈中通的是直流电，在铁芯中不会产生涡流，所以铁芯可用整块铸钢或铸铁制成，并且不需要短路环。线圈匝数较多，电阻大，为了使线圈散热良好，通常将线圈做成长而薄的圆桶状。

② 触头系统。直流接触器的触头也有主、辅之分。由于主触头通断电流较大，故采用滚动接触的指形触头。辅助触头通断电流较小，故采用双断点桥式触头。

③ 灭弧装置。直流接触器的主触头在断开较大直流电流电路时，会产生强烈的电弧，容

易烧坏触头而不能连续工作。为了迅速使电弧熄灭，直流接触器一般采用磁吹式灭弧装置，利用磁吹力的作用将电弧拉长，并在空气和灭弧罩中快速冷却，从而使电弧迅速熄灭。

5. 继电器

继电器是根据某种输入物理量的变化，来接通和分断控制电路的电器。一般情况下，继电器不直接控制电流较大的主电路，而是通过接触器或其他电器对主电路进行控制。同接触器相比，继电器具有触头分断能力小、结构简单、体积小、质量小、反应灵敏、动作准确、工作可靠等特点。由于继电器一般不直接控制主电路，而是通过接触器和其他开关设备对主电路进行控制，因此继电器载流容量小，不需灭弧装置。继电器具有体积小，质量小，结构简单等特点，但对其灵敏度和准确性要求较高。

继电器主要由感测机构、中间机构和执行机构三部分组成。感测机构把感测到的电量或非电量传递给中间机构，并将它与预定值（整定值）相比较，当达到预定值（过量或欠量）时，中间机构便使执行机构动作，从而接通或断开电路。

常见的继电器有热继电器、中间继电器、电流继电器、电压继电器、时间继电器、速度继电器、压力继电器等。以下主要介绍热继电器、中间继电器和时间继电器。

（1）热继电器。热继电器是利用电流的热效应对电动机或其他用电设备进行过载保护的控制电器，热继电器主要用于电动机的过载保护、断相保护、电流不平衡运行的保护及其他电气设备发热状态的控制。

热继电器的形式有多种，其中双金属片式应用最多。按极数划分，热继电器可分为单极、两极和三极三种；按复位方式划分，热继电器可分为自动复位式和手动复位式。目前我国在生产中常用的热继电器有 JRl6、JR20 等系列产品，均为双金属片式，其结构原理和符号如图 6-17 所示。

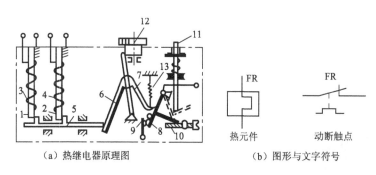

（a）热继电器原理图　　　（b）图形与文字符号

图6-17　热继电器结构原理和符号

1、2—主双金属片；3、4—加热元件；5—导板；6—温度补偿片；7—推杆；
8—动触点；9—静触点；10—螺钉；11—复位按钮；12—凸轮；13—弹簧

① 工作原理。使用时，将热继电器的三相热元件分别串联在电动机的三相主电路中，动断触点串联在控制电路的接触器线圈回路中。当电动机过载时，流过电阻丝的电流超过热继电器的整定电流，电阻丝发热，主双金属片向右弯曲。推动导板向右移动，通过温度补偿双金属片来推动推杆绕轴转动，从而推动触头系统动作，动触头与动断静触头分开，使接触器线圈断电，接触器触头断开，将电源切除，起保护作用。当电源切除后，主双金属片逐渐冷

却恢复原位，于是动触点在失去作用力的情况下，靠弹簧的弹性自动复位。除上述自动复位外，也可采用手动方法，即按一下复位按钮。热继电器整定电流的大小可通过旋转电流整定旋钮来调节，旋钮上刻有整定电流值标尺。所谓热继电器的整定电流，是指热继电器连续工作而不动作的最大电流，超过整定电流，热继电器将在负载未达到其允许的过载极限之前动作。

热继电器在电路中只能作过载保护，不能作短路保护，因为双金属片从升温到发生弯曲直到断开动断触点需要一个时间过程，不可能在短路瞬间分断电路。

② 热继电器的选用。热继电器在选用时，应根据电动机额定电流来确定热继电器的型号及热元件的电流等级。

a．根据电动机的额定电流选择热继电器的规格，一般应使热继电器的额定电流略大于电动机的额定电流。

b．根据需要的整定电流值选择热元件的电流等级。一般情况下，热元件的整定电流为电动机额定电流的 0.95 ～ 1.05 倍。

c．热继电器的热元件有两相或三相两种形式，在一般工作机械电路中可选用两相热继电器，但是，当电动机作三角形联结，并以熔断器作短路保护时，则应选用带断相保护装置的三相热继电器。

（2）中间继电器。中间继电器是将一个输入信号变成一个或多个输出信号的继电器，它的输入信号为线圈通电和断电，它的输出信号是触点的动作，不同动作状态的触点分别将信号传给几个元件回路。

中间继电器的主要用途有两个：一是当电压或电流继电器触点容量不够时，可借助中间继电器来控制，用中间继电器作为执行元件，这时中间继电器被看成是一级放大器；二是当其他继电器或接触器触点数量不够时，可利用中间继电器来切换多条电路。中间继电器主要依据被控制电路的电压等级，所需触点的数量、种类、容量等要求来选择。

中间继电器的原理与接触器完全相同，故称为接触器式继电器。它仍然由电磁线圈、动铁芯、静铁芯、触头系统、反作用弹簧和复位弹簧等组成，所不同的是中间继电器的触头对数较多，并且没有主、辅之分，各对触头允许通过的电流大小是相同的，如图 6-18 所示。其图形与文字符号如图 6-19 所示。

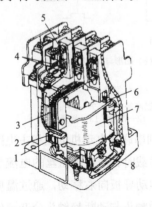

图6-18　中间继电器结构图

1—静铁芯；2—短路环；3—衔铁；4—动合触点；
5—动断触点；6—反作用弹簧；7—线圈；8—缓冲弹簧

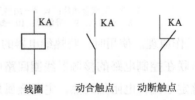

图6-19　中间继电器图形与文字符号

（3）时间继电器。时间继电器是作为辅助器件用于各种保护及自动装置中，使被控元器件达到所需要的延时动作的继电器。它是一种利用电磁机构或机械动作原理所组成，当线圈通电或断电以后，触点延迟闭合或断开的自动控制器件。

常用的时间继电器主要有电磁式、电动式、空气阻尼式、晶体管式等。目前，在电力拖动电路中应用较多的是空气阻尼式时间继电器。随着电子技术的发展，近年来晶体管式时间继电器应用日益广泛。以下分别介绍。

① 空气阻尼式时间继电器。空气阻尼式时间继电器又称气囊式时间继电器，是利用气囊中的空气通过小孔节流的原理来获得延时动作的。根据触点延时的特点，可分为通电延时动作型和断电延时复位型两种。常见的空气阻尼式时间继电器有 JS7-A 系列等，其结构如图 6-20 所示。它主要由电磁系统、触头系统、空气室、传动机构和基序组成。

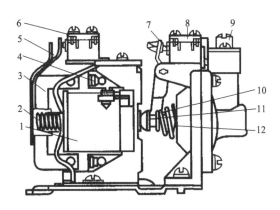

图6-20　JS7-A系列时间继电器结构

1—线圈；2—反力弹簧；3—衔铁；4—铁芯；5—弹簧片；
6—瞬时触点；7—杠杆；8—延时触点；9—调节螺钉；10—推杆；11—活塞杆；12—宝塔形弹簧

这种继电器有通电延时型与断电延时型两种类型，如图 6-21 所示。通电延时继电器的原理如下：当线圈 2 通电后，铁芯 1 产生吸力，衔铁 3 克服反力弹簧 4 的阻力与铁芯吸合，带动推板 5 立即动作，压合微动开关 SQ2，使其动断触点瞬时断开，动合触点瞬时闭合。同时活塞杆 6 在宝塔弹簧 7 的作用下向上移动，带动与活塞 13 相连的橡皮膜 9 向上运动。运动速度受到进气孔 12 进气速度的限制。这时橡皮膜下面形成空气较稀薄的空间，与橡皮膜上面的空气形成压力差，对活塞的移动产生阻尼作用。活塞杆带动杠杆 15 只能缓慢地移动。经过一段时间，活塞才完成全部行程而压动微动开关 SQ1，使其动断触点断开，动合触点闭合。由于从线圈通电到触点动作需一段时间，因此，SQ1 的两对触点分别称为延时闭合瞬时断开的动合触点和延时断开瞬时闭合的动断触点。这种时间继电器延时时间的长短取决于进气的快慢，旋转调节螺钉 11 可调节进气孔的大小，即可达到调节延时时间长短的目的。JS7-A 系列时间继电器的延时范围有 0.4 ~ 60 s 和 0.4 ~ 180 s 两种。当线圈 2 断电时，衔铁 3 在反力弹簧 4 的作用下，通过活塞杆 6 将活塞推向下端，这时橡皮膜 9 下方腔内的空气通过橡皮膜 9、弱弹簧 8 和活塞 13 局部所形成的单向阀迅速从橡皮膜上方气室缝隙中排掉，使微动开关 SQ1、SQ2 的各对触点均瞬时复位。

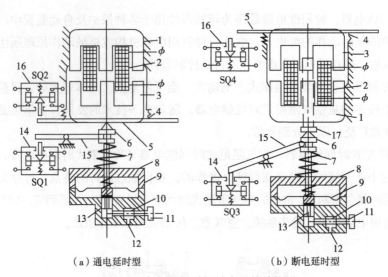

（a）通电延时型　　　　　　　　　（b）断电延时型

图6-21　空气阻尼时间继电器的结构图

1—铁芯；2—线圈；3—衔铁；4—反力弹簧；5—推板；6—活塞杆；7—宝塔弹簧；8—弱弹簧；9—橡皮膜；
10—螺旋；11—调节螺钉；12—进气孔；13—活塞；14、16—微动开关；15—杠杆；17—推杆

如果将通电延时型时间继电器的电磁机构翻转180°安装即成为断电延时型时间继电器。空气阻尼式时间继电器延时范围大，结构简单、寿命长、价格低。但延时误差大，难以精确地整定延时值，且延时值易受周围环境温度、尘埃等的影响。因此，对延时精度要求较高的场合不宜采用空气阻尼式时间继电器，应采用晶体管式时间继电器。

② 晶体管式时间继电器。晶体管式时间继电器又称半导体式时间继电器或电子式时间继电器。它具有结构简单、延时范围广、精度高、消耗功率小、调整方便及寿命长等优点，所以发展很迅速，其应用范围越来越广。

晶体管式时间继电器按结构分为阻容式和数字式两类；按延时方式分为通电延时型、断电延时型及带瞬动触点的通电延时型。常用的JS20系列晶体管时间继电器适用于交流50 Hz，电压380 V及以下或直流110 V及以下的控制电路，作为时间控制器件，按预定的时间延时，周期性地接通或分断电路。只要调整好时间继电器KT触点的动作时间，电动机由启动过程切换到运行过程就能准确可靠地完成。时间继电器图形与文字符号如图6-22所示。

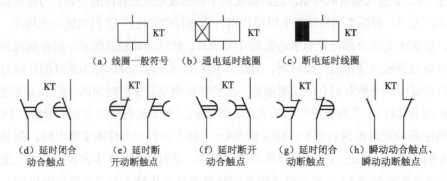

（a）线圈一般符号　　　（b）通电延时线圈　　　（c）断电延时线圈

（d）延时闭合　　（e）延时断　　（f）延时断开　　（g）延时闭合　　（h）瞬动动合触点、
　动合触点　　　开动断触点　　动合触点　　　动断触点　　　瞬动动断触点

图6-22　时间继电器图形符号

（二）电气控制图的分析方法

控制线路分析方法：在仔细阅读了设备说明书，了解了电气控制系统的总体结构，电动机和电气元件的分布状况及控制要求等内容之后，便可以阅读分析电气控制图了。

1. 分析主电路

从主电路入手，根据每台电动机和电磁阀等执行电器的控制要求去分析它们的控制内容。控制内容包括启动、方向控制、调速与制动等。

2. 分析控制电路

根据主电路中各电动机和电磁阀等执行电气元件的控制要求，逐一找出控制电路中的控制环节，利用前面学过的基本电路的知识，按功能不同划分成若个局部控制线路来进行分析，分析控制电路的最基本方法是查线读图法.

3. 分析辅助电路

辅助电路包括电源显示、工作状态显示、照明和故障报警等部分，它们大多由控制电路中的元件来控制，所以在分析时，还要对照控制电路进行分析.

4. 分析联锁与保护环节

机床对于安全性和可靠性有很高的要求，实现这些要求，除了合理地选择拖动和控制方案以外，在控制线路中还设置了一系列电气保护和必要的电气联锁。

5. 总体分析

经过"化整为零"，逐步分析了每一个局部电路的工作原理以及各部分之间的控制关系之后，还必须用"集零为整"的方法，检查整个控制线路，看是否有遗漏，特别要从整体角度去进一步检查和理解各控制环节之间的联系，理解电路中每一个元件所起的作用。

（三）三相异步电动机正转控制电路

一般生产机械常常只需要单方向运转，也就是电动机的正转控制，三相异步电动机正转控制电路是最简单的基本控制电路，在实际生产中应用最为广泛。三相笼形异步电动机正传控制电路包括：手动、点动、接触器自锁及具有过载保护的接触器自锁正转控制电路四种，此处主要介绍后三种。

1. 点动正转控制电路

点动正转控制电路是用按钮、接触器来控制电动机运转的最简单的正转控制电路，如图 6-23 所示。在该电路中，按照电路图的绘制原则，三相交流电源线 L1、L2、L3 依次水平地画在图的上方，电源开关 QS 水平画出；由熔断器 FU1、接触器 KM 的三对主触点和电动机组成的主电路，垂直电源线画在图的左侧；由启动按钮 SB1，接触器 KM 的线圈组成的控制线路跨接在 L1 和 L2 的两条电源线之间，垂直画在主电路的右侧，且耗能元件 KM 的线圈与下边电源线 L2 相连画在电路的下方，启动按钮 SB 则画在控制电路中，为表示它们是同一电器,在其图形符号旁边标注了相同的文字符号 KM。线路按规定在各接点进行了编号。注意，本图中没有专门的指示电路和照明电路。

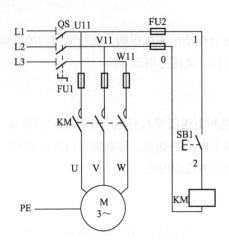

图6-23　点动电动机正转控制电路

所谓点动控制是指按下按钮，电动机就得电运转;松开按钮，电动机就失电停转。图 6-23 所示中，组合开关 QS 作为电源的隔离开关;熔断器 FU1、FU2 作为主电路、控制电路的短路保护;启动按钮 SB1 控制接触器 KM 的线圈得电、失电;接触器 KM 的主触点控制电动机 M 的启动和停止。电路的工作原理如下：

当电动机 M 需要点动时，先合上组合开关 QS，此时电动机 M 尚未接通电源。按下启动按钮 SB1，接触器 KM 的线圈得电，使衔铁吸合，同时带动接触器 KM 的三对主触点闭合，电动机 M 便接通电源启动运转。当电动机 M 需要停转时，只要松开启动按钮 SB1，使接触器 KM 的线圈失电，衔铁在复位弹簧的作用下复位，带动接触器 KM 的三对主触点复位分断，电动机 M 失电停转。

2. 接触器自锁正转控制电路

接触器自锁正转控制电路原理图如图 6-24 所示。这种电路的主电路和点动控制电路的主电路相同，但在控制电路中串联了一个停止按钮 SB2，在启动按钮 SB1 的两端并联了接触器 KM 的一对动合触点。接触器自锁控制电路不但能使电动机连续运转，而且还具有欠电压和失电压（又称零电压）保护作用。

（1）欠电压保护。欠电压是指电路电压低于电动机应加的额定电压。欠电压保护是指当电路电压下降到低于某一数值时，电动机能自动切断电源停转，避免电动机在欠电压下运行的一种保护。采用接触器自

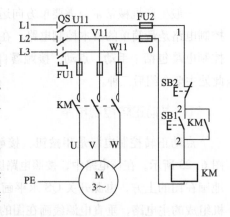

图6-24　接触器自锁正转控制电路原理图

锁控制线路就可避免电动机欠电压运行。因为当线路电压下降到低于额定电压的85%时，接触器线圈两端的电压也同样下降到此值，从而使接触器线圈磁通减弱，产生的电磁吸力减少，当电磁吸力减少到小于反作用弹簧的拉力时，动铁芯被迫释放，主触点、自锁触点同时分断，自动切断主电路和控制电路，电动机失电停转，达到欠电压保护目的。

（2）失电压保护。失电压保护是指电动机在正常运行中，由于外界某种原因引起突然断电时，能自动切断电动机电源；当重新供电时，保证电动机不能自动启动的一种保护。接触器自锁控制电路也可实现失电压保护。因为接触器自锁触点和主触点在电源断电时已经断开，使主电路和控制电路都不能接通，所以在电源恢复供电时，电动机就不会自动启动运转，保证了人身和设备的安全。

（3）电路的工作原理：

合上电源开关 QS。

启动：按下 SB1 → KM 线圈得电 → KM 主触点闭合，KM 动合辅助触点闭合 → 电动机 M 启动连续运转。

停止：按下 SB2 → 整个控制电路失电 → 电动机 M 失电停转。

3. 具有过载保护的接触器自锁正转控制电路

过载保护是指当电动机出现过载时能自动切断电动机的电源，使电动机停转的一种保护。图 6-25 所示的具有过载保护的接触器自锁正转控制电路特点如下：此电路与接触器自锁正转控制电路的区别是增加了一个热继电器 FR，并把其热元件串联在主电路中，把动断触点串联在控制电路中。此电路的工作原理与接触器自锁正转控制电路的原理相同。只是过载时，热继电器动作。

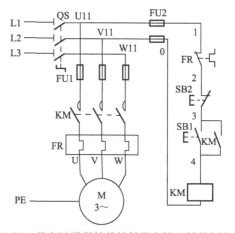

图6-25 具有过载保护的接触器自锁正转控制电路

（四）三相异步电动机正反转控制电路

正转控制电路只能使电动机带动生产机械的运动部件朝一个方向旋转，但许多生产机械往往要求运动部件能向正、反两个方向运动。当改变通入电动机定子绕组的三相电源相序，即把接入电动机三相电源进线中的任意两相对调接线时，就可以使三相电动机反转。

1. 接触器联锁的正反转控制电路

对于控制额定电流 10 A、功率在 3 kW 及以下的小容量电动机的正反转可以由倒顺开关控制其正反转。大功率或需要远距离控制电动机的正反转，常用接触器控制。

（1）接触器联锁的正反转控制电路的特点。详述如下：

① 接触器联锁的正反转控制电路原理图如图 6-26 所示，电路中采用了两个接触器，即

正转用的接触器 KM1 和反转用的接触器 KM2，它们分别由正转按钮 SB1 和反转按钮 SB2 控制。从主电路图中可以看出，这两个接触器的主触点所接通的电源相序不同，KM1 按 L1—L2—L3 相序接线，KM2 则按 L3—L2—L1 相序接线。相应的控制电路有两条，一条是由按钮 SB1 和 KM1 线圈等组成的正转控制电路；另一条是由按钮 SB2 和 KM2 线圈等组成的反转控制电路。

② 接触器 KM1 和 KM2 的主触点绝对不允许同时闭合，否则将造成两相电源（L1 相和 L3 相）短路事故。为避免两个接触器 KM1 和 KM2 同时得电动作，就在正反转控制电路中分别串联了对方接触器的一个动断辅助触点，这样，当一个接触器得电动作时，通过其动断辅助触点使另一个接触器不能得电动作，接触器间这种相互制约的作用称为接触器联锁（或互锁）。实现联锁作用的动断辅助触点称为联锁触点（或互锁触点）。联锁符号用"▽"表示。

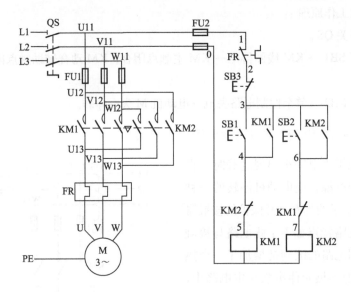

图6-26　接触器联锁的电动机正反转控制电路

（2）电路的工作原理：

① 正转控制：按下 SB1 → KM1 线圈得电 → KM1 自锁触点闭合自锁，KM1 主触点闭合，KM1 联锁触点分断对 KM2 联锁 → 电动机 M 启动连续正转。

② 反转控制：先按下 SB3 → KM1 线圈失电 → KM1 自锁触点分断解除自锁，KM1 主触点分断，KM1 联锁触点恢复闭合，解除对 KM2 联锁 → 电动机 M 失电停转 → 再按下 SB2 → KM2 线圈得电 → KM2 自锁触点闭合自锁，KM2 主触点闭合，KM2 联锁触点分断对 KM1 联锁 → 电动机 M 启动连续反转。

停止时，按下停止按钮 SB3 → 整个控制电路失电 → KM1（或 KM2）主触点分断 → 电动机 M 失电停转。

（3）电路的优缺点。接触器联锁正反转控制电路的优点是工作安全可靠，缺点是操作不便。因电动机从正转变为反转时，必须先按下停止按钮后，才能按反转启动按钮，否则由于接触器的联锁作用，不能实现反转。为克服此电路的不足，可采用按钮联锁或按钮和接触器双重联锁的正反转控制电路。

2. 按钮联锁的正反转控制电路

（1）按钮联锁的正反转控制电路的特点：

① 按钮联锁的正反转控制电路原理图如图6-27所示。为克服接触器联锁正反转控制电路操作不便的缺点，把正转按钮SB1和反转按钮SB2换成两个复合按钮，并使两个复合按钮的动断触点代替接触器的联锁触点，就构成了按钮联锁的正反转控制电路。

② 当电动机从正转变为反转时，可直接按下反转按钮SB2即可实现，不必先按停止按钮SB3。因为当按下反转按钮SB2时，串联在正转控制电路中SB2的动断触点先分断，使正转接触器KM1线圈失电，KM1的主触点和自锁触点分断，电动机M失电，惯性运转。SB2的动断触点分断后，其动合触点随后闭合，接通反转控制电路，电动机M便反转。这样既保证了KM1和KM2的线圈不会同时通电，又可不按停止按钮而直接按反转按钮实现反转。同样，若使电动机从反转运行变为正转运行时，也只要直接按下正转按钮SB1即可。

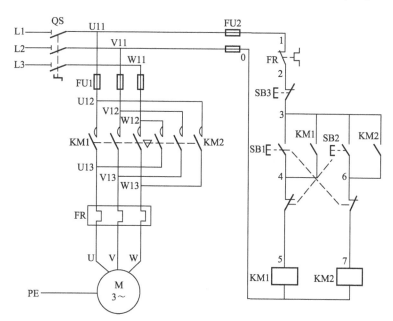

图6-27　按钮联锁的电动机正反转控制电路

（2）电路的工作原理：

① 正转控制：按下SB1 → SB1联锁动断触点分断对KM2联锁，SB1动合触点闭合，KM1线圈得电→ KM1自锁触点自锁闭合，KM1主触点闭合→电动机M启动连续正转。

② 反转控制：按下SB2 → SB2联锁动断触点分断，KM1线圈失电，电动机M失电停转，SB2动合触点闭合→ KM2线圈得电→ KM2自锁触点自锁闭合，KM1主触点闭合→电动机M启动连续反转。

停止时，按下停止按钮SB3 →整个控制电路失电→ KM2主触点分断→电动机M失电停转。

（3）电路的优缺点。这种电路的优点是操作方便。缺点是容易产生电源两相短路故障。例如，当正转接触器KM1发生主触点熔焊或被杂物卡住等故障时，即使KM1线圈失电，主触点也分断不开，这时若直接按下反转按钮SB2，KM2得电动作，KM2的主触点闭合，必然造成电源两相短路故障。所以采用此电路工作有一定安全隐患。在实际工作中，经常采用按钮、接触器双重联锁的正反转控制电路。

3. 按钮、接触器双重联锁的正反转控制电路

为克服接触器联锁正反转控制电路和按钮联锁正反转控制电路的不足，在按钮联锁的基础上，又增加了接触器联锁，构成按钮、接触器双重联锁的正反转控制电路，如图 6-28 所示。该电路兼有两种联锁控制电路的优点，操作方便，工作安全可靠。

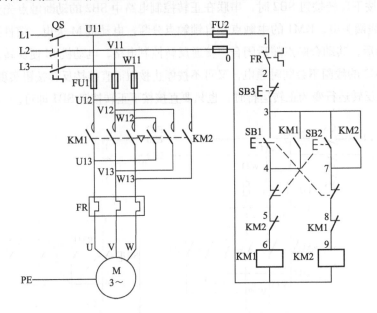

图6-28　双重联锁的正反转控制电路

电路的工作原理如下：

（1）正转控制：按下 SB1 → SB1 动断触点先分断对 KM2 联锁（切断反转控制电路），SB1 动合触点后闭合→ KM1 线圈得电→ KM1 自锁触点闭合自锁，KM1 主触点闭合，KM1 联锁触点分断对 KM2 联锁（切断反转控制电路）→电动机 M 启动连续正转。

（2）反转控制：按下 SB2 → SB2 动断触点先分断，SB2 动合触点后闭合→ KM1 线圈失电→ KM2 自锁触点闭合自锁（电动机 M 失电），KM1 主触点分断，KM1 联锁触点恢复闭合→ KM2 线圈得电→ KM2 自锁主触点闭合自锁，KM2 主触点闭合，KM2 联锁触点分断对 KM1 联锁（切断正转控制电路）→电动机 M 启动连续反转。

停止时，按下停止按钮 SB3 →整个控制电路失电→主触点分断→电动机 M 失电停转。

4. 工作台自动往返控制电路

在生产过程中，一些生产机械运动部件的行程或位置要受到限制，或者需要其运动部件在一定范围内自动往返循环等。如在摇臂钻床、镗床、桥式起重机及各种自动或半自动控制机床设备中就经常遇到这种控制要求。

由行程开关组成的工作台自动往返控制电路图如图 6-29 所示。为了使电动机的正反转控

制与工作台的左右相配合，在控制电路中设置了四个行程开关 SQ1、SQ2、SQ3 和 SQ4，并把它们安装在工作台需限位的位置。其中 SQ1、SQ2 被用来自动换接正反转控制电路，实现工作台自动往返行程控制。SQ3 和 SQ4 被用来作为终端保护，以防止 SQ1、SQ2 失灵，工作台越过限定位置而造成事故。在工作台边的 T 形槽中装有两块挡铁，挡铁 1 只能和 SQ1、SQ3 相碰，挡铁 2 只能和 SQ2、SQ4 相碰。当工作台达到限定位置时，挡铁碰撞行程开关，使其触点动作，自动换接电动机正反转控制电路，通过机械机构使工作台自动往返运动。工作台行程可通过移动挡铁位置来调节。

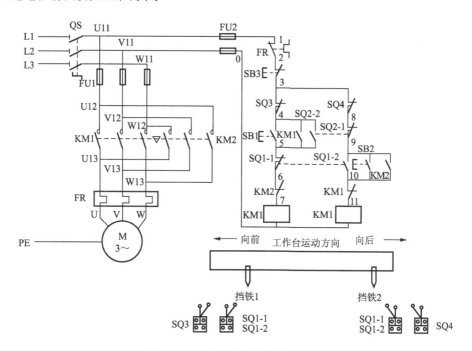

图6-29　工作台自动往返控制电路

电路的工作原理如下：

按下 SB1 → KM1 线圈得电 → KM1 自锁触点闭合自锁，KM1 主触点闭合，KM1 联锁触点分断对 KM2 联锁 → 电动机 M 正转 → 工作台左移 → 至限定位置挡铁 1 碰开关 SQ → SQ1-1 先分断，SQ1-2 后闭合 → KM 1 线圈失电 → KM1 自锁触点分断解除自锁，KM1 主触点分断，KM1 联锁触点恢复闭合 → 电动机停止正转，工作台停止左移。

接下来继续：KM2 线圈得电 → KM2 自锁触点闭合自锁，KM2 主触点闭合，KM2 联锁触点分断对 KM1 联锁 → 电动机 M 反转，工作台右移（SQ 1 触点复位），至限定位置挡铁 2 碰 SQ2 → SQ2-1 先分断，SQ2-2 后闭合 → KM2 线圈失电 → KM2 自锁触点分断，KM2 主触点分断，KM2 联锁触点恢复闭合 → 电动机停止反转，工作台停止右移 → KM1 线圈得电 → KM1 自锁触点闭合自锁，KM 1 主触点闭合，KM1 联锁触点分断对 KM2 联锁 → 电动机 M 又正转，工作台左移（SQ2 触点复位）。

……，以后重复上述过程，工作台就在限定的行程内自动往返运动。

停止时，按下停止按钮 SB3 → 整个控制电路失电 → KM1（或 KM2）主触点分断 → 电动机 M 失电停转→工作台停止运动。

注意：这里 SB1、SB2 分别作为正转启动按钮和反转启动按钮，若启动时工作台在左端，则应按下 SB2 进行启动。

（五）三相异步电动机降压启动控制电路

电动机由静止到通电正常运转的过程称为电动机的启动过程，在这一过程中，电动机消耗的功率较大，启动电流也较大。通常启动电流是电动机额定电流的 4~7 倍。小功率电动机启动时，启动电流虽然较大，但和电网的总电流相比还是比较小，所以可以直接启动。若电动机的功率较大，又是满负荷启动，则启动电流就很大，很可能会对电网造成影响，使电网电压降低而影响到其他电器的正常运行。此时人们就要采用降压启动。

通常规定：电源容量在 180 kV·A 以上，电动机容量在 7 kW 以下的三相异步电动机可采用直接启动。一台电动机是否要采用降压启动，可用下面的经验公式判断：

$$\frac{I_q}{I_e} = \frac{3}{4} + \frac{电源变压器的额定容量}{电动机的功率 \times 4}$$

式中：I_q 为电动机的启动电流；I_e 为电动机的额定电流。计算结果满足上式要求时，可采用全压直接启动，不满足时应采用降压启动。

常用的降压启动有串联电阻器降压启动、丫－△降压启动、自耦变压器降压启动及延边三角形降压启动。人们可以根据不同的场合与需要，选择不同的启动方法。

三相异步电动机各种启动（包括直接启动）方法的比较如下：

（1）直接启动。直接启动适用于 7.5 kW 以下小功率电动机的直接启动。直接启动的控制电路简单，启动时间短。但启动电流大，当电源变压器容量小时，会对其他电气设备的正常工作产生影响。

（2）串联电阻器降压启动。串联电阻器降压启动适用于启动转矩较小的电动机。虽然启动电流较小，启动电路较为简单，但电阻器的功耗较大，启动转矩随电阻器分压的增加下降较快，所以，串联电阻器降压启动的方法使用还是比较少。

（3）丫－△降压启动。三角形联结的电动机都可采用丫－△降压启动。由于启动电压降低较大，故用于轻载或空载启动。丫－△降压启动控制电路简单，常把控制电路制成丫－△降压启动器。大功率电动机采用 QJ 系列启动器，小功率电动机采用 QX 系列启动器。

（4）延边三角形降压启动。延边三角形电动机是专门为需要降压启动而生产的电动机，电动机的定子绕组中间有抽头，根据启动转矩与降压要求可选择不同的抽头比。其启动电路简单，可频繁启动，缺点是电动机结构比较复杂。

（5）自耦变压器降压启动。星形或三角形联结的电动机都可采用自耦变压器降压启动，启动电路及操作比较简单，但是启动器体积较大，且不可频繁启动。

1．定子绕组串联电阻器降压启动控制电路

定子绕组串联电阻器降压启动控制电路图如图 6-30 所示。定子绕组串联电阻器降压启动

是指在电动机启动时，把电阻器串联在电动机定子绕组与电源之间，通过电阻器的分压作用来降低定子绕组上的启动电压，待电动机启动后，再将电阻器短接，使电动机在额定电压下正常运转。该电路的主电路中，KM2 的两对主触点不是直接并联在启动电阻器的两端，而是把接触器 KM1 的主触点也并联了进去，这样接触器 KM1 和时间继电器 KT 只作短时间的降压启动用，待电动机全压运转后就全部从电路中切除，从而延长了接触器 KM1 和时间继电器 KT 的使用寿命，节省了电能，提高了电路的可靠性。电动机串联电阻器降压启动，电阻器要耗电发热，因此不适于频繁启动电动机。串联的电阻器一般都是用电阻丝绕制而成的功率电阻器，体积较大。串联电阻器启动时，由于电阻器的分压，电动机的启动电压只有额定电压的 0.5~0.8 倍，由于转矩正比于电压的平方可知，此时 M_q=（0.25~0.64）M_e。

因此，串联电阻器降压启动仅适用于对启动转矩要求不高的场合，电动机不能频繁地启动，电动机的启动转矩较小，仅适用于轻载或空载启动。

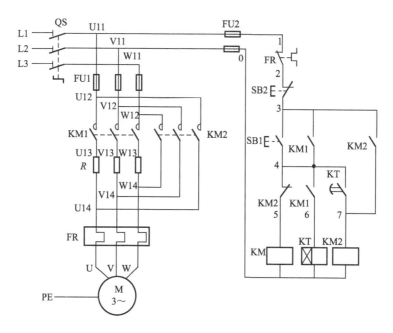

图6-30　定子绕组串联电阻降压启动控制电路

电路的工作原理如下：

按下 SB1 → KM1 线圈得电，KT 线圈得电→ KM1 自动触点闭合自锁，KM1 主触点闭合（电动机 M 串联电阻器降压启动）→至转速上升一定值时，KT 延时结束→ KT 动合触点闭合→ KM2 线圈得电→ KM2 主触点闭合→ R 被短接→电动机 M 全压运转。

停止时，按下 SB2 即可。

串联电阻器降压启动的缺点是减小了电动机的启动转矩，同时启动时在电阻器上功率消耗也较大。如果启动频繁，则电阻器的温度很高，对于精密的机床会产生一定的影响，故目前这种降压启动方法在生产实际中的应用正在逐步减少。

2．自耦变压器（补偿器）降压启动控制电路

自耦变压器降压启动是指电动机启动时利用自耦变压器来降低电动机定子绕组上的启动

电压。待电动机启动后，再使电动机与自耦变压器脱离，从而在全压下全速运行。

自耦变压器降压启动控制电路如图 6-31 所示。其中自耦变压启动设备采用的是 XJ01 系列自耦变压器，适用于交流 50 Hz、电压 380 V、功率 14~75 kW 的三相笼形异步电动机的降压启动。

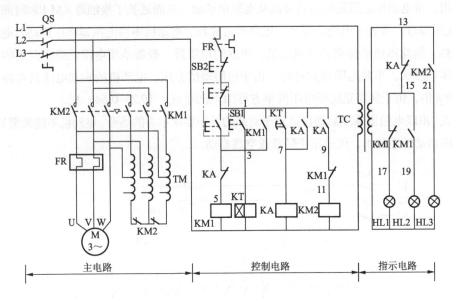

图6-31　自耦变压器降压启动控制电路

XJ01 系列自耦变压器是由自耦变压器、交流接触器、中间继电器、热继电器、时间继电器和按钮等电气元件组成。自耦变压器备有额定电压 60% 及 80% 两挡抽头。补偿器具有过载和失电压保护，最大启动时间为 2 min（包括一次或连续数次启动时间的总和），若启动时间超过 2 min，则启动后的冷却时间应不少于 4 h 才能再次启动。XJ01 系列自耦变压器降压启动的电路分为主电路、控制电路和指示电路三部分，点画线框内的按钮是异地控制按钮。

分析原理图可知，指示灯 HL1 亮，表示电源有电，电动机处于停止状态；指示灯 HL2 亮，表示电动机处于降压启动状态；指示灯 HL3 亮，表示电动机处于全压运行状态。停止时，按下停止按钮 SB2，控制电路失电，电动机停转。

电路的工作原理如下：

按下 SB1 → KM1 线圈得电，KT 线圈得电 → KM1 自锁触点闭合自锁，KM1 主触点闭合 → 至转速上升一定值时，KT 延时结束 → KT 动合触点闭合 → KM2 线圈得电 → KM2 主触点闭合 → R 被短接 → 电动机 M 全压运转。

停止时，按下 SB2 即可。

自耦变压器降压启动的优点是启动转矩和启动电流可以调节；缺点是设备庞大，成本较高。因此，这种降压启动方法适用于额定电压为 220 V/380 V、联结为△/丫形、容量较大的三相异步电动机的降压启动。

3. 时间继电器自动控制丫—△降压启动电路

丫—△降压启动是指电动机启动时，把定子绕组接成丫形，以降低启动电压，限制启动电流。待电动机启动后，再把定子绕组改接成△形，使电动机全压运行。凡是在正常运行时定子绕组做△联结的异步电动机，均可采用这种降压启动方法。电动机启动时接成丫形，加在每相定子绕组上的启动电压只有△联结的 $1/\sqrt{3}$，启动电流为△联结的 1/3，启动转矩也只有△联结的 1/3。所以这种降压启动方法，只适用于轻载或空载下启动。

时间继电器自动控制丫—△降压启动控制电路图 6-32 所示。该电路由三个接触器、一个热继电器、一个时间继电器和两个按钮组成。时间继电器 KT 用来控制丫形降压启动的时间和完成丫—△自动切换。

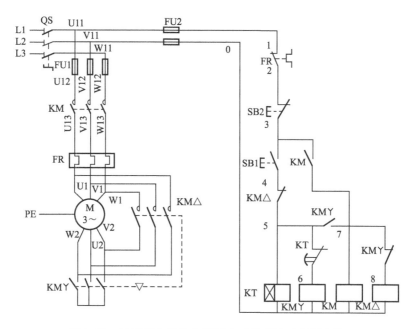

图6-32 时间继电器自动控制丫—△降压启动控制电路

电路的工作原理如下：

按下 SB1，同时有两个过程进行：

过程一：KM丫线圈得电→KM丫动合触点闭合，KM丫联锁触点分断对 KM△联锁，KM丫主触点闭合（电动机 M 接成丫降压启动）→ KM 线圈得电→ KM 自锁触点闭合自锁，KM 主触点闭合。

过程二：KT 线圈得电→当 M 转速上升到一定值时，KT 延时结束→ KT 动断触点分断→KM丫线圈失电→KM丫动合触点分断，KM丫主触点分断，解除丫联结，KM丫联锁触点闭合→ KM△线圈得电→ KM△联锁触点分断，KM△主触点闭合（电动机 M 接成△全压运行）→对 KM丫联锁，KT 线圈失电→ KT 动断触点瞬时闭合。

停止时，按下 SB2 即可。

本电路中，接触器 KM丫得电以后，通过 KM丫的动合辅助触点使接触器 KM 得电动作，这样 KMY 主触点是在无负载的条件下进行闭合的，故可延长接触器 KMY 主触点的使用寿命。

4. 延边三角形降压启动控制电路

（1）延边三角形电动机的定子绕组。如图 6-33 所示，实行延边三角形降压启动的电动机定子绕组，采用了在每相绕组上做中间抽头，如图 6-33（a）所示；启动时把三相绕组的一部分接成三角形，另一部分接成星形，即"延边三角形"，如图 6-33（b）所示；运行时绕组接成三角形，如图 6-33（c）所示。

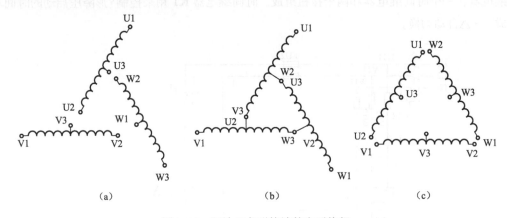

图6-33　延边三角形接法的定子绕组

延边三角形降压启动的电压介于全压启动与Y－△降压启动之间。这样克服了Y－△降压启动的启动电压过低，启动转矩过小的不足，同时还可以实现启动电压根据需要进行调整的问题。由于采用了中间抽头技术，使电动机的结构比较复杂。

（2）延边三角形电动机降压启动控制电路。延边三角形降压启动控制电路如图 6-34 所示。

电路的工作原理如下：

按下 SB1，同时有三个过程进行：

过程一：KM△线圈得电→KM 自锁触点闭合自锁，KM 主触点闭合。

过程二：KM△线圈得电→KM△联锁触点分断对 KM 联锁，KM△主触点闭合→电动机 M 接成延边三角形降压启动（结合过程一）

过程三：KT 线圈得电→待电动机 M 转速上升到接近额定值时，KT 延时结束→ KT 动断触点先分断，KT 动合触点后闭合→ KM△线圈失电→ KM△主触点分断，解除延边三角形联结，KM△联锁触点闭合→ KM△线圈得电→ KM△自锁触点闭合自锁，KM△主触点闭合（电动机 M 接成三角形全压运行），KM△动断辅助触点分断→对 KM△联锁，KT 线圈失电→ KT 触点瞬时复位。

停止时，按下 SB2 即可。

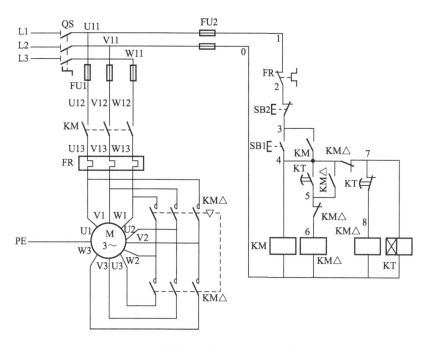

图6-34 延边三角形降压启动控制电路

（六）三相异步电动机顺序与多地控制电路

顺序控制是指在装有多台电动机的生产机械上，各电动机所起的作用是不同的，有时需按一定的顺序启动或停止，才能保证操作过程的合理和工作的安全可靠。多地控制是指在生产中有时为了减轻工作者的生产强度，常常采用在两处以上同时控制一台电气设备。

1. 顺序控制电路的安装

在装有多台电动机的生产机械上，各电动机所起的作用是不同的，有时需按一定的顺序启动或停止，才能保证操作过程的合理和工作的安全可靠。例如：X62W 型万能铣床上要求主轴电动机启动后，进给电动机才能启动；M7120 型平面磨床的冷却泵电动机，要求当砂轮电动机启动后才能启动。像这种要求几台电动机的启动或停止必须按一定的先后顺序来完成的控制方式，称为电动机的顺序控制。顺序控制可以通过主电路实现，也可通过控制电路实现，以下介绍三种常见的顺序控制电路。

（1）主电路实现顺序控制的电路图及其特点：

① 如图 6-35 所示，电动机 M2 是通过接插器 X 接在接触器 KM 主触点的下面，因此，只有当 KM 主触点闭合，电动机 M1 启动运转后，电动机 M2 才可能接电源运转。

② 如图 6-36 所示，电动机 M1 和 M2 分别通过接触器 KM1 和 KM2 来控制，接触器 KM2 的主触点接在接触器 KM1 触点的下面，这样保证了当前 KM1 主触点闭合、电动机 M1 启动运转后，M2 才可能接通电源运转。

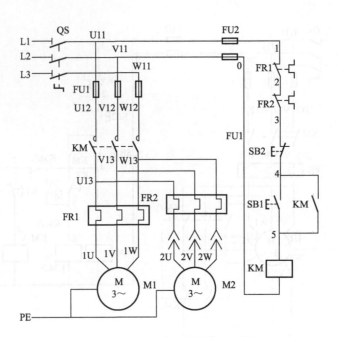

图6-35　主电路实现顺序控制的电路图（1）

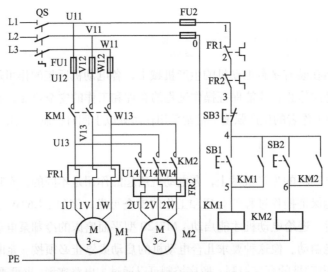

图6-36　主电路实现顺序控制的电路图（2）

（2）控制电路实现顺序控制的电路图及其特点：

① 如图 6-37 所示，电动机 M2 的控制电路先与接触器 KM1 的线圈并接后再与 KM1 的自锁触点串联，这样保证了 M1 启动后，M2 才能启动的顺序控制要求。

② 如图 6-38 所示，在电动机 M2 的控制电路中串联了接触器 KM1 的动合触点。显然，只要 M1 不启动，即使按下 SB21，由于 KM1 的动合辅助触点未闭合，KM2 线圈也不得电，从而保证了 M1 启动后，M2 才能启动的控制要求。电路中停止按钮 SB12 控制两台电动机同时停止，SB22 控制 M2 的单独停止。

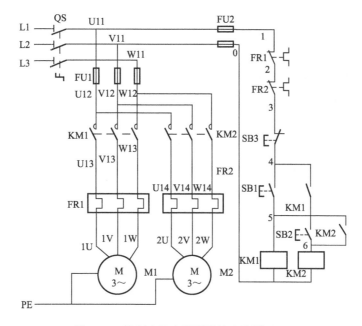

图6-37 控制电路实现顺序的电路图（1）

③ 如图 6-39 所示，这是两台电动机顺序启动、逆序停转控制的电路图。该电路是在电动机 M2 的控制电路中串联了接触器 KM1 的动合辅助触点。显然，只要 M1 不启动，即使按下 SB21，由于 KM1 的动合辅助触点未闭合，KM2 线圈也不能得电，从而实现了 M2 停止后，M1 才停止的控制要求，即 M1 和 M2 是顺序启动、逆序停车。

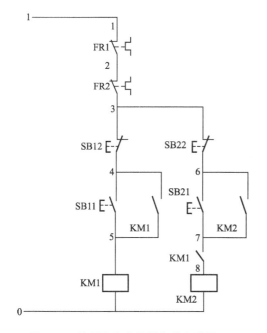

图6-38 控制电路实现顺序的电路图（2）

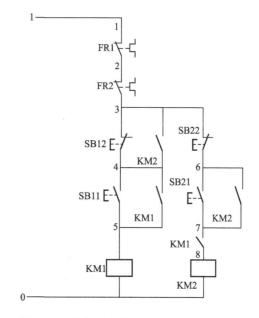

图6-39 控制电路实现顺序的电路图（3）

2. 多地控制电路

为减轻劳动者的生产强度，实际生产中常常采用在两处及两处以上同时控制一台电气设备，像这种能在两地或多地控制同一台电动机的控制方式称为电动机的多地控制。多地控制的方法是停止按钮串联，启动按钮并联，把它们分别安装在不同的操作地点，以便控制。在大型机床上，为便于操作，在不同的位置可以安装启动、停止按钮。

图 6-40 所示为具有两地控制的过载保护接触器自锁正转控制电路。图中 SB11、SB12 为安装在甲地的启动按钮和停止按钮；SB21、SB22 为安装在乙地的启动按钮和停止按钮。电路的特点是：两地的启动按钮 SB11、SB21 要并联接在一起；停止按钮 SB12、SB22 要串联接在一起。

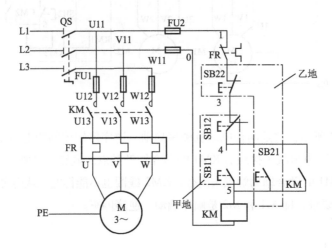

图6-40　具有两地控制的过载保护接触器自锁正转控制电路

如果对三地或多地控制，只要把各地的启动按钮（动合触点）并联、停止按钮（动断触点）串联就可以实现。

项目情境

（1）由教师（代表管理方）对学生（员工）进行三相异步电动机典型继电控制电路的种类概述：

① 三相异步电动机既可点动又可自锁控制电路。

② 三相异步电动机的正反转控制电路。

③ 三相异步电动机丫－△降压启动控制电路。

④ 三相异步电动机能耗制动控制电路。

⑤ 三相异步电动机顺序控制电路。

⑥ 三相异步电动机两地控制电路。

（2）由教师（代表管理方）对学生（员工）进行三相异步电动机典型继电控制电路的原理说明及绘图能力展现。

（3）由教师（代表管理方）对学生（员工）进行工作任务的布置与分配，明确"三相异步电动机典型继电控制电路的原理说明及绘图"训练的目的、要求及内容。

项目实施

具体完成过程是：按情境进行项目布置→学生个人准备→组内讨论、检查→发言代表汇报→评价→展示案例、问题指导→组内讨论、修改方案→第二次汇报→评价→问题指导→再讨论再修改→第三次汇报→评价、验收→拓展任务、巩固训练→师生共同归纳总结→新项目布置，完成项目六的具体任务和拓展任务。

项目评价

项目实施结果考核：

由项目委托方代表（一般来说是教师）对项目六各项任务的完成结果进行验收、评分，对合格的任务进行接收。考核评分表如表6-1所示。

表6-1　考核评分表

主要内容	考核要求	评分标准	配分	扣分	得分
三相异步电动机既可点动又可自锁控制电路	能根据控制要求正确画出相应的继电控制电路；根据控制电路写出工作过程；上台对照原理图描述该电路的工作原理	根据控制要求正确选择继电控制电路，电路选择错误，该项不得分；	20		
三相异步电动机的正反转控制电路		正确画出继电控制主电路和控制电路，错误每处扣2分；	20		
三相异步电动机丫-△降压启动控制电路		正确写出控制电路的工作过程，缺少元件每处扣3分；	20		
三相异步电动机能耗制动控制电路		上台对照控制原理图说明电路工作原理，需声音响亮用词正确，不当之处每处扣5分；	20		
三相异步电动机顺序控制电路 三相异步电动机两地控制电路		工作过程需描述完整，功能说明需正确，不当之处每处扣5分	20		
合计			100		

项目拓展

各小组充分讨论，说明图6-41所示CW6132型普通车床的电气原理图。

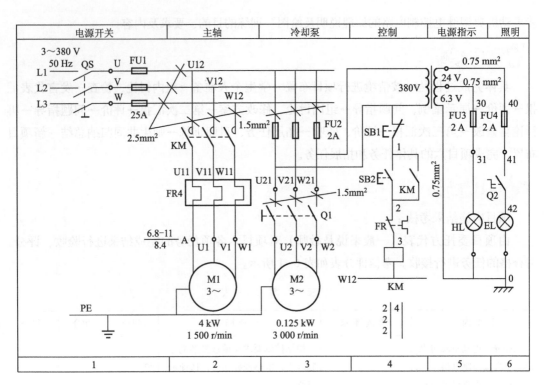

图6-41　CW6132型普通车床的电气原理图

项目七

→ 典型继电电路图的绘制

项目学习目标

（1）引领学生学习电气图的基础知识，掌握电气图形符号、项目符号等国家标准。

（2）引领学生熟悉电气线路图形的基本绘制过程以及绘制标准，掌握电气工程 CAD 制图规范。

（3）能够应用 Auto CAD 软件按照国家标准要求进行典型继电器－接触器及相关电路电气原理图、接线图的绘制。

项目相关知识

（一）电气制图与电气图形符号国家标准

电气图是指用电气图形符号、带注释的围框或简化外形表示电气系统或设备中组成部分之间相互关系及其连接关系的一种图。广义上表明两个或两个以上变量之间关系的曲线，用以说明系统、成套装置或设备中各组成部分的相互关系或连接关系，或者用以提供工作参数的表格、文字等，也属于电气图之列。

1. 电气图分类

（1）电气图的分类。根据各电气图所表示的电气设备、工程内容及表达形式的不同，电气图通常可分为以下几类：

① 系统图或框图。用符号或带注释的框，概略表示系统或分系统的基本组成、相互关系及其主要特征的一种简图。

② 电路图。用图形符号并按工作顺序排列，详细表示电路、设备或成套装置的全部组成和连接关系，而不考虑其实际位置的一种简图。目的是便于详细理解作用原理、分析和计算电路特性，为编制接线图提供依据，为安装和维修提供依据，所以这种图又称电气原理图或原理接线图。

③ 位置图（布置图）。位置图是指用正投法绘制的图，位置图是表示成套装置和设备中各个项目的布局、安装位置的图。位置图一般用图形符号绘制。

④ 接线图或接线表。表示成套装置、设备或装置的连接关系，用以进行接线和检查、试验与维修的一种简图或表格。它又分为

a．单元接线图或单元接线表。表示成套装置或设备中一个结构单元内的连接关系的一种

接线图或接线表（结构单元指在各种情况下可独立运行的组件或某种组合体）。

b．互连接线图或互连接线表。表示成套装置或设备的不同单元之间连接关系的一种接线图或接线表（线缆接线图或接线表）。

c．端子接线图或端子接线表。表示成套装置或设备的端子，以及接在端子上的外部接线（必要时包括内部接线）的一种接线图或接线表。

d．电费配置图或电费配置表。提供电缆两端位置，必要时还包括电费功能、特性和路径等信息的一种接线图或接线表。

（2）画电气接线图时应遵循的几个原则：

① 电气接线图必须保证电气原理图中各电气设备和控制元件动作原理的实现。

② 电气接线图只标明电气设备和控制元件之间的相互连接线路而不标明电气设备和控制元件的动作原理。

③ 电气接线图中的控制元件位置要依据它所在实际位置绘制。

④ 电气接线图中各电气设备和控制元件要按照国家标准规定的电气图形符号绘制。

⑤ 电气接线图中的各电气设备和控制元件，其具体型号可标在每个控制元件图形旁边，或者画表格说明。

⑥ 实际电气设备和控制元件结构都很复杂，画接线图时，只画出接线部件的电气图形符号。

（3）其他图形分类：

① 功能图：表示理论的或理想的电路而不涉及实现方法的一种图，其用途是提供电路图或其他有关图的绘制依据。

② 逻辑图：主要用二进制逻辑（与、或、异或等）单元图形符号绘制的一种简图，其中只表示功能而不涉及实现方法的逻辑图称为纯逻辑图。

③ 功能表图：表示控制系统的作用和状态的一种图。

④ 等效电路图：表示理论的或理想元件（如 R、L、C）及其连接关系的一种功能图。

⑤ 程序图：详细表示程序单元和程序片及其互连关系的一种简图。

⑥ 设备元件表：把成套装置、设备和装置中各组成部分和相应数据列成的表格其用途表示各组成部分的名称、型号、规格和数量等。

⑦ 端子功能图：表示功能单元全部外接端子，并用功能图、表图或文字表示其内部功能的一种简图。

⑧ 数据单：对特定项目给出详细信息的资料。

⑨ 简图或位置图：表示成套装置、设备或装置中各个项目的位置的一种简图又称位置图。指用图形符号绘制的图，用来表示一个区域或一个建筑物内成套电气装置中的元件位置和连接布线。

2．电气图形符号国家标准

电气图中必须根据国家标准，用统一的文字符号、图形符号及画法，以便于设计人员的绘图与现场技术人员、维修人员的识读。在电气图中，代表电动机、各种电气元件的图形符号和文字符号应按照我国已颁布实施的有关国家标准绘制。

最新的《电气简图用图形符号》的国家标准代号是 GB/T 4728–2008,一共包含 13 个部分,各部分的标准代号为 GB/T 4728.1 ~ GB/T 4728.13。

GB/T 4728 由以下 13 部分组成：

（1）电气图用图形符号 第 1 部分：一般要求 GB/T 4728.1–2005。

（2）电气简图用图形符号 第 2 部分：符号要素、限定符号和其他常用符号 GB/T 4728.2–2005。

（3）电气简图用图形符号 第 3 部分：导体和连接件 GB/T 4728.3–2005。

（4）电气简图用图形符号 第 4 部分：基本无源元件 GB/T 4728.4–2005。

（5）电气简图用图形符号 第 5 部分：半导体管和电子管 GB/T 4728.5–2005。

（6）电气简图用图形符号 第 6 部分：电能的发生与转换 GB/T 4728.6–2008。

（7）电气简图用图形符号 第 7 部分：开关、控制和保护器件 GB/T 4728.7–2008。

（8）电气简图用图形符号 第 8 部分：测量仪表、灯和信号器件 GB/T 4728.8–2008。

（9）电气简图用网形符号 第 9 部分：电信 交换和外围设备 GB/T 4728.9–2008。

（10）电气简图用图形符号 第 10 部分：电信 传输 GB/T 4728.10–2008。

（11）电气简图用图形符号 第 11 部分：建筑安装平面布置图 GB/T 4728.11–2008。

（12）电气简图用图形符号 第 12 部分：二进制逻辑元件 GB/T 4728.12–2008。

（13）电气简图用图形符号 第 13 部分：模拟件 GB/T 4728.13–2008。

有关以上电气简图用图形符号国家标准的详细资料可参见中国标准出版社出版的《电气简图用图形符号国家标准汇编》一书。

3. 电气图形符号

在绘制电气图形时,一般用于图样或其他文件来表示一个设备或概念的图形、标记或字符的符号称为电气图形符号。电气图形符号只要示意图形绘制,不需要精确比例。

（1）图形符号的构成。电气图用图形符号通常由一般符号、符号要素、限定符号、框形符号和组合符号等组成。

① 一般符号。它是用来表示一类产品和此类产品特征的一种通常很简单的符号。

② 符号要素。它是一种具有确定意义的简单图形,不能单独使用。符号要素必须同其他图形组合后才能构成一个设备或概念的完整符号。

③ 限定符号。它是用以提供附加信息的一种加在其他符号上的符号。通常它不能单独使用。有时一般符号也可用作限定符号,如电容器的一般符号加到扬声器符号上即构成电容式扬声器符号。

④ 框形符号。它是用来表示元件、设备等的组合及其功能的一种简单图形符号。既不给出元件、设备的细节,也不考虑所有连接。通常使用在单线表示法中,也可用在全部输入和输出接线的图中。

⑤ 组合符号。它是指通过以上已规定的符号进行适当组合所派生出来的、表示某些特定装置或概念的符号。

（2）图形符号的分类。新的《电气图用图形符号 一般要求》国家标准代号为 GB/T 4728.1−2005，采用国际电工委员会（IES）标准，在国际上具有通用性，有利于对外技术交流。GB/T 4728 电气图用图形符号共分 13 部分，包括总则、符号要素 限定符号和其他常用符号、导体和连接件、基本无源元件、半导体管和电子管、电能的发生与转换、开关控制和保护器件、测量仪表 灯和信号器件、电信传输、建筑安装平面布置图、二进制逻辑元件、模拟元件，具体表示法可以查阅标准规定。

（3）文字符号。一个电气系统或一种电气设备通常都是由各种基本件、部件、组件等组成，为了在电气图上或其他技术文件中表示这些基本件、部件、组件，除了采用各种图形符号外，还须标注一些文字符号和项目代号，以区别这些设备及线路的不同的功能、状态和特征等。

文字符号通常由基本文字符号、辅助文字符号和数字组成。用于按提供电气设备、装置和元器件的种类字母代码和功能字母代码。电气设备常用的文字符号如表 7−1 所示。

表7−1　电气设备常用的文字符号

符号	项目种类	举 例
A	组件、部件	分离元件放大器，磁放大器，激光器，微波激光器，印制电路板等组件、部件
C	电容器	
D	二进制单元 延迟器件 存储器件	数字集成电路和器件、延迟线、双稳态元件、单稳态元件、磁芯储存器、寄存器、磁带记录机、盘式记录机
F	保护电器	熔断器、过电压放电器件、避雷器
G	发电机、电源	旋转发电机、旋转变频机、电池、振荡器、石英晶体振荡器
H	信号器件	光指示器、声指示器
K	继电器、接触器	
L	电感器、电抗器	感应线圈、线路陷波器、电抗器
M	电动机	
Q	电力电路开关	断路器、隔离开关
R	电阻器	可变电阻器、电位器、变阻器、分流器、热敏电阻器
S	控制电路的开关选择器	控制开关、按钮、限制开关、选择开关、选择器、拨号接触器、连接级
T	变压器	电压互感器、电流互感器
X	端子、插头、插座	插头和插座、测试塞空、端子板、焊接端子、连接片、电缆封端和接头

文字符号的组合形式一般为：基本符号＋辅助符号＋数字序号。例如，第一台电动机，其文字符号为 M1；第一个接触器，其文字符号为 KM1。在电气图中，一些特殊用途的接线端子、导线等通常采用一些专用的文字符号。例如，三相交流系统电源分别用"L1、L2、L3"表示，三相交流系统的设备分别用"U、V、W"表示。

4. 电气工程CAD制图规范

电气工程设计部门设计、绘制图样，施工单位按图样组织工程施工，图样都必须有设计和施工等部门共同遵守的一定的格式和一些基本规定，下面简要介绍一下国家标准 GB/T

18135—2008《电气工程 CAD 制图规则》中常用的有关规定。

（1）图样的幅面和格式。绘制图样时，图样幅面尺寸应优先采用表 7-2 中规定的的基本幅面。

表7-2　图样的基本幅面及图框尺寸　　　　　　　　　　　　　单位：mm

幅面代号	A0	A1	A2	A3	A4
$B \times L$	841×1189	594×841	420×594	297×420	210×297
a	25				
c	10			5	
e	20		10		

其中：a、c、e 为留边宽度。图样幅面代号由"A"和相应的幅面号组成，即 A0 ~ A4。基本幅面共有五种，其尺寸关系如图 7-1 所示。幅面代号的几何含义，实际上就是对 0 号幅面的对开次数。如 A1 中的"1"，表示将全张纸（A0 幅面）长边对折裁切一次所得的幅面；A4 中的"4"，表示将全张纸长边对折裁切四次所得的幅面，如图 7-1 所示。必要时，允许沿基本幅面的短边成整数倍加长幅面，但加长量必须符合国家标准（GB/T 14689—2008）中的规定。

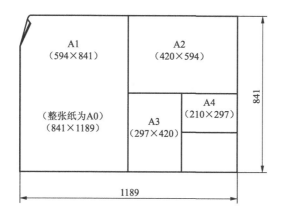

图7-1　基本幅面的尺寸关系

图框线必须用粗实线绘制。图框格式分为留有装订边和不留装订边两种，如图 7-2 和图 7-3 所示。两种格式图框的周边尺寸 a、c、e 见表 7-2。但应注意，同一产品的图样只能采用一种格式。国家标准规定，工程图样中的尺寸以 mm 为单位时，不需标注单位符号（或名称）。如采用其他单位，则必须注明相应的单位符号。为了确定图中内容的位置及其他用途，往往需要将一些幅面较大的、内容复杂的电气图进行分区，如图 7-4 所示。

图幅的分区方法是：将图样相互垂直的两边各自加以等分，竖边方向用大写英文字母编号，横边方向用阿拉伯数字编号，编号的顺序应从标题栏相对的左上角开始，分区数应为偶数；每一分区的长度一般应不小于 25 mm，不大于 75 mm，对分区中符号应以粗实线给出，其线宽不宜小于 0.5 mm。

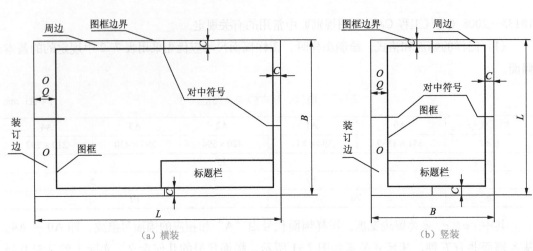

图7-2　留有装订边图样的图框格式

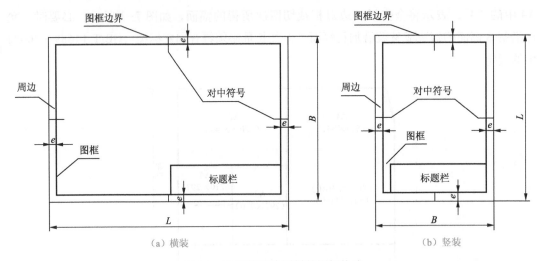

图7-3　不留装订边图样的图框格式

　　图样分区后,相当于在图样上建立了一个坐标。电气图上的元件和连接线的位置可由此"坐标"而唯一地确定下来。

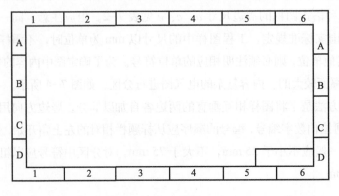

图7-4　图幅的分区

（2）标题栏。标题栏是用来确定图样的名称、图号、张次、更改和有关人员签署等内容的栏目，位于图样的下方或右下方。图中的说明、符号均应以标题栏的文字方向为准。通常采用的标题栏格式应有以下内容：设计单位名称、工程名称、项目名称、图名、图别、图号等。学生在作业时，采用图 7-5 所示的标题栏格式。

××院××系部××班级			比例		材料	
制图	（姓名）	（学号）		质量		
设计			工程图样名称		（作业编号）	
描图						
审核				共　张　第　张		

图7-5　作业用标题栏

（3）图线及其画法。图线是指起点和终点间以任意方式连接的一种几何图形，它是组成图形的基本要素，形状可以是直线或曲线、连续线或不连续线。国家标准中规定了在工程图样中使用的六种图线，其形式、名称、宽度以及应用示例见表 7-3。

表7-3　常用图线的形式、名称、宽度以及应用示例

图线名称	图线形式	图线宽度	主要用途
粗实线	————————	b	电气线路、一次线路
细实线	————————	约$b/3$	二次线路、一般线路
虚线	— — — — — —	约$b/3$	屏蔽线、机械连线
细点画线	— · — · — · —	约$b/3$	控制线、信号线、围框线
粗点画线	— · — · — · —	b	有特殊要求线
双点画线	— ·· — ·· —	约$b/3$	原轮廓线

图线分为粗、细两种。以粗线宽度作为基础，粗线的宽度 b 应按图的大小和复杂程度，在 0.5 ～ 2 mm 之间选择，细线的宽度应为粗线宽度的 1/3。图线宽度的推荐系列为：0.18 mm、0.25 mm、0.35 mm、0.5 mm、0.7 mm、1 mm、1.4 mm、2 mm，若各种图线重合，应按粗实线、点画线、虚线的先后顺序选用线型。

（二）三相异步电动机正反转电路的CAD制图实现

1. 接触器联锁正反转控制电路的绘制

（1）建立图层。按照图 7-6 所示新建立三个图层，为"线路""文字""标题"，其他为原"A4简单图框"文件的图层。"线路层"用来绘制电路原理图，"文字"用来放置元器件、线路等说明文字。由于本图较为简单，可使用系统默认设置，当然读者可以为各个层设置不同的颜色，尤其是在进行多功能复杂图设计时，需要为各图层设置不同线型、线宽或颜色，以方便区分和管理。

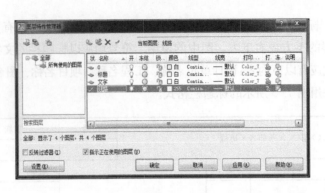

图7-6 图层管理器

（2）绘制电路的线路结构图。打开"线路"层，使用"正交"模式和"对象追踪"模式，用"直线" ✏️ 命令、"偏移" 📋 命令画出系列水平线和垂直线（主电路和控制线路雏形），以及用以预留元器件的辅助水平线；用"矩形" ⬜ 命令画出右侧控制电路中代表线圈的矩形、左侧代表 FR 的线圈，最后用"修剪" ✂️ 命令将辅助线之间的多余线段、矩形中的线段去除，再删除所有辅助线，即可得到如图 7-7 所示的结构图。

（3）绘制电控制元器件和电动机。用"创建块"的方法将控制电路中的各元器件和电动机分别画出，如图 7-8 所示。

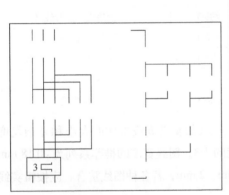

图7-7 接触器联锁正反转控制电路
对应的线路结构图

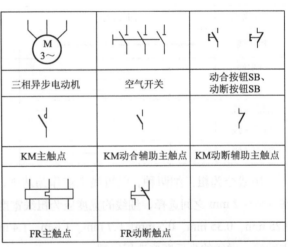

三相异步电动机	空气开关	动合按钮SB、动断按钮SB
KM主触点	KM动合辅助主触点	KM动断辅助主触点
FR主触点	FR动断触点	

图7-8 控制电路中的各元器件

创建块的方法：单击"绘图"工具栏内的"创建块" 🔲 图标。产生如图 7-9 所示对话框，"拾取点"定义后可确定插入块的位置，"名称"文本框为手动输入的元件名称（或代号），"选择对象"定义后可确定具体的插入块。

（4）插入图块。根据电路要求，在各结构图中调入刚才创建的图块，使用"缩放" 🔲 功能来调整块的大小，用"对象追踪""对象捕捉"等功能确定插入位置，插入的方法为：单击"绘图"工具栏"插入块" 🔲 图标，之后会弹出图 7-10 所示对话框，"浏览"处选择插入的元器件，选择完成后单击"确定"按钮。完成全部图块摆放后，电路图的绘制基本完成，进入最后文字处理阶段。

图7-9 块定义对话框　　　　　　　　　　　　　　　图7-10 块插入对话框

（5）添加文字和注释。图层切换到"文字层"；设置文字格式，在"文字处理"工具中单击 按钮，弹出"文字样式"对话框，选择样式"Standard"，字体为"宋体"，单击"应用"按钮完成设置；然后是输入元器件名称、参数等。单击"单行或多行输入"按钮，在对应位置上右击确定，然后在命令行输入 5，为字符高度，角度默认，开始输入文字，输入完成后单击"确定"按钮。移动鼠标在另一位置单击，开始另外一行文字输入；最后是退出文本命令：需要在空行（无输入状态）情况下按【Enter】键。文字输入完毕后，用"移动" 命令调整文字位置。接触器联锁正反转控制电路原理图如图 7-11 所示。

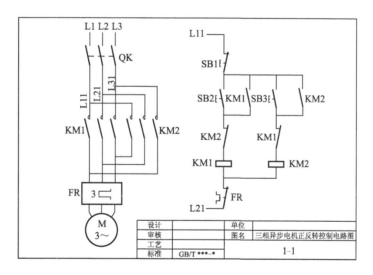

图7-11 接触器联锁正反转控制电路原理图

2．接触器联锁正反转控制电路接线图的绘制

（1）设置图层。选择"格式"菜单后，在其弹出的下拉菜单中选择"图层"命令，新建"文字"和"绘图"如图 7-12 所示。

（2）绘制 A3 图幅。将"0"图层置为当前图层，按电气图规范中图幅尺寸的规定，绘制 A3 规格（420×297）图框，标题栏如图 7-13 所示，包含版本、审定、日期、校核、设计制图、比例、图号标题内容。

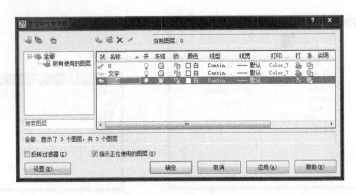

图7-12 设置图层示图

					工程	电气 部分
批准		校核				
审定		设计制图			10 kV电气接线图	
审核		CAD制图				
日期		比例			图号	YZLS-0405-01

图7-13 标题栏

（3）绘制控制元器件图块。在该图的绘制过程中，主要应用到空气开关、熔断器、交流接触器、热继电器、按钮和端子板等基本元件，如图 7-14 所示。

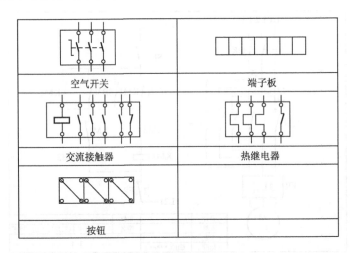

图7-14 基本元件图符

（4）插入图块，加入连接线标注。根据电路要求，在各结构图中调入刚才创建的图块，使用"缩放" ▦ 功能来调整块的大小，用"对象追踪""对象捕捉"等功能确定插入位置。完成全部图块摆放后，接线图的框架基本完成，接下来就是连接线标注，在"文字处理"工具中单击 🅰 按钮，弹出"文字样式"对话框，选择样式"Standard"，字体为"宋体"，单击"应用"按钮完成设置；然后是在接线处连接线标号，完成图如图 7-15 所示。

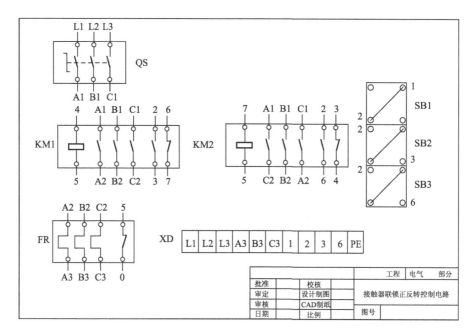

图7-15 连接线标号

项目情境

（1）由教师（代表管理方）对学生（员工）进行 Auto CAD 制图的制图规范和要求概述：

① 电气原理图及其制图规范。

② 电气元件布置图（安装图）及其制图规范。

③ 电气接线图及其制图规范。

（2）由教师（代表管理方）对学生（员工）进行三相异步电动机正反转继电控制电路的电气原理图、接线图的绘图能力说明及展现。

（3）由教师（代表管理方）对学生（员工）进行工作任务的布置与分配，明确"三相异步电动机典型继电控制电路的电气图样绘制"训练的目的、要求及内容。

项目实施

具体完成过程是：按情境进行项目布置→学生个人准备→组内讨论、检查→发言代表汇报→评价→展示案例、问题指导→组内讨论、修改方案→第二次汇报→评价→问题指导→再讨论再修改→第三次汇报→评价、验收→拓展任务、巩固训练→师生共同归纳总结→新项目布置，完成项目七的具体任务和拓展任务。

项目评价

项目实施结果考核：

由项目委托方代表（一般来说是教师）对项目七各项任务的完成结果进行验收、评分，对合格的任务进行接收。考核评分表如表 7-4 所示。

表7-4　考核评分表

考核点及占项目分值比	考核方式	评价标准				成绩比例
		优	良	及格	不及格	
识图电路图	书面回答	能够根据电气原理图全面、正确地分析主电路及控制电路工作原理，掌握电气图与电气识图的基本知识	能够根据电气原理图分析主电路、控制电路，但存在1～2处小错误，掌握电气图与电气识图的基本知识	能够根据电气原理图分析主电路、控制电路，但存在3～5处小错误，掌握电气图与电气识图的基本知识	不具备基本的识图能力	15%
原理图绘制	上机操作，教师评价	能独立完成原理图绘制任务，包括能够创建新图层，设置图层颜色、线形和线宽，设置图层状态，进行图层管理，能够进行图块的创建、分解和插入。能够对图像进行缩放、移动、旋转、复制、镜像等操作。能够添加文字和注释，绘图符合行业标准，美观，操作熟练（45min之内完成绘制）	能独立完成原理图设计任务，包括能够创建新图层，设置图层颜色、线形和线宽，能够对图像进行缩放、移动、旋转、复制、镜像等操作。能够添加文字和注释绘图符合行业标准，美观，并能自己解决问题	在教学参考资料的帮助下能完成原理图绘制任务，绘图符合行业标准	不具备规范的绘图能力	45%
接线图绘制	上机操作，教师评价	能根据原理图独立完成接线图的绘制任务，能够添加文字和注释，绘图符合行业标准，美观，操作熟练（45min之内完成绘制）	能根据原理图独立完成接线图的绘制任务，能够添加文字和注释，绘图符合行业标准，美观	在教师的提示下能够完成接线图的绘制任务，能够添加文字和注释，绘图符合行业标准	不能完成绘图任务	30%
图样检查评价	教师评价	格式符合标准、内容完整、符合工程实际规范	格式符合标准、内容完整、接近工程实际规范	格式符合标准、内容较完整	图样不符合工程规范和国家标准	10%

项目拓展

　　各小组充分讨论，模拟企业开发部的工程实际，根据铣床控制原理图（见附录B）在 Auto CAD 2008 等软件上完成电气原理图、元件清单表、元件布置图、电气接线图的绘制任务。

项 目 八

→ **三相异步电动机的拆装与维修**

📝 **项目学习目标**

（1）现场展示实训室各种型号的三相异步电动机，观察铭牌，重点认知三相异步电动机。

（2）引领学生学习三相异步电动机的基本知识。

（3）引领学生完成三相异步电动机的拆卸与装配。

（4）引领学生学会三相异步电动机常见故障的查找与排除。

（5）学生自主分组训练项目："小型三相异步电动机的拆卸与安装""小型三相异步电动机的故障检查与维修"。

（6）总结归纳三相异步电动机的结构、原理、拆卸、装配、维修等，每人写出项目报告。

📚 **项目相关知识**

（一）三相异步电动机概述

1．三相异步电动机用途、特点和分类

（1）用途和特点：

异步电动机又称感应电动机，它广泛应用于国民经济各个方面。

异步电动机之所以能得到如此广泛的应用，在于它有比其他电动机无法比拟的特点。它结构简单、容易制造、价格低廉、效率高和运行稳定。虽然，异步电动机也存在不易调速和功率因数低等缺点，但大多数生产机械对转速调速要求不高，有的则无须调节速度，而在调速性能要求比较高的应用，则用直流电动机拖动更为理想。

（2）分类。异步电动机种类很多，按照不同性能和用途，一般有如下几种：

① 按防护形式分类：

a．开启式：用于实验室等室内场所。

b．防护式：用于较清洁的场所。

c．封闭式：用于灰沙较多的场所。

d．防爆式：用于有爆炸性混合物的场所。

② 按转子结构分类：

a．笼形异步电动机：单笼形异步电动机、双笼形异步电动机、深槽式异步电动机。

b．绕线转子异步电动机。

③ 按定子相数分类：

a. 单相异步电动机。

b. 两相异步电动机。

c. 三相异步电动机。

此外，还有按照定子电压高低分为高压电动机和低压电动机，按安装方式分为立式电动机和卧式电动机，按有无换向器式分为有换向器式电动机和无换向器式电动机等。

2. 笼形异步电动机结构

异步电动机结构主要分为两大部分，即静止的定子和旋转的转子。定子和转子之间有一个很小的气隙。三相笼形异步电动机结构如图 8-1 所示。

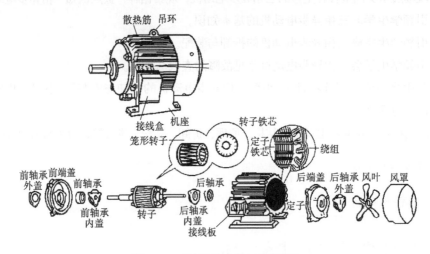

图8-1 三相笼形异步电动机结构

（1）定子。定子主要包括机座、定子铁芯和定子绕组等三个部分。

① 机座是由铸铁浇注的电动机外壳，并有加强散热功能的散热筋片，主要用于固定定子铁芯和前后端盖，以支撑旋转的转子轴。

② 定子铁芯是组成电动机磁路的一部分，为减小涡流和磁滞损失，用 0.35~0.5 mm 硅钢片叠压而成，并压装在机座内腔。铁芯内圆圆周开有均匀分布的槽，用以安放定子绕组。

③ 定子绕组是由按一定规律嵌入定子槽中，并按一定方式连接起来的三相绕组，每相绕组均有两个引出端：一个为首端；另一个为尾端。六个引出端分别引到电动机机座的接线盒内，以便根据需要连接成Y形或△形。

（2）转子。转子主要包括转子铁芯、转子绕组和转轴等三个部分。

① 转子铁芯用 0.35 ~ 0.5 mm 硅钢片叠压而成。铁芯外圆圆周上有均匀分布的槽，用以铸入铝条（笼形）或嵌入三相绕组（绕线转子异步电动机）硅钢片加工叠成后，装在转轴上。

② 转轴由中碳钢制成，上面套有转子冲片，两端装有转承，支撑在端盖上，轴的伸出端有键槽，用固定带轮等，以便与被拖动机械连接。三相笼形异步电动机转子结构如图 8-2 所示。

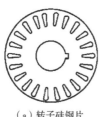 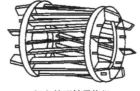

（a）转子硅钢片　　　　（b）笼形转子绕组　　　　（c）铸铝转子

图8-2　三相笼形异步电动机转子结构

（3）气隙。异步电动机转子放在定子内腔，转子轴安放在两边端盖的轴承中，定子内腔和转子外圆之间应有一定的气隙，以便转子旋转。中、小型异步电动机气隙一般为0.2～1.0 mm。这样定子铁芯、气隙和转子铁芯构成电动机完整磁路。气隙大小会影响电动机运行性能。

3. 三相异步电动机的工作原理

（1）旋转磁场。异步电动机是利用旋转磁场和转子感生电流所产生的电磁转矩使电动机工作的。在异步电动机中，转子的转动，是由于旋转磁场的作用导致的，这一旋转磁场源于三相异步电动机定子铁芯中的三相对称绕组U1U2、V1V2和W1W2，这三相绕组联结成星形，接在三相电源上，绕组中通入三相对称电流，三相对称电流共同产生的合成磁场随着电流的交变而在空间不断地旋转，这便是旋转磁场。该旋转磁场同磁极在空间转动所产生的作用是一样的，即旋转磁场也切割转子导体，从而在导体中感应出电动势和电流，转子中电流同旋转磁场相互作用产生力矩使电动机转动起来。同时，电动机的转子转动方向和磁场的旋转方向是相同的，如要使电动机反转，则必须改变磁场的旋转方向。另外，如果将同三相电源联结的三根电源线中的任意两根的一端对调位置（例如对调了 U 和 W 两相），则电动机三相绕组的相序发生改变，于是旋转磁场将反转，电动机也就跟着改变转动方向反转起来。

虽然电动机转子的转动方向与磁场方向相同，但转子的转速 n 不可能达到旋转磁场的转速 n_0（旋转磁场的转速 n_0 常称为同步转速），即 $n < n_0$。这是因为如果两者相等，则转子与旋转磁场之间就没有相对运动，因而磁感线就不能被转子导体切割，于是转子电动势、转子电流以及转矩也就都不存在。这样转子就不可能继续以 n_0 的转速转动。因此转子的转速与磁场转速之间必须要有差别，这就是异步电动机名称的由来。由于转子的电流是通过电磁感应产生的，所以又称感应电动机。

转子转速与磁场转速 n_0 相差的程度用转差率 s 来表示，即

$$s = \frac{n_0 - n}{n_0}$$

转差率是异步电动机的一个重要的物理量，转子的转速愈接近磁场转速则转差率愈小。由于三相异步电动机的额定转速与同步转速相近，所以它的转差率很小，通常异步电动机在额定负载时的转差率为1%～9%。

当 $n = 0$ 时（启动的初始瞬间），$s = 1$，此时转差率最大。

转差率还可写成 $n = (1 - s) n_0$

（2）电磁转矩。电动机的电磁转矩 T 简称转矩，是三相交流异步电动机很重要的物理量之一，由旋转磁场的每极磁通 ϕ 与转子电流 I 相互作用产生，与 ϕ 和 I 都成正比关系。另外，转矩 T 还与定子每相电压 U 的二次方成比例，所以当电源电压有所变动时，对转矩的影响很大。电动机的转矩为

$$T = 9\,550\,(P_2/n)$$

式中：P_2 为电动机轴上输出的机械功率，单位为 kW；n 为转速，单位为 r/min。

电动机在额定负载时的转矩称为额定转矩，根据上述转矩公式和电动机铭牌上标定的额定功率（输出机械功率）及额定转速，便可求得额定转矩。

电动机除了有额定转矩概念外，还有最大转矩 T_{max} 和启动转矩 T_{st} 的概念。电动机刚启动时的转矩称为启动转矩，启动转矩同电源电压 U_1 的平方成比例，当电源电压 U_1 降压时，启动转矩就会减小。电动机启动时，要求启动转矩大于负载转矩，启动转矩过小时，不能启动或者使启动时间拖得很长。但若启动转矩超过负载转矩太多时，则会使得电动机启动时加速过猛，有可能导致传动机械（如齿轮）受到过大的冲击而损坏。

电动机转矩的最大值称为最大转矩，又称临界转矩，当负载转矩超过最大转矩时，电动机就带不动了，发生所谓闷车现象。当闷车后，电动机的电流马上升高六七倍，电动机严重过热，以至于烧坏电动机。

4．三相异步电动机铭牌

（1）铭牌的意义。电动机的铭牌上标示着电动机在正常运行时的额定数据。图 8-3 所示为三相异步电动机的铭牌格式。

① 型号。表示电动机系列品种、性能、防护结构形式、转子类型等产品代号。

② 额定功率。指电动机在额定运行情况下转轴输出的机械功率，单位为 kW。

③ 额定电压。指电动机正常工作情况下加在定子绕组上的线电压，单位为 V。

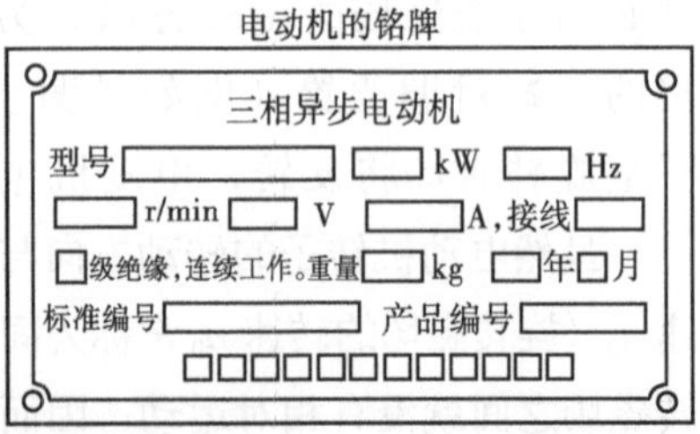

图8-3　三相异步电动机的铭牌格式

④ 额定电流。指电动机额定电压下额定输出时定子电路的线电流，单位为 A。

⑤ 接法。指电动机定子三相绕组的联结方法，一般有丫形和△形两种接法。视电源额定电压情况而定。图 8-4 所示为三相绕组的丫联结和△联结方法。

⑥ 额定频率。指电动机所接电源的频率，我国电网额定频率为 50 Hz。

⑦ 额定转速。指电动机在额定电压、额定频率和额定输出功率的情况下转子的转速，单位为 r/min。

⑧ 定额。指电动机运行允许工作的持续时间。分为"连续""短时""断续"三种工作制。"连续"表示可以按照铭牌中各项额定值连续运行；"短时"只能按铭牌规定的工作时间作短时运行；"断续"则表示可作重复周期性断续使用。

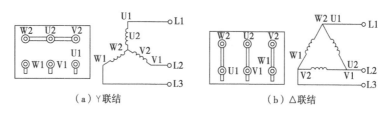

（a）Y联结　　　　　　　　　　　（b）△联结

图8-4　三相绕组联结方法

⑨ 绝缘等级。指电动机所采用的绝缘材料按它的耐热程度规定的等级。常用绝缘材料的级别及其最高允许温度如表 8-1 所示。

表8-1　常用材料级别及最高允许温度

级　别	A	E	B	F	H
最好允许温度/（℃）	105	120	130	155	180

（2）国产三相异步电动机的系列型号。国产电动机系列型号由产品名称、规格、品种和形式组成，它们用字母和数字表示。

例如：Y112M4 型电动机，其中 Y 代表异步电动机，112 代表机座中心高度（单位为 mm），M 代表机座号（L 是长，M 是中，S 是短），4 代表磁极数。

（二）三相异步电动机的拆卸与装配

在检查、清洗、加油、拆换轴承和修理电动机绕组时，都需要拆卸和装配电动机。但如果方法不当，不但修不好电动机，反而造成新的故障，达不到检修目的。所以在电动机检修时应先熟悉电动机拆卸与装配技术。

异步电动机拆卸前应做好各种准备工作，拆卸前准备好检查和记录工作。熟悉被拆电动机类型及结构特点。并标好线头相序、端盖、轴承盖等处记号，以便修复后的装配。

三相笼形异步电动机拆卸步骤如图 8-5 所示，拆卸时按图中序号进行。

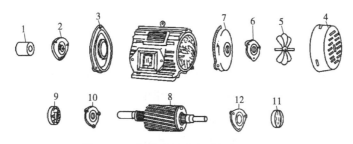

图8-5　三相笼形异步电动机拆卸步骤

1—拆带轮；2—拆前轴承外盖；3—拆前端盖；4—拆风叶罩；
5—拆风叶；6—拆后轴承外盖；7—拆后端盖；8—抽出转子；
9—拆前轴承；10—拆前轴承内盖子；11—拆后轴承；12—拆后轴承内盖

（三）三相异步电动机常见故障分析和排除

电动机的运行不正常就是电动机的运行发生了故障。为了能在电动机发生运行故障时准

项目八　三相异步电动机的拆装与维修

确地找出原因及时排除。这里首先对引起电动机发生运行故障的各种原因加以分析，然后在此基础上，分析判断电动机各种常见运行故障的可能原因及排除方法，最后对引起电动机运行故障原因之一的电动机本身的电气故障的检修进行简单介绍。

1. 电动机运行故障原因

正常运行的电动机，其电压、电流、温升和转速都应保持在额定范围内。运行时不应有剧烈的振动和异常的响声等。如果电动机运行不正常，则必然会发生异常现象，如电流过大，温升过高或发生振动，甚至冒烟、有异味等。造成电动机运行不正常的原因，有电源方面和负载方面的，也有因使用环境不良、安装不当、维护不周造成的，另外电动机本身发生故障时，也会使电动机发生运行故障。

（1）电源方面的原因：

① 电源电压过高或过低。电源电压过低：由于电动机的电磁转矩与电压的二次方成正比，所以当电源电压过低时，电动机的电磁转矩将显著减小。如果此时满载启动就很困难，当启动转矩小于负载转矩时，电动机不能启动，且由于定子电流非常大（相当于额定电流的4~7倍），造成一旦合闸，熔体马上熔断。如果能启动，但转速亦上升很慢，启动时间过长，且达不到额定转速，导致电动机电流大、温升高，甚至冒烟烧毁。

如果在运行中发生电源电压降低，在负载不变的情况下，电动机将过载运行，转速下降、电流增大、绕组过热。如果电源电压降得太多，则会因电动机的最大电磁转矩小于负载转矩而停车，如不及时发现并切断电源，电动机将很快被烧毁。

电源电压过高：电源电压过高会提高电动机磁路的饱和程度，导致铁损增大；同时电流增大导致铜损增大。由于损耗的增大，使电动机过热不能正常工作。与电压过低的情况不同的是即使在空载或轻载情况下，电动机也要发热。电源电压过低、过高，电动机必须停止工作。待电源电压恢复后再工作。

② 电源电压不平衡。如果线路上有短路、接地、接触不良或变压器出现故障时都会导致电动机电源电压的不平衡。不平衡的电压加在电动机上，会产生三相电流的不对称，破坏了旋转磁场的对称性，使电动机发出低沉的嗡嗡声，机身也因此而振动，且因电流不平衡，造成电动机过热。

③ 电源断线。电源断线包括电源导线断路、熔体熔断、接头或开关接触不良等，造成的最大危害是单相运行。在电动机运行过程中，如果电源一相断路，这时电动机作为单相电动机继续运行，但合成转矩减小，如果负载不变，则电动机转速下降、电流增大、绕组过热，甚至烧毁电动机；如果在启动前电源一相断路，电动机不能启动，转子左右摇摆，且发出嗡嗡声。若启动前电源线断二相至三相，则电动机不能启动且没有任何声响；运转中电源线断二相至三相，电动机停车，不会损坏电动机。

（2）负载方面的原因。由于电动机功率选择不当、电动机负载超过额定值、被拖动的机械有故障、转动不灵活、传动带过紧、拉力过大等，都会造成电动机过载。这对电动机工作影响极大。电动机过载运行，转速下降、电流增大、绕组温度随之升高。严重过载，使电动机停转、电流剧增，会烧毁电动机。因此必须经常监视电动机的电流，防止过载。如果在启动时，发生过载，会使电动机不能启动，合闸后，熔体熔断。

（3）工作环境的影响。电动机工作环境温度过高，潮湿或者空气温度高，含有腐蚀性气体等，都会给电动机的正常运行带来不良后果。电动机在温度很高的环境中长期使用，由于绕组的实际温度升高，散热能力下降，运行中即使电流未超过额定值，也会引起过热。电动机在非常潮湿的环境中运行，绝缘容易受潮，绝缘强度大大减低，易于击穿，造成绕组接地或短路故障。如果空气中有腐蚀性气体，绝缘材料、电动机外壳、导线接头等都易被腐蚀损坏。

（4）安装情况的影响。电动机的基础不稳固，运行时会发生振动和噪声，而且容易损坏机件和轴承。电动机的传动带安装过紧或电动机与被拖动的机械之间没有校正好，都会造成电动机过载。造成轴承发热或引起机组的振动。

（5）电动机本身故障的影响：

① 机械故障。电动机机械方面的故障最常见的是轴承损坏和定转子相擦。

轴承在正常情况下，经过一定时期运转以后，逐渐磨损，最终不能使用，这是一种正常现象。但往往由于电动机的基础不稳固、机械传动装置不稳妥、过分振动、污秽杂质的侵入、润滑油过多或过少，以及安装拆卸轴承的方法不合理等原因导致轴承很快损坏。轴承损坏的明显标志是：轴承及轴承盖部位过热，电动机的振动加剧，并且发出不正常的响声。加大了电动机的负载转矩，造成电动机过热，而且往往导致定转子相擦。

定转子相擦的原因除了轴承损坏引起的以外，转轴弯曲、铁芯变形、机座和端盖裂纹、端盖止口未合严、电动机内部过脏等都会造成定转子相擦。定转子相擦会使电动机发生强烈的响声和振动，使相擦的表面产生高温，严重时还会冒烟产生火花，槽表面的绝缘材料在高温下变得焦脆，甚至烧毁线圈。

② 电气故障。定子绕组是电动机最易发生故障的部件。最常见的故障有：接地、断路、短路和接错等。

a．接地。电动机定子绕组，正常时它与机壳、铁芯之间是绝缘的，低压电动机绝缘电阻值应在 0.5 MΩ 以上。当绕组的绝缘陈旧老化、脱落或绕组受潮时，绕组中的导体就会与铁芯、机壳相碰。由于电动机外壳是接地的，就造成了绕组接地故障。绕组接地后，会使机壳带电，容易造成人身触电事故。另外，会引起绕组发热，进而造成绕组短路故障，熔体熔断，电动机无法工作。因而绕组的接地和短路故障是相互影响的。

造成绕组接地的原因：绕组受潮，绝缘材料失去绝缘作用；电动机长期过载运行，绝缘材料因长时间受高温而变脆，以至开裂脱落；绕组的线圈在嵌入槽里的时候，由于操作上的疏忽，将绝缘材料碰伤或碰破，或使槽绝缘移位，致使导线与铁芯相接触；转子和定子相擦（俗称转子扫膛），使铁芯过热，烧坏槽楔子和绝缘材料；绕组端部过长，与端盖相碰；引出线绝缘损坏，与机壳相碰等。

b．断路。电动机定子绕组的导线、连接线、引出线等断开或接头松脱，就造成断路故障。电动机定子绕组的断路故障有：一相断路、绕组线圈导线断路，并绕导线中有一根或几根断路，并联支路断路等。

当定子绕组中一相断路，电动机接至三相电源时，就会发出嗡嗡声，启动困难，有时看到转子左右摇摆，甚至不能启动。当电动机带一定负载运行时，若突然一相绕组发生断路故障，电动机还会继续运转，但其他两相绕组中的电流要增大，并发出低沉的嗡嗡声。如果负载较大，在几分钟内就可发现定子绕组温度迅速升高，甚至冒烟并有特殊的气味，这种电动机停止运转后，不能再启动。

多根并绕的绕组，其中一根或几根导线断路，则其他导线的电流密度将增加，导致绕组过热。绕组多路并联时，其中有一支路发生了断路，其后果虽不如整相断路严重，但也会造成不对称运行，引起发热和振动而损坏电动机。

造成绕组断路的原因：在制造和修理时因操作的疏忽，或接线头焊接不良，长期过热使用中松脱；受机械力的影响，绕组受碰撞、振动或机械应力而断裂；电动机绕组的匝间短路或接地故障没有及时发现；在长期运行中导线过热而熔断；定子绕组的并绕导线中有一根或几根导线断路，另几根导线由于电流密度增加，过热而烧断等原因。

c．短路。绕组短路通常有匝间短路和相间短路两种。匝间短路包括一相极相组中线圈间的短路、一个线圈中线匝之间的短路以及各极相组线圈间的短路；相间短路通常有绕组端部层间短路和槽内上下层线圈之间短路。

绕组发生短路故障，会造成电流增大、绕组发热，且三相电流不平衡。匝间短路时，电流一般两相大、一相小。相间短路时，由于剧烈的短路电流将短路点附近的导线熔断，短路处形成空洞，附近形成熔化的铜珠，同时往往熔体立即熔断，由于磁场分布不均匀，造成电动机的振动和噪声，严重时冒烟，有焦臭味，甚至烧毁电动机。

引起绕组短路的原因：绕组绝缘受潮；电动机长期在过负载情况下运行，绕组中经常流过大电流，使绝缘老化焦脆，失去绝缘作用，或受振动而脱落；定子绕组的线圈组之间的连接线或引出线的绝缘不良，或被击穿而损坏；修理时，嵌线操作不小心，把电磁线外层的绝缘擦破，或焊接引线时，温度高、时间长，或熔化的焊锡掉下，烫坏电磁线外层的绝缘等。

d．接错。绕组接线错误大致有以下几种情况：某极相组中有一个或几个线圈嵌反或头尾接错；极相组接反；某相绕组接反；多路并联绕组支路接错；"△""丫"接法错误等。

三角形接法的电动机误接成星形使用时，相电压降低 $\sqrt{3}$ 倍；反之，若星形接法的电动机误接成三角形使用时，相电压提高 $\sqrt{3}$ 倍。两种情况都会带来严重后果。

当电动机有一相绕组接反时，在空载时三相电流很大，并有严重的不平衡现象，转速下降得很厉害，温度迅速上升，很快便会嗅到焦臭味并看到冒烟。如果电动机绕组中有部分绕组接反，情况与上述类似，只是程度稍轻。绕组接错的故障一般都是操作人员或修理人员因疏忽或缺乏接线知识而造成的。

e．转子笼条或端环断裂。笼形异步电动机的转子绕组是由铜或铸铝的导条和端环组成，导条中有一根或数根断裂（或有严重气泡）称为断条；端环中一处或几处裂开称为断环。这种故障是笼形异步电动机转子绕组的主要故障，其中尤以断条故障最为常见。

发生断条后，电动机的三相电流将不平衡，电流周期性摆动；同时，产生的磁场和转矩也不平衡，因此电动机机身振动，严重时断条会使电动机的转矩严重降低，使电动机无法启动，运转时会突然停下来。

f．维护情况的影响。平时对电动机的维护不善，工作时出现异常现象也不注意，使其继续带"病"运行，这样会使故障扩大和加剧，实践证明这是电动机损坏的主要原因。

2．电动机运行故障的判断与排除

造成电动机运行故障的原因很多，如前所述。而且不同的原因造成的故障现象往往相似，因此正确地分析电动机运行故障的原因是一件复杂而细致的工作，而且对及时排除故障起重要的作用。

电动机运行故障发生以后，首先要进行周密的调查研究。要认真听取使用这台电动机的值班人员的反映，尽可能全面地了解电动机的规格和构造，以及电动机在故障前的运行情况，如带动的负载大小、温升高低、有无声响等。其次要认真地观察故障现象。观察电流、电压、功率、声响、转速、振动、温升以及有无焦臭味和发热冒烟等现象。观察的方法有多种方式，有时可以将电动机接通三相电源直接观察所有的现象，然后进行分析。如果不宜再接通电源时，可把电动机拆开，观察内部的状况。最后在调查研究和观察现象的基础上，根据基本理论和工作经验，进行分析判断。从故障的主要现象确定产生故障的可能原因。在初步分析的基础上，再深入调查，观察或做必要的试验和测量，便可确定引起故障的原因和损坏的部位。

电动机常见的运行故障包括两种类型：一是启动时发生的故障；二是运行时发生的故障。

（1）启动时发生的故障：

① 没有任何声响。

② 有嗡嗡声。

③ 熔体熔断。

④ 启动困难，启动后转速较低。

（2）运行时发生的故障：

① 电动机温度升高，甚至冒烟：

a．三相电流不平衡。

b．三相电流同时增大。

c．电流没有超过额定值。

② 电动机有异常声响。

3．三相异步电动机电气故障检修

（1）绕组接地故障的检修：

① 检查。接地点最容易发生在端接部分接近槽口的位置，而且绝缘常有破裂和焦黑的痕迹，所以应首先在这些地方查找接地点。如果引出线及端部没有接地点的迹象，则说明接地点在槽内，再用下列方法查找：

a．灯泡检查法。在检查前将三相绕组之间的连线拆开，使各相绕组互不相通。检查时将小灯泡和电池串联，并将一根引线接到电动机的外壳上，用另一根引线分别碰触各相的出线端，如图8-6所示。当碰触某相绕组的出线端时灯泡发亮，就说明该相绕组接地。

b．万用表（或绝缘电阻表）检查法。检查的步骤和方法与灯泡检查基本相同。使用万用表检查时，将万用表的选择开关放在电阻挡上，将其中一根测试棒接绕组的出线端，另一根测试棒接机壳。如果测得的电阻值很小或为零，则表明存在接地故障；如果测得的电阻值很大，表明没有接地故障。对 500 V 以下的低压电动机，可用 500 V 的绝缘电阻表来检查。

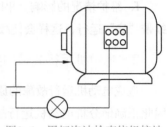

图8-6　用灯泡法检查绕组接地

如果测得的绝缘电阻为零，则说明有接地故障；如果测得的绝缘电阻为 0~0.5 MΩ，说明绕组的绝缘受潮；如果测得的绝缘电阻大于 0.5 MΩ，则说明无接地故障。找到接地相以后，再找接地线圈。先将接地相的绕组分成两组，拆去两组间的连线，按照上述的检查方法找出有接地点的一组。将有故障的一组再分组逐个检查，依此类推。这样把接地点的范围从某相绕组缩小到某个线圈，最后到某个线匝。这种方法称为分组淘汰法。

② 修理：

a．如果接地点在端部槽口附近，而且没有严重烧伤时，只要在接地处的导线和铁芯之间插入绝缘材料（黄蜡布或绝缘纸板）后，涂刷绝缘漆就行了，不必拆出线圈。

b．如果接地点在槽内，可以在故障线圈线槽的槽楔上，用毛刷刷上溶剂（配方为：丙酮 40%，甲苯 35% 和酒精 25%），约 30 min 后，绕组绝缘可软化，此时可轻轻地抽出槽楔子，仔细地用画线板将线圈的线匝一根根地取出来，直到取出故障的导线为止，用绝缘绸带将绝缘损坏处包好，再仔细地将线圈导线嵌回槽中。如果多根导线的绝缘损坏，经过处理后再嵌回槽里有困难，可以在槽外两端把它们剪断，再用相同规格的新导线，截取两倍于槽长的线段，去调换槽内被剪断的导线，最后在线圈两端连接剪断处。值得注意的是，千万不能接错。如果故障发生在底层导线中，则必须将妨碍修理的一、二组邻近的上层线圈边的导线取出槽外，待有故障的线匝修理完毕后，再按顺序嵌回线槽内。

c．如果整个绝缘绕组受潮，就要把整个绕组预烘，然后浇上绝缘漆并烘干，直到绕组对地绝缘电阻超过规定值为止。如果定子绕组受潮严重，绕组绝缘大部分因老化脱落，接地点较多，可考虑把整个绕组拆下换成新的。

d．如果是定子铁芯槽内的硅钢片凸出来将绕组绝缘划破而造成接地故障，只要把凸出的硅钢片敲下去，再把导线绝缘划破处，重新包上绝缘就可以了。

（2）绕组短路故障的检修：

① 检查：

a．观察法。绕组发生短路故障后，在故障处产生高热将绝缘烧焦变脆，甚至碳化脱落，所以从外表观察就能发现短路故障比较严重的部位。或者将电动机空转 20 min（若电动机发出焦臭味或冒烟，应立即停车），然后停车，迅速打开端盖，取出转子，用手摸绕组的端部，如果有一个或一组线圈的温度明显比其他部分线圈的温度高甚至烫手，则表明这部分线圈存在匝间短路故障。

b．平衡试验法。将电动机接通电源并空转，然后用电流表（最好用钳形电流表）测量每相电流。当电动机正常时，每相电流大致相等。在短路时，读数较大的一相存在短路故障。

c．电压降法。将有短路故障的那相绕组的各极相组间的连接线的绝缘套管剥开，使导线裸露在外面，并从引出线处通入低压直流电或交流电12~36 V，用电压表测量每个极相组的电压降，读数小的那一组即有短路故障存在，如图8-7所示。为了进一步找出短路故障发生在哪个线圈里，可把低压电源改接在有短路故障极相组的两端，在电压表的引线上连接两根插针（外套绝缘柄），刺入每个线圈的两端，其中测得电压最低的线圈，就是有短路故障点的线圈。

d．短路侦察器检查法。检查绕组匝间短路的最有效的方法是利用短路侦察器。短路侦察器的结构很简单，由定子线圈和开口铁芯两部分组成。使用时将它的开口对准被检查线圈所在的槽口上，这样短路侦察器和定子的一部分组成了"变压器"，短路侦察器的开口铁芯与定子铁芯一部分组成一个闭合的磁路，短路侦察器的线圈相当于一次绕组，被检查的线圈相当于二次绕组，如图8-8所示。当短路侦察器的线圈与单相36 V交流电源接通后，就会在被检查的线圈内产生感应电动势。如果在被检查的线圈中有短路故障存在，就会在短接的环路中流入感应电流，并在周围产生交变磁场。如果用一块薄铁片（如废手锯条）放在被检查线圈的另一槽口上，就会被吸附在开口铁上。由于磁通是交变的，所以吸力也是交变的，小铁片便会发生振动，并发出"吱吱"声。如果被检查的线圈没有短路故障，小铁片不会被吸附及发生振动和声响。

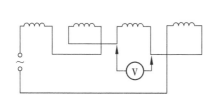

图8-7　电压降法检查短路故障

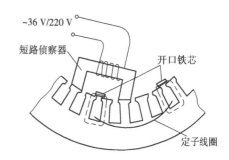

~36 V/220 V
短路侦察器
开口铁芯
定子线圈

图8-8　用短路侦察器检查绕组匝间短路

在使用短路侦察器时，要注意以下几点：对三角形联结的三组绕组，检查前应将引出线端的连接线拆开；对于双层绕组的电动机因为一个槽内嵌有两个线圈的元件匝，所以两个线圈都必须要检查；如果绕组为多路并联，应先把各并联支路分开后再检查，否则绕组会通过并联支路形成回路，即使没有短路故障，也会使小铁片发出振动和声响。侦察器线圈接通电源以前，应先将侦察器放在定子铁芯上，使磁路闭合。若磁路不闭合，线圈中将产生很大的电流，时间稍长，侦察器线圈易烧坏。

② 修理：

a．相间短路。若相间短路故障是由引线和绝缘套管损伤引起的，只要把损伤部位重新包好绝缘即可。单层绕组发生相间短路，往往是端部相间绝缘损坏。找到有故障的两绕组后，把线圈加热软化，趁热撬动线圈，并把绝缘纸塞入有故障的两线圈之间即可。双层绕组发生相间短路，如果是端部绝缘损坏，只要按上述方法，将有故障的两线圈端部重新垫好绝缘即可，如果是层间绝缘损坏引起，须将绕组软化，打出槽楔，扒出上层线圈，然后在槽中加上绝缘，最后把上层线圈嵌入槽中，封好槽纸，打上槽楔，故障即可排除。

b. 匝间短路。线圈发生匝间短路时，若故障点在绕组端部，并且不太严重，可以把导线包以绝缘，再刷上绝缘漆烘干。若故障点在槽内，可按修理绕组接地故障的 b 方法处理即可。

c. 对绝缘已明显焦脆老化的线圈发生故障时，导线不能轻易拆动，可将它废弃在原来的槽内。此法称废弃线圈法。这时应将故障线圈的端部导线全部切断（见图 8-9），并包上绝缘，以免残存局部短路电流，引起局部过热。跳过此线圈把其他两个线圈串联，仍可暂时使用此电动机。但应注意废弃线圈会破坏相电流的平衡。一般来说，一相绕组中可以废弃 10%~15% 线圈。但必须减轻电动机负载。另外，三角形接法绕组和并联星形接法的绕组，不宜采用此法，以免产生较大的环流而毁坏其他线圈。

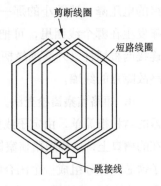

图8-9 采用废弃线圈法处理线圈短路故障

（3）绕组断路故障的检修：

① 检查。定子绕组断路故障可以用万用表（或绝缘电阻表）或灯泡检查法检查。首先检查出有断路故障的相绕组，然后再从有断路故障的相绕组中查找有断路故障的极相组；再从有断路的极相组中查出有断路故障的线圈，直至查找出顺路故障点。用灯泡检查法查找故障点时，将电池与灯泡串联（注意灯泡的额定电压与电池电压一致），接出两根引线。

当定子绕组是星形联结时，将一根引线接在中性点上，另一根引线分别接到三个相绕组的首端 D1、D2 和 D3 上。若与某相相接时，灯泡不亮，则该相有断路故障，如图 8-10 所示。

当定子绕组是三角形联结时，应先将各相绕组间的连接线拆开，然后再分组检查，如图 8-11 所示。

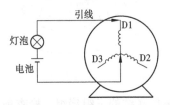

图8-10 用灯泡检查法检查星形联结绕组的断路故障

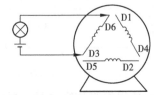

图8-11 用灯泡检查法检查三角形联结绕组的断路故障

查找出断路相以后，仍用灯泡检查法来查找断路的极相组。将一根引线接断路相的首端（或末端），用另一根引线接上一个尖锐的金属针，将金属针从断路相的首端（或末端）开始，依次向相绕组的另一端移动，分别刺向各极相间的连线处。如果刺到某一极相组前灯是亮的，而跨过此极相组再刺时，灯不亮了，则表明这一极相组中有断路故障。用同样的方法可以查出有短路故障的线圈和断路点，如图 8-12 所示。例如，在 2 点处，每次刺进去灯泡都是亮的，而刺到 1 点时灯泡不亮，就表明断路点在 1 与 2 之间。

在检查时，要合理地选择针刺点，并尽可能地少刺破导线绝缘，以免造成短路故障。另外也可以用分组淘汰法来检查。如果用 220 V 交流电源时，要注意与带电部分的绝缘，以保证人身及设备的安全。用万用表（或绝缘电阻表）同样可以检查断路故障，读者可自行分析。功率较大的电动机的绕组，采用多根并绕或多路并联，也可以用灯泡检查法来检查，这时应先把每相绕组各并联支路的端头连接线拆开，将两根引线分别接到各支路的两端，如图 8-13 所示。如灯泡不亮就表示这条支路有断路。

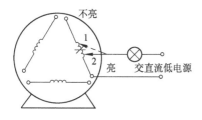

图8-12　用灯泡法查找断路点

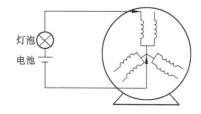

图8-13　并联星形连接线组断路检查法

② 修理：

a．由于引线和线圈的连接脱焊或线圈组间的连线脱焊，造成的电动机断路，可将脱焊处刮净焊牢，并重新包上绝缘即可。

b．断路点在线圈的端部，可将断路的两端线头挑起刮净，用一根规格相近的导线连接两端，焊牢后包好绝缘，刷上绝缘漆，使其黏附在线圈上。

c．若断路点在定子槽内，可按修理绕组接地故障的第二种方法处理。

d．绕组端部出现多根断路，可采取下面的方法修理，如图 8-14 所示。首先用检查通路的方法找出与该相绕组首端相通的一个断路线头 A0，从另一侧找出与相绕组末端相通的断路线头 B0；第二步，将 A0 与其相对侧除 B0 以外任一断路线头 B1、B2 或 B3 连接（如B1）；第三步，再从 A0 侧剩下的三个断路线头中找出与首端相通的第二个断路线头（如A1），第四步，将 A0 与其相对侧除 B0 以外剩下的两断路线头的任一连接（如B2）；如此重复进行，每次接通一匝，最后将 A0 侧的最后一个断路线头 An 与 B0 连接，则断路线匝全部接通。

e．电动机绕组槽内出现断路故障时，若生产比较忙，可采取应急措施，把断路的线圈跳开不用。此法只要将具有断线的线圈两端用跳线短接即可，如图 8-15 所示。采用此法应注意：被跳开的线圈数不得超过一相线圈数的 10%～15%。

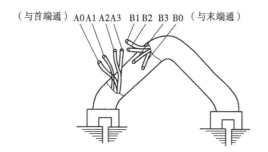

图8-14　绕组多根断路修理法

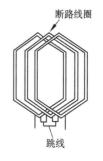

图8-15　跳线法

（4）绕组接错故障的检修：

a．相绕组接反的检查：

•灯泡检查法。将灯泡与低压交流电流连接起来，并引出两根测试线，将其中的一根测试

线接到电动机三相绕组的任一出线端，然后用另一根测试线分别与其他的出线端接触，如图 8-16 所示。如果测试线接触某个出线端时，灯泡亮了，则说明与电源和灯泡连接的两出线端属同一相绕组，如图 8-16（a）所示。若测试线接触某出线端时，灯泡不亮，则说明与电源和灯泡连接的两出线端不是同一相绕组，如图 8-16（b）所示。依此类推，可以判断出其他各相绕组的出线端，判定后做好标记。

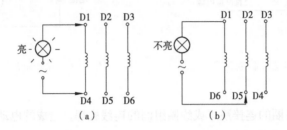

图8-16　灯泡检查法

判定出每相绕组的两个出线端后，任意假定某相绕组的首端和末端，然后把这相绕组与第二个相绕组连接，并与一灯泡串联成闭合回路，将第三个相绕组与低压交流电源接通。此时如果灯泡发亮，则说明串联的两绕组是正串联，如图 8-17（a）所示；如果灯泡不亮，则说明这两绕组是反串联，如图 8-17（b）所示。根据判断结果可定出第二相绕组的首、末端。依此类推，可判断出第三个相绕组的首、末端，并做好标记。

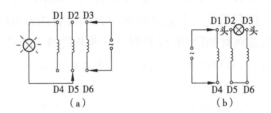

图8-17　用灯泡法判断相绕组的首、末端

• 万用表检查法。将万用表的开关放到电阻挡，用万用表测量任意两个出线端间的电阻，如果有读数，则这两个出线端是属于同一相绕组，否则不属于同一相绕组。判断出每相绕组的两个出线端后，任意假定某一相绕组的首、末端，以此为标准判断其他两个相绕组的首、末端。

按图 8-18 接线，将假定首、末端的相绕组通过开关与电池相接，并让假定的首端与电池的正极相接，再将另一个相绕组与万用表串联，并将万用表的开关放在毫安挡。在闭合开关的瞬间，万用表指针向右偏转，则说明与万用表负极所接的出线端为那相绕组的首端，如图 8-18（a）所示。如果在闭合开关的瞬间，万用表指针向左偏转，则说明与万用表负极所接的出线端为那相绕组的末端，如图 8-18（b）所示。

b. 线圈组或线圈接反故障的检查。可以利用磁针（即指南针）进行检查。方法是，先断开各相绕组之间的连接线，把其中一相的两端接一个低电压的直流电源（如 6 V 左右），使线圈中的电流为额定电流的 1/6~1/4。用一只小磁针沿定子铁芯内圆缓慢移动，如果线圈组没有接错，当小磁针经过每一个极相组时，必反向一次，且旋转一圈，方向改变的次数正好与磁极数相等。如果小磁针经过某极相时，指针不改变方向，或指向不定，则说明该极相组接反或其中的线圈接反，如图 8-19 所示。如此反复检查，就能找出接错的部位。检查出接错的部位后，将其改接过来即可。

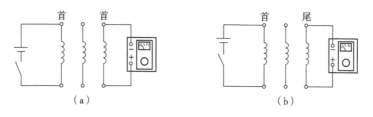

（a） （b）

图8-18 用万用表检查判断相绕组的首、末端

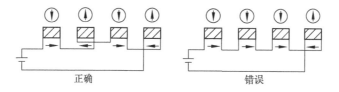

正确 错误

图8-19 用小磁针检查线圈组或线圈接反故障

（5）转子断条或端环断裂的检修：

① 检查：

a．转子导条断裂处的铁芯，往往因过热而变成青蓝色，只要逐条进行观察，很容易找到断条的部位。

b．用断条侦察器检查。如图 8-20 所示，检查时将被测的转子放在铁芯 1 上，用铁芯 2 逐槽测量。如果转子断条，则毫伏表读数减小，即可发现故障点。

c．端环断裂比较少见，一般通过仔细观察即可发现断裂处。

② 修理：

铜条鼠笼上断条的修理：如果在槽外明显处铜条与短路环脱焊，可用锉刀清理后用磷铜焊料气焊。如果槽内铜条断裂，且数量不多，可以在断条两端的端环上开一个缺口，用錾子把断裂的铜条凿去，换上与原铜条截

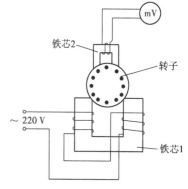

图8-20 用断条侦察器检查转子断条

面相同的新铜条。新铜条伸出端环两端各约 15 mm，把伸出部分敲弯，与端环贴紧。然后用气焊焊牢。端环的缺口处用铜焊补上，堆积的高度略高出端环面，焊好后将突出部分车平，并校验转子的平衡。如果转子断条较多，要全部更换。可将转子两端环车去，抽出槽内的铜条，照原来铜条截面换上新铜条。铜条两端应伸出转子铁芯槽 20 mm，清除铜条伸出部分的油垢，然后依次把铜条伸出部分沿一个方向敲弯，使其彼此重叠贴紧，用铜焊焊接成两个端环，再车平，并校准转子的平衡。

铸铝转子断条的修理：铝端环开裂，可先将断裂处扩大，然后将转子加热到 450 ℃，用由锡（63%）、锌（33%）和铝（4%）混合组成的焊料焊补。如果个别导条断裂，小型电动

机因转子铁芯较短，可用长钻头沿斜槽方向把故障槽钻通，清理槽内残铝，插入直径相同的新铝条（即按上述配方铸成的铝条），然后将其两端焊接，与端环形成一整体。焊后进行车削加工。如果断条很多，要将转子槽内铸铝全部取出更换。可把转子放到10%的氢氧化钠溶液中，把槽内铸铝腐蚀掉。如果要加速溶化，可将溶液加热。转子铁芯从溶液中取出后，应用清水冲净。有条件的可以重新铸铝；如果没有条件，可改为铜导条转子，方法与上述铜条转子的修理相同。铸铝转子改为铜条转子时，因铜条的导电性能比铸铝好，因此铜条的电流密度比铸铝高。一般铜条嵌满转子槽内约2/3即可。

项目情境

（1）由教师（代表管理方）对学生（员工）进行三相异步电动机拆装及故障排除相关知识概述。

① 三相异步电动机用途、分类、结构、铭牌等。

② 三相异步电动机主要零部件的拆卸、装配。

③ 三相异步电动机的故障原因、故障分析、故障排除。

（2）由教师（代表管理方）对学生（员工）进行三相异步电动机的拆装及维修的操作展现。

① 由教师（代表管理方）在电工实训室对三相异步电动机进行拆卸操作演示，然后再进行装配操作展示。

② 由教师（代表管理方）在电工实训室对存在故障的三相异步电动机进行故障分析与故障排除的维修操作展示。

（3）由教师（代表管理方）对学生（员工）进行工作任务的布置与分配，明确"三相异步电动机的拆装与维修"训练的目的、要求及内容。

由××××单位电气维修部门经理（教师或学生）向完成各具体子项目（任务）的执行经理或工作人员布置任务，派发任务单，如表8-2所示。

表8-2 任务单

项目名称	子项目	内容要求	备注
三相异步电动机的拆装与维修	小型三相异步电动机的拆卸与安装	学生按照人数分组训练： 三相异步电动机的拆卸； 三相异步电动机的装配； 装配后的通电检查	
	小型三相异步电动机的故障检查与维修	学生按照人数分组训练： 三相异步电动机的故障查找与分析； 三相异步电动机的故障处理与维修； 维修后的测试	
目标要求	会选用、使用电动机，并能检修电动机		
实训环境	三相笼形异步电动机、验电器、螺钉旋具（一字头、十字头）、钢丝钳、断线钳、电工刀、斜口钳、剥线钳等、万用表、绝缘电阻表、钳形电流表、拉钩、油盘、活扳手、锤子、纯铜棒、钢套筒、毛刷		
其他			

组别：　　　　　组员：　　　　　　　　项目负责人：

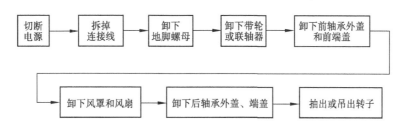

项目实施

具体完成过程是：按情境进行项目布置→学生个人准备→组内讨论、检查→发言代表汇报→评价→展示案例、问题指导→组内讨论、修改方案→第二次汇报→评价→问题指导→再讨论再修改→第三次汇报→评价、验收→拓展任务、巩固训练→师生共同归纳总结→新项目布置，完成项目八的具体任务和拓展任务。

将学生根据实训平台（条件）按照项目要求进行分组实施。

1. 小型三相异步电动机的拆卸与安装演练

演练步骤如下：

（1）三相异步电动机的拆卸：

① 拆卸前的准备工作。为了确保维修质量，在拆卸前应准备好拆卸场地及拆卸电动机的常用工具，在电动机接线头、端盖等处做好标记和记录，以便装配后使电动机能恢复到原来的状态。熟悉被拆电动机的结构特点、拆装要领及存在的缺陷，做好标记。拆卸前还应标出电源线在接线盒中的相序，标出万向节（俗称联轴器）或带轮与轴台的距离，标出机座在基础上的准确位置，标注绕组引出线在机座上的出口方向。拆卸前还要拆除电源线和保护地线，并做好绝缘措施，拆下地脚螺母，将电动机拆离基础并运至解体现场。

② 三相笼形异步电动机的拆卸顺序，如图 8-21 所示。

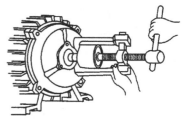

图8-21 三相笼形异步电动机的拆卸顺序

③ 主要零部件的拆卸：

a. 联轴器或带轮的拆卸。先旋松取下带轮或联轴器上的定位螺钉或销子，然后在带轮的轴伸端作好尺寸标记，如图 8-22 所示。装上拉具，拉机丝扣尖端要对准电动轴的中心，转动丝扣将带轮或联轴器慢慢拉出。如拉不出来，可用喷灯等急火，在带轮或联轴器四周加热，使其受热膨胀，加力旋转拉具，即可将带轮或联轴器卸下。注意加热温度不宜太高，以免转轴变形。

图8-22 用拉具拆卸带轮

b. 风罩和风扇叶的拆卸。将风罩螺钉卸下，即可取下风罩。然后松开风叶上的定位螺钉或销子，用锤子在风叶四周均匀轻敲，风叶即可取下。

c. 轴承盖和端盖的拆卸。先用活扳手将固定轴承盖的螺钉旋下，拆下轴承外盖。为了预防装配时前后轴承盖对调，拆卸前应做好记号。

为了便于装配时复位，端盖拆卸前先用螺钉旋具等工具在端盖与机座的结合部位任一位置划上对正标记，然后用活扳手旋下固定端盖的螺钉，用锤子均匀敲打端盖四周，把端盖取下。也可以取一把大小适宜的螺钉旋具，插入端盖的螺钉根部，将端盖按对角线一先一后地向外撬动，直到端盖卸下为止，如图8-23所示。后端盖的拆卸与前端盖拆卸方法相同。对于小型电动机，可先把轴伸端的轴承外盖卸下，再松开后端盖的紧固螺钉，然后用木锤敲打轴伸端，就可以把转子和后端盖一起取下。

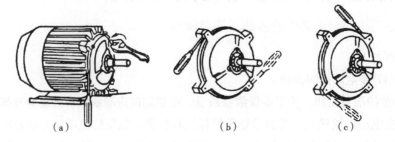

（a） （b） （c）

图8-23 端盖拆卸方法

d．轴承的拆卸：

•用专门拉具拆卸轴承。应根据轴承的大小，选用适当的拉具，按图8-24所示的方法夹住轴承，拉具的拉爪应抓扣在轴承的内圈上。操作时旋转丝扣用力要均匀，且动作要慢。

•用人力拆卸轴承，小型电动机适用此法。在轴承内圈下面用两根相同的方钢夹住，两头搁在支撑物上，转子放在一只内径略大于转子外径的圆桶上面，桶下面放些棉纱头，以防转子掉下摔坏。在轴的端面上垫上铜块，用锤子敲打，着力点对准轴的中心，如图8-25所示。当轴承松动时，敲打的力要小些。

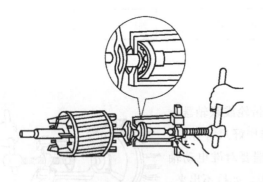

图8-24 用专门拉具拆卸轴承

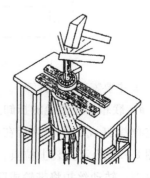

图8-25 用人力拆卸轴承

•端盖孔内轴承的拆卸。拆卸电动机端盖内的轴承，采用图8-26所示的方法拆卸。把端盖口面向上，平稳地搁在两块铁板上，或一个孔径略大于轴承外径的铁板上，上面用一段直径略小于轴承外圈的金属棒对准轴承，用锤子轻轻敲打金属棒，将轴承敲出。

e．抽出转子。小型电动机的转子可以连同后端盖一起取出，抽出转子时，应缓慢小心，且不能歪斜，以防碰

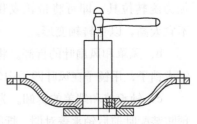

图8-26 拆卸端盖孔内的滚动轴承

伤定子绕组；对于中大型电动机，转子较重，要用起重设备将转子吊出，如图 8-27 所示。用钢丝绳套住转子两端轴颈，为防止轴颈损伤，在钢丝绳和轴颈之间垫一层纸板或棉纱头等防护层，如图 8-27（a）所示。当转子重心已经移出定子时，在定子与转子间隙塞入纸板垫衬，并在转子移出的轴端垫以支架或木块，搁住转子，然后把钢丝绳改吊住转子（不要将钢丝绳吊在铁芯风道里，同时也应在钢丝绳和转子铁芯之间衬垫纸板），如图 8-27（c）所示，直到转子全部吊出定子。

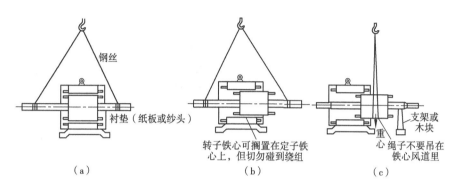

图8-27　中大型电动机用起重设备吊出转子

（2）三相异步电动机的装配。三相笼形异步电动机修理后的装配顺序与拆卸时相反。装配时要注意拆卸时所做的那些标记，尽量按原标记复位。装配前应检查轴承滚动件是否转动灵活而又不松动。再检查轴承内与轴颈、外圈与端盖、轴承座孔之间的配合情况和表面粗糙度是否符合要求。装配的顺序及方法与拆卸基本相反。

① 轴承的装配。先用煤油将轴承和轴承盖清洗干净，检查轴承有无裂痕，滚动是否灵活、均匀，如遇卡住或过松，要用塞尺检查磨损情况，不能超过其许可值。

轴承套装到轴颈上有冷套和热套两种方法。在套前，应将轴颈部分揩擦干净，把经过清洗并加好润滑脂的内轴承盖套在轴颈上。

a．冷套法。把待装的轴承套在轴上，并对准轴颈，用一段内径略大于轴颈直径、外颈略小于轴承内圈外径的钢管，管口垫一块扁铁（或硬杂木），一端顶在轴承的内圈上，用锤子轻轻敲打扁铁，把轴承慢慢打进去，如图 8-28 所示。

b．热套法。热套法是利用热胀冷缩原理，当轴承加热膨胀后，取出套进轴颈，冷却收缩后，内圈便紧紧地套在轴上。

• 用变压器油加热。将轴承放在 80~100 ℃ 变压器油中加热 30 ~ 40 min，加热时，轴承要放在钢丝网上，不要与槽底或槽壁出现直接接触，以免轴承温度不均匀，油面要浸没轴承，加热温度不能过高，时间也不宜过长，以免轴承退火，如图 8-29（a）所示。操作时动作要迅速，趁热快速把轴承推到轴颈，并用力压住，直到轴承冷却为止，如图 8-29（b）所示。

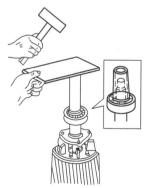

图8-28　用钢管装配轴承

- 用灯泡加热法。这是一种简单易行的加热方法，如图8-29(c)所示。用一个60 W灯泡，将轴承放在灯泡顶部加热，开灯后，灯泡顶部温度约为110℃，可以确保轴承不过热。
- 装润滑脂。轴承内外圈间和轴承盖内要装填润滑脂，润滑脂的装填要适量均匀，不应填满。一般两个磁极电动机应装满轴承的1/3~1/2空腔容积，四个磁极及以上电动机应装满轴承的1/3空腔容积，而轴承内外盖的润滑脂一般为盖内容积的1/3~1/2。

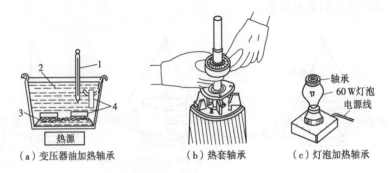

（a）变压器油加热轴承　　　　（b）热套轴承　　　　（c）灯泡加热轴承

图8-29　轴承装置方法

1—温度计；2—变压器油；3—钢丝网；4—轴承

② 后端盖的装配。先将端盖和机壳口上用汽油擦拭干净，并涂上一层薄润滑脂作防锈处理。将转子轴伸端朝下垂直放置，在其端面上垫一块木板，将后端盖套在转轴的后轴承上，用木锤轻敲，把后端盖敲进轴承后，装上轴承外盖，拧紧轴承内、外盖的螺栓，螺栓要对称逐步拧紧。

③ 转子的装配。把装好后端盖的转子对准定子铁芯的中心，小心慢慢地往里送，注意不可歪斜，以免碰伤定子绕组，当后端盖对准机座上的标记后，用木锤将后端盖敲入机壳止口，拧上后端盖螺栓，但暂时不要拧得太紧。对于质量很小的小型转子，一个人能拿起来的，可直接用手装入；稍重的，则要两个人抬着装入；太重抬不动的，则可用图8-30所示的专用工具装入。

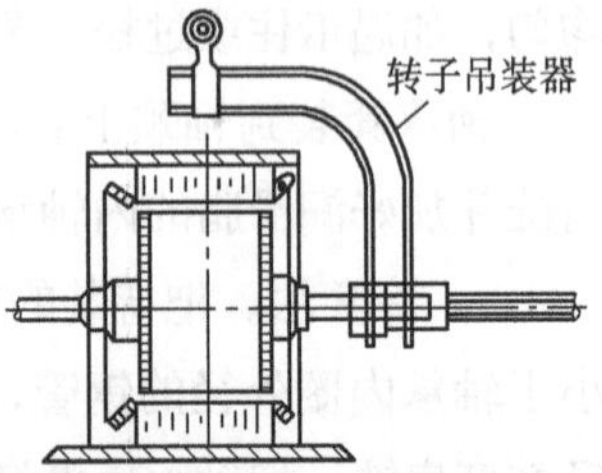

转子吊装器

图8-30　转子用专用工具装配

④ 前端盖的装配：

a．将前端盖对准机座的标记，用木锤均匀敲打端盖四周，使端盖进入止口，并拧紧端盖紧固螺钉，暂时不要拧紧，再用木锤在前端盖周围均匀敲打，然后按对角线上下左右逐步拧紧前、后端盖螺栓。

b．装前轴承端盖，用一根10号铁丝前端弯成一个小钩，从前轴承端盖的一个孔中插入，另一只手慢慢转动转轴，到铁丝钩住轴承内端盖一个螺孔，这时就可以将螺钉插入螺孔，拧几圈后，再装另外两个螺钉。拧螺钉时应逐步拧紧，不要一次拧紧，以免损坏零件。

⑤ 装配风叶和风罩。安装风叶时，应按拆卸时的标记套在轴颈上，拧上锁紧螺钉，待装好风罩后，用手转动转轴，转子应转动灵活、均匀，无停滞和摩擦声。

⑥ 带轮(或联轴器)的装配。安装时，首先将键装入转轴槽中，带轮上的键槽要对准键装入。中小型电动机，可在带轮的端面垫上木块用锤子打入。

（3）电动机装配后的质量检查：

① 所有紧固件是否都已拧紧、锁紧。

② 转子转动是否灵活，有无碰擦现象和异常声音。

③ 转子轴的伸端有无径向偏动。

④ 测量电动机定子绕组每相之间的绝缘电阻和绕组对机壳的绝缘电阻，其绝缘电阻不能小于 $0.5\,M\Omega$。

⑤ 经上述检查合格后，在机壳上装好接地线，然后根据铭牌规定的电压及连接方法接通电源，用钳形表测量三相电流大小及是否平衡。

⑥ 测量电动机转速，检查铁芯是否过热，轴承温度是否过高，轴承是否有杂音，有无漏油现象等。

2. 小型三相异步电动机的故障检查与维修演练

演练步骤如下：

电动机常见的运行故障的现象、可能原因、简单的处理方法及检查顺序或要点如表 8-3 所示。

表8-3 电动机常见的运行故障的现象、可能原因、简单的处理方法及检查顺序或要点

故障现象	可能原因	简单的处理方法	检查顺序或要点
电动机不能启动，且没有任何声响	熔体熔断两相以上。 开关或启动设备有两相以上接触不良。 丫接电动机绕组有二、三相断路；△接电动机绕组有三相断路	更换熔体。 检查接触不良处，予以修复。 找出故障点修好	先检查是否熔断，再检查开关、启动设备以及电动机绕组是否有接触不良或断路
电动机不能启动，且有嗡嗡声	熔体熔断一相。 开关或启动设备有一相断线或接触不良。 丫接电动机绕组有一相断路；△接电动机绕组有一、二相断路。 电源电压过低	更换熔体。 检查接触不良处，予以修复。 找出故障点修好。 找出电压低的原因，调整或恢复电压后再工作	先检查熔体是否熔断，再检查开关、启动设备是否接触不良，最后检查电机绕组是否断路
电动机不能启动，熔体熔断	定子绕组一相反接。 定子绕组有接地，短路故障。 接线错误，将丫形电动机接成△形。 启动设备操作不当。 负载过大。 负载机械卡死或传动机械有故障。 定转子相擦。 熔体过小	分清三相首尾，接好。 检查绕组短路、接地处，重新修好。 改接过来。 检查启动设备。 检查负载。 检查负载机械传动装置。 找出相擦原因，修复。 合理选择熔体	开关推上，熔体即熔断，大多是一相首尾接反或丫形误成△形以及绕组有短路，接地故障。 检查时应首先考虑熔体是否过小，接法、操作是否正确，然后检查传动装置、负载机械有无卡死，以及负载大小（检查时将电动机和负载机械分开，如电动机能正常启动，应检查被拖动机械消除故障）
电动机启动困难，转速较低	电源电压过低。 电动机接法错误，将△形电动机接成丫形。 三角形连接电动机有一相绕阻断路。 笼形转子导条或端环断裂。 电动机过载	调整电压或等电压正常时再启动。 按正确接法改过来。 检查断路处，重新修好。 重新铸铝或换新转子。 减轻负载	首先查看接法是否和铭牌相符，然后检查负载和电源电压是否正常，最后检查定子绕组和转子的故障

故障现象	可能原因	简单的处理方法	检查顺序或要点
电动机三相电源不平衡且温度升高，甚至冒烟	电源电压不平衡。 电动机绕组中有短路或接地故障。 重换线圈后，部分线圈接线错误 电动机绕组断路	查出线路电压不平衡的原因，排除。 检查短路接地处，并予以修复。 查出接错处，改接过来。 找出断路点，重新接好	首先检查熔体，开关电源线和接头是否有接触不良处，然后检查电源电压是否有断路；最后检查绕组短路接地和接错，若不是重换线圈，且过去运行正常，不必检查绕组是否接错
电动机三相电流同时增大，温度过高，甚至冒烟	电源电压过高，过低。 电动机过载。 被拖动机械故障。 电动机绕组接法错误	调整线路电压或等电压正常时再工作。 减轻负载。 检查负载机械和传动装置。 改接过来	首先检查定子绕组的接线是否与铭牌相符，然后检查线路电压是否正常，最后调整负载检查被拖动的机械
电流没有超过额定值，但温度过高	环境温度过高。 通风不畅。 电动机灰尘、油泥过多，影响散热	设法降低环境温度或降低电动机的使用容量。 清理风道或搬开影响通风的东西。 清除灰尘、油泥	分别进行检查
电动机有不正常的振动	电动机基础不稳固或校正不好。 风扇叶片损坏造成转子不平衡。 轴弯或有裂纹。 传动带接头不好。 机座和铁芯配合不紧密。 电动机单相运转。 绕组有短路和接地故障。 并联绕组有支路断路。 转子导条或端环断裂	加固基础或重新校正。 更换风扇或设法校正转子。 更换弯轴或校正弯轴。 重新接好。 重新加固。 查找线路或绕组的断线和接触不良处，并予以修复。 查找短路和接地处，并予修复。 查出断线处，予以修复。 重新铸铝或另换新转子	首先判断故障是机械故障还是电气故障。判断的方法是：接通电源，电动机发生振动，切断电源电动机的振动，为机械故障；若接通电源有振动，切断电源振动消失为电气故障。机械方面按前五项分别检查；电气方面按后四项分别检查。但首先应检查线路，如熔体是否熔断，接头或开关是否接触不良等
电动机运行时有噪声	轴承损坏或润滑油严重缺少，润滑油中有杂质。 定转子相擦。 风罩或转轴上零件松动。 风罩内有杂物。 轴承内圈和轴之间配合不紧密。 机座和铁芯配合不紧密。 电动机单相运转。 绕组有短路或接地。 线圈有接线错误。 并联支路中有支路断路。 电源电压过低。 转子导条和端环断裂。 电动机过载	更换或清洗轴承，并换润滑油。 找出相擦原因，予以排除。 固紧风扇或其他零件。 清除杂物。 堆焊轴承挡，并按规格尺寸车好，使其紧密配合。 重新加固。 检查线路，绕组断线或接触不良处，予以排除。 检查短路、接地处，修好。 查出接错处改接过来。 检查断路点，重新接好。 设法调正电压或等电压正常再工作。 转子重新铸铝或更换新转子。 减轻负载	首先确定噪声是机械方面引起的，还是电气方面引起的。其方法是接上电源，有噪声存在，切断电源噪声消失，为电气故障；不管接上电源或切断电源，噪声都存在，为机械故障。机械方面按前六项分别检查；电气方面按后七项分别检查

（1）拆开电动机接线盒内的绕组连接片。用绝缘电阻表测量各相对地（机壳）的绝缘电阻，若测量出某相绕组对地绝缘电阻为零，则该相绕组存在接地故障。拆开电动机端盖，将定子绕组烘焙加热至绝缘软化。将接地相绕组分成两半，用校验灯找出接地部分，再将接地部分分成两半，用校验灯找出接地部分，依此类推，直至找出故障线圈。

（2）在故障线圈端部垫木板，用小木锤轻击该线圈铁芯两端槽口端面的齿片，当敲到某一处时，校验灯光闪动，说明该处是接地点。打出槽楔，用画线板在接地处撬动线圈，待灯不亮后垫入绝缘纸。用绝缘电阻表复验,其绝缘电阻在0.5 MΩ以上时,修整槽外多余的绝缘纸,打入木楔,恢复绕组接线,作端部整形,浇刷绝缘漆后烘干。

(3) 装配电机端盖后再作电动机的测试。一台大修的电动机在嵌线、接线和浸漆等环节都要进行半成品检查,目的是及早发现问题并采取补救措施。在电动机总装配完成之后,还要进行出厂试验,以验明修理后的电动机是否符合质量要求。为了保证修理电动机的质量,应做以下检查试验项目:

① 测量绕组的绝缘电阻及直流电阻。其方法同半成品检查相同。

② 绕组耐压试验。可以按前面所述半成品绝缘耐压试验的方法,以75%的原标准试验电压,重新做一次试验。

③ 空载试验。在电动机接线盒上给定子绕组接三相对称的额定电压,电动机轴上不带任何机械负载,空转30 min。空载试验主要是测定电动机的空载电流和空载损耗功率;利用电动机空转检查装配质量和运行情况。试验中应测三相电压、三相电流和三相输入功率。由于空载时电动机的功率因数较低,为了测量准确,也应该选用低功率因数的电能表。电流表和电能表的电流线圈要根据可能出现的最大空载电流选择量程。启动时要缓升高电压以免启动电流过大而冲击仪表。当三相电压对称且等于额定电压时,电动机任何一相空载电流与三相电流平均值的偏差均不得大于10%,若超过10%应查明原因。因为空载时电动机不输出机械功率,试验时的输入功率就是电动机的空载损耗功率。经过修理后的电动机,如果空载电流过大,可能是定子与转子间的气隙超出允许值,或者是定子绕组匝数太少;如果空载电流太小,则可能是定子绕组匝数太多,或△形误接成Y形,也可能把二路改接成一路。如果空载电流过大或过小,根据修理经验可以相应地调整定子绕组的匝数,增加绕组的匝数可以相应地降低空载电流;反之,适当地减少绕组匝数也可相应地提高空载电流。

④ 匝间绝缘耐压试验。电动机匝间的绝缘主要依靠绕组导线表面的漆层,在绕线和嵌线的过程中,有可能会受到损伤,而降低匝间绝缘强度。匝间试验的方法是,在空载试验后,将电源电压提高到额定电压的1.3倍,运行5 min,检验绕组匝间的绝缘强度,经过试验绕组匝间仍无短路等现象,就可以确认合格。

⑤ 短路试验。三相异步电动机的短路试验是为了测定短路电压和短路损耗。做短路试验时,要把电动机的转轴卡住,不让转子转动,逐渐升高电压使定子电流达到额定电流,此时的电压即为短路电压。若短路电压过大,一般是因为绕组匝数太多、漏抗大、空载电流小、启动电流和启动转矩都很小;若短路电压过小时情况则相反。

项目评价

(1) 项目实施结果考核。由项目委托方代表(一般来说是教师)对项目八各项任务的完成结果进行验收、评分,对合格的任务进行接收。

(2) 考核方案设计:

学生成绩的构成:A组项目(课内项目)完成情况累积分(占总成绩的75%)+ B组项目(自选项目)成绩(占总成绩的25%)。其中B组项目的内容是由学生自己根据市场的调查情况,完成一个与A组项目相关的具体项目。

具体的考核内容：A组项目（课内项目）主要考核项目完成的情况作为考核能力目标、知识目标、拓展目标的主要内容。具体包括：完成项目的态度、项目报告质量（材料选择的结论、依据、结构与性能分析、可以参考的意见或方案等）、资料查阅情况、问题的解答、团队合作、应变能力、表述能力等。B组项目（自选项目）主要考核项目确立的难度与适用性、报告质量、面试问题回答等内容。

① A组项目（课内项目）完成情况考核评分表如表8-4所示。

表8-4　小型三相异步电动机的拆卸与安装项目考核评分表

评分内容	评 分 标 准	配 分	得 分
电动机拆卸	拆卸步骤不正确，每次扣10分；拆卸方法不正确，每次扣10分；工具使用不正确，每次扣10分	30	
电动机组装	装配步骤不正确，每次扣10分；装配方法不正确，每次扣10分；一次装配后电动机不合要求，需重装扣10分	30	
电动机的清洗与检查	轴承清洗不干净，扣5分；润滑脂油量过多或过少，扣5分；定子内腔和端盖处未作除尘处理或清洗，扣10分	20	
团结协作	小组成员分工协作不明确，扣5分；成员不积极参与，扣5分	10	
安全文明生产	违反安全文明操作规程，扣5～10分	10	
项目成绩合计			
开始时间	结束时间		所用时间
评语			

② B组项目（自选项目）完成情况考核评分表如表8-5所示。

表8-5　小型三相异步电动机的故障检查与维修项目考核评分表

评分内容	评 分 标 准	配 分	得 分
故障查找	使用仪表、工具不正确，扣10分；寻找故障方法、步骤有错，扣10～30分	40	
故障处理	每一次排故不成功，扣15分；端部整形不良，扣5分	40	
团结协作	小组成员分工协作不明确，扣5分；成员不积极参与，扣5分	10	
安全文明生产	违反安全文明操作规程，扣5～10分	10	
项目成绩合计			
开始时间	结束时间		所用时间
评语			

（3）成果汇报或调试。

（4）成果展示（实物或报告）：写出本项目完成报告（主题是电动机拆装、维修、调试体会）。

（5）师生互动（学生汇报、教师点评）。

（6）考评组打分。

（1）在实训室，完成"三相异步电动机定子绕组首尾端的判别"项目。

（2）到电动机专卖店通过铭牌认识各种不同的电动机，包括单相电动机和三相电动机、异步电动机和同步电动机、直流电动机和交流电动机等。

（3）到工厂生产车间现场观摩三相异步电动机的工作情况，并根据运行情况来分析其有无故障存在。

（4）由教师根据岗位能力需求布置有关"思考讨论题"。

项目九

典型继电电路安装与调试

项目学习目标

（1）现场展示实训室各种基本的三相异步电动机控制电路板，让学生观摩，并大概了解项目概况。

（2）引领学生完成三相异步电动机正转、正反转及丫－△降压启动控制电路的安装与调试。

（3）学生自主分组训练项目："三相异步电动机正转控制电路的安装与调试""三相异步电动机正反转控制电路的安装与调试""三相异步电动机丫－△降压启动控制电路的安装与调试"。

（4）总结归纳三相异步电动机基本控制电路安装与调试的知识与技能，每人抽考一个典型控制电路的安装与调试。

项目相关知识

本项目相关知识结构及内容已在项目六中介绍，本项目中需要重温下列相关知识点：

（一）三相异步电动机正转控制电路

一般生产机械常常只需要单方向运转，也就是电动机的正转控制，三相异步电动机正转控制电路是最简单的基本控制电路，在实际生产中应用最为广泛。三相笼形异步电动机正转控制电路包括：手动、点动、接触器自锁及具有过载保护的接触器自锁正转控制电路四种。

（二）三相异步电动机正反转控制电路

正转控制电路只能使电动机带动生产机械的运动部件朝一个方向旋转，但许多生产机械往往要求运动部件能向正、反两个方向运动。当改变通入电动机定子绕组的三相电源相序，即把接入电动机三相电源进线中的任意两相对调接线时，就可以使三相电动机反转。

（1）接触器联锁的正反转控制电路。

（2）按钮联锁的正反转控制电路。

（3）按钮、接触器双重联锁的正反转控制电路。

（4）工作台自动往返控制电路。

（三）三相异步电动机降压启动控制电路

电动机由静止到通电正常运转的过程称为电动机的启动过程，在这一过程中，电动机消耗的功率较大，启动电流也较大。通常启动电流是电动机额定电流的4~7倍。小功率电动机启动时，启动电流虽然较大，但和电网的总电流相比还是比较小，所以可以直接启动。若电动机的功率较大，又是满负荷启动，则启动电流就很大，很可能会对电网造成影响，使电网电压降低而影响到其他电器的正常运行。此时人们就要采用降压启动。

常用的降压启动有串联电阻器降压启动、丫－△降压启动、延边三角形降压启动及自耦变压器降压启动。人们可以根据不同的场合与需要，选择不同的启动方法。

1. 串联电阻器降压启动

串联电阻器降压启动适用于启动转矩较小的电动机。虽然启动电流较小，启动电路较为简单，但电阻器的功耗较大，启动转矩随电阻器分压的增加下降较快，所以，串联电阻器降压启动的方法使用还是比较少。

2. 丫－△降压启动

三角形联结的电动机都可采用丫－△降压启动。由于启动电压降低较大，故用于轻载或空载启动。丫－△降压启动控制电路简单，常把控制电路制成丫－△降压启动器。大功率电动机采用 QJ 系列启动器，小功率电动机采用 QX 系列启动器。

3. 延边三角形降压启动

延边三角形电动机是专门为需要降压启动而生产的电动机，电动机的定子绕组中间有抽头，根据启动转矩与降压要求可选择不同的抽头比。其启动电路简单，可频繁启动，缺点是电动机结构比较复杂。

4. 自耦变压器降压启动

星形或三角形联结的电动机都可采用自耦变压器降压启动，启动电路及操作比较简单，但是启动器体积较大，且不可频繁启动。

项目情境

（1）由教师（代表管理方）对学生（员工）进行三相异步电动机典型继电控制电路的类型进行概述：

① 三相异步电动机正转控制电路。

② 三相异步电动机正反转控制电路。

③ 三相异步电动机丫－△降压启动控制电路。

（2）由教师（代表管理方）对学生（员工）进行三相异步电动机常见控制电路的操作展现。

① 由教师（代表管理方）在维修电工实训室进行三相异步电动机正转控制电路安装与调试操作展示。

② 由教师（代表管理方）在维修电工实训室进行三相异步电动机正反转控制电路安装与调试操作展示。

③ 由教师（代表管理方）在维修电工实训室进行三相异步电动机丫－△降压启动控制电路安装与调试操作展示。

（3）由教师（代表管理方）对学生（员工）进行工作任务的布置与分配，明确"三相异步电动机控制电路安装与调试"训练的目的、要求及内容。

项目实施

具体完成过程是：按情境进行项目布置→学生个人准备→组内讨论、检查→发言代表汇报→评价→展示案例、问题指导→组内讨论、修改方案→第二次汇报→评价→问题指导→再讨论再修改→第三次汇报→评价、验收→拓展任务、巩固训练→师生共同归纳总结→新项目布置，完成项目九的具体任务和拓展任务。

将学生根据实训平台（条件）按照项目要求进行分组实施。

1. 三相异步电动机正转控制电路安装与调试演练

演练步骤如下：

（1）分析电路图 9-1，明确电路的控制要求、工作原理、操作方法、结构特点及所用电气元件的规格，选择元器件的类型和检查元器件的质量。

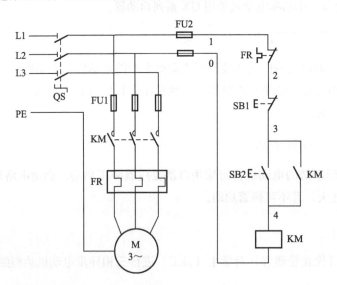

图9-1　正转自锁控制电路

（2）按电气原理图及负载电动机功率的大小配齐电气元件及导线，画出具有过载保护的接触器自锁正转控制电路的布置图，如图 9-2 所示。

（3）检查元器件的外观、电磁机构及触点情况，看元器件外壳有无裂纹，接线柱有无生锈，零部件是否齐全。检查元器件动作是否灵活，线圈电压与电源电压是否相符，线圈有无断路、短路等现象。

（4）首先确定交流接触器的位置，然后再逐步确定其他电器的位置并安装元器件（组合

开关、熔断器、接触器、热继电器和按钮等）。元器件布置
要整齐、合理，做到安装时便于布线，便于故障检修。其中，
组合开关、熔断器的受电端子应安装在控制板的外侧，紧
固用力均匀，紧固程度适当，防止电气元件的外壳被压裂
损坏。

（5）根据原理图画出具有过载保护的接触器自锁正转
控制电路的接线图，如图9-3所示。其实物图如图9-4所
示。按电气接线图确定走线方向并进行布线，根据接线柱
的不同形状加工线头，要求布线平直、整齐、紧贴敷设面，
走线合理，接点不得松动，尽量避免交叉，中间不能有接头。

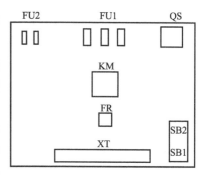

图9-2　具有过载保护的接触器
自锁正转控制电路的布置图

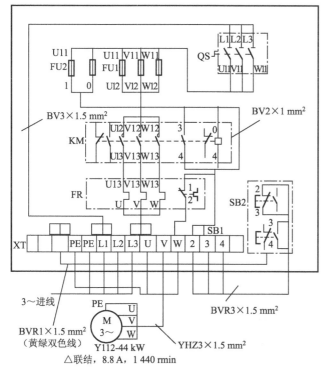

图9-3　具有过载保护的接触器自锁
正转控制电路接线图

图9-4　具有过载保护的接触器自锁
正转控制实物图

（6）按电气原理图或电气接线图从电源端开始，逐段核对接线，看接线有无漏接、错接，
检查导线压接是否牢固，接触良好。

（7）检查主回路有无短路现象（断开控制回路），检查控制回路有无开路或短路现象（断
开主回路），检查控制回路自锁、联锁装置的动作及可靠性。检查电路的绝缘电阻不应小于
1 MΩ。

（8）合上电源开关，空载试车（不接电动机），用验电器检查熔断器出线端。按正转和停
止按钮，检查接触器动作情况是否正常，是否符合电路功能要求，检查电气元件动作是否灵活，
有无卡阻或噪声过大现象，有无异味，检查负载接线端子三相电源是否正常。经反复几次操

作空载运转，各项指标均正常后方可进行带负载试车。

（9）合上电源开关，负载试车（连接电动机）。按正转按钮，接触器动作情况是否正常，电动机是否正转；等到电动机平稳运行时，用钳形电流表测量三相电流是否平衡；按停止按钮，接触器动作情况是否正常，电动机是否停止。

2．三相异步电动机正反转控制电路安装与调试演练

演练步骤如下：

（1）分析电路图9-5，明确电路的控制要求、工作原理、操作方法、结构特点及所用电气元件的规格，选择元器件的类型和检查元器件的质量。

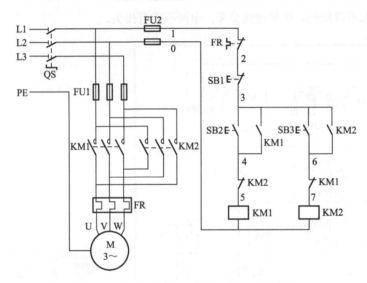

图9-5　继电器联锁正反转控制电路原理图

（2）按电气原理图及负载电动机功率的大小配齐电气元件及导线，画出三相异步电动机正反转控制电路的布置图，如图9-6所示。

（3）检查元器件的外观、电磁机构及触点情况，看元器件外壳有无裂纹，接线柱有无生锈，零件是否齐全。检查元器件动作是否灵活，线圈电压与电源电压是否相符，线圈有无断路、短路等现象。

（4）首先确定交流接触器的位置，然后再逐步确定其他电器的位置并安装元器件（组合开关、熔断器、接触器、热继电器和按钮等）。元器件布置要整齐、合理，做到安装时便于布线，便于故障检修。其中，组合开关、熔断器的受电端子应安装在控制板的外侧，紧固用力均匀，紧固程度适当，防止电气元件的外壳被压裂损坏。

（5）根据原理图画出三相异步电动机正反转控制电路的接线图，如图9-7所示。按电气接线图确定走线方向并进行布线，根据接线柱的不同形状加工线头，要求布线平直、整齐、紧贴敷设面，走线合理，接点不得松动，尽量避免交叉，中

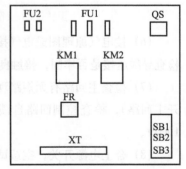

图9-6　三相异步电动机正反转控制电路的布置图

间不能有接头。

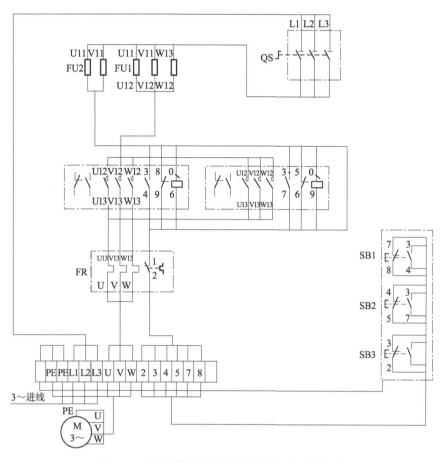

图9-7　三相异步电动机正反转控制电路的接线图

（6）按电气原理图或电气接线图从电源端开始，逐段核对接线，看接线有无漏接、错接，检查导线压接是否牢固、接触良好。实物图如图9-8所示。

图9-8　三相异步电动机正反转控制电路的实物图

（7）检查主回路有无短路现象（断开控制回路），检查控制回路有无开路或短路现象（断开主回路），检查控制回路自锁、联锁装置的动作及可靠性。检查电路的绝缘电阻不应小于1 MΩ。

（8）合上电源开关，空载试车（不接电动机），用验电器检查熔断器出线端。按正转、反转和停止按钮，检查接触器动作情况是否正常，是否符合电路功能要求，检查电气元件动作是否灵活，有无卡阻或噪声过大现象，有无异味，检查负载接线端子三相电源是否正常。经反复几次操作空载运转，各项指标均正常后方可进行带负载试车。

（9）合上电源开关，负载试车（连接电动机）。按正转按钮，接触器动作情况是否正常，电动机是否正转；按反转按钮，接触器动作情况是否正常，电动机是否反转；等到电动机平稳运行时，用钳形电流表测量三相电流是否平衡；按停止按钮，接触器动作情况是否正常，电动机是否停止。

3．三相异步电动机丫-△降压启动控制电路安装与调试

演练步骤如下：

（1）分析电路图9-9，明确电路的控制要求、工作原理、操作方法、结构特点及所用电气元件的规格，选择元器件的类型和检查元器件的质量。

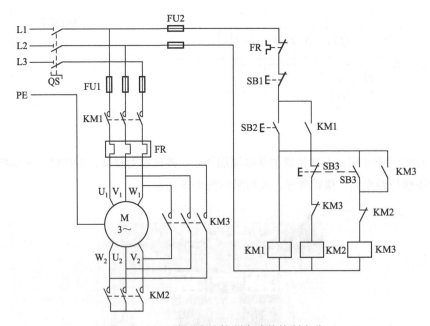

图9-9　丫-△降压启动控制电路的控制电路

（2）按电气原理图及负载电动机功率的大小配齐电气元件及导线，画出三相异步电动机丫-△降压启动控制电路的布置图，如图9-10所示。

（3）检查电气元件的外观、电磁机构及触点情况，看元器件外壳有无裂纹，接线柱有无生锈，零件是否齐全。检查元器件动作是否灵活，线圈电压与电源电压是否相符，线圈有无断路、短路等现象。

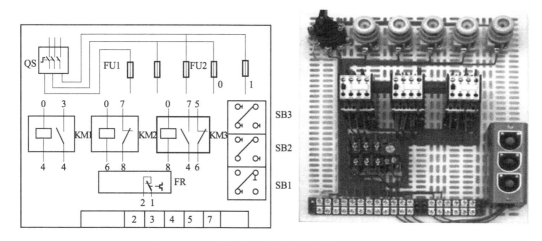

图9-10 丫－△降压启动控制电路的接线图和实物图

（4）首先确定交流接触器的位置，然后再逐步确定其他电器的位置并安装元器件（组合开关、熔断器、接触器、热继电器、时间继电器和按钮等）。元器件布置要整齐、合理，做到安装时便于布线，便于故障检修。其中，组合开关、熔断器的受电端子应安装在控制板的外侧，紧固用力均匀，紧固程度适当，防止电气元件的外壳被压裂损坏。

（5）根据原理图画出三相异步电动机丫－△降压启动控制电路的接线图。按电气接线图确定走线方向并进行布线，根据接线柱的不同形状加工线头，要求布线平直、整齐、紧贴敷设面，走线合理，接点不得松动，尽量避免交叉，中间不能有接头。

（6）按电气原理图或电气接线图从电源端开始，逐段核对接线，看接线有无漏接、错接，检查导线压接是否牢固，接触良好。

（7）检查主回路有无短路现象（断开控制回路），检查控制回路有无开路或短路现象（断开主回路），检查控制回路自锁、联锁装置的动作及可靠性。检查电路的绝缘电阻不应小于1MΩ。

（8）合上电源开关，空载试车（不接电动机），用验电器检查熔断器出线端。按启动和停止按钮，检查接触器动作情况是否正常，是否符合电路功能要求，检查电气元件动作是否灵活，有无卡阻或噪声过大现象，有无异味，检查负载接线端子三相电源是否正常。经反复几次操作空载运转，各项指标均正常后方可进行带负载试车。

（9）合上电源开关，负载试车（连接电动机）。按启动按钮，接触器动作情况是否正常，电动机是否转动；等到电动机平稳运行时，用钳形电流表测量三相电流是否平衡；按停止按钮，接触器动作情况是否正常，电动机是否停止。

项目评价

由项目委托方代表（一般来说是教师）对项目九各项任务的完成结果进行验收、评分，对合格的任务进行接收。

考核评分表如表9-1所示。

表9-1 评 分 表

考核内容	考核要求	配分	评分标准	扣分	得分	备注
元件安装及配线	元件布局合理、安装符合要求； 布线合理美观； 接线正确、牢固，电气接触良好	50分	横平竖直，不露铜，少跨接，接线牢固			
了解控制电路功能	问题回答合理	10分	能正确回答电路的控制功能			
通电试运行	接电源线、电机线试运行	30分	试运行的步骤和方法不正确，扣5分； 经两次试运行才成功，扣10分； 两次试运行不成功且不能查出故障，扣20分			
安全生产文明生产	按国家颁发的安全生产法规进行考核； 按学校实验室规定考核	10分	每违反一项从总分中，扣2分；发生重大事故或损坏设备取消考试资格			

 项目拓展

（1）在实训室或实习车间，完成"三相异步电动机两地控制电路的安装与调试"项目。

（2）在实训室或实习车间，完成"三相异步电动机正转控制电路的故障查找与维修""三相异步电动机正反转控制电路的故障查找与维修""三相异步电动机丫－△降压启动控制电路的故障查找与维修""工作台自动往返控制电路的故障查找与维修""三相异步电动机顺序控制电路的故障查找与维修"五个项目中的一个或多个。

（3）由教师根据岗位能力需求布置有关"思考讨论题"。

项目十

→ **X62W铣床电气线路安装与调试**

📋 项目学习目标

（1）现场参观 X62W 铣床。

（2）引领学生熟悉 X62W 铣床电气线路并分析其工作原理。

（3）引领学生学会机床电气控制板的安装调试方法。

（4）学生自主分组训练项目："X62W 铣床电气控制板的安装调试"。

（5）总结归纳 X62W 铣床电气控制板安装调试的知识与技能，每组写出项目报告。

📋 项目相关知识

（一）X62W铣床基础知识

X62W 铣床是由普通机床发展而来。它集机械、液压、气动、伺服驱动、精密测量、电气自动控制、现代控制理论、计算机控制等技术于一体，是一种高效率、高精度能保证加工质量、解决工艺难题，而且又具有一定柔性的生产设备。万能铣床的广泛应用，给机械制造业的生产方式、产品机构和产业机构带来了深刻的变化，其技术水平高低和拥有量多少，是衡量一个国家和企业现代化水平的重要标志。

X62W 万能铣床是一种通用的多用途机床，可以进行平面、斜面、螺旋面及成形表面的加工，是一种较为精密的加工设备，采用继电接触器电路实现电气控制。

X62W 万能铣床的外形结构如图 10-1 所示，它主要由床身、主轴、刀杆、悬梁、工作台、回转盘、横溜板、升降台、底座等几部分组成。在床身的前面有垂直导轨，升降台可沿着它上下移动。在升降台上面的水平导轨上，装有可在平行主轴轴线方向移动（前后移动）的溜板。溜板上部有可转动的回转盘，工作台就在溜板上部回转盘上的导轨上做垂直于主轴轴线方向的移动（左右移动）。工作台上有 T 形槽用来固定工件。这样，安装在工作台上的工件就可以在三个坐标上的六个方向调整位置或进给。

铣床主轴带动铣刀的旋转运动是主运动；铣床工作

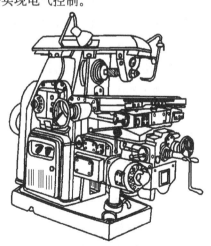

图10-1 X62W万能铣床的外形结构

台的前后（横向）、左右（纵向）和上下（垂直）六个方向的运动是进给运动；铣床其他的运动，如工作台的旋转运动则属于辅助运动。X62W 万能铣床是一种通用的多用途机床，它可以对各种零件进行平面、斜面、螺旋面及成形表面的加工，还可以加装万能铣头、分度头和圆工作台等机床附件来扩大加工范围。铣床型号意义：X62W 中 X 代表铣床，6 代表卧式，2 代表 2 号工作台，W 代表万能。

1. X62W万能铣床电力拖动的特点及控制要求

（1）铣削加工有顺铣和逆铣两种加工方式，要求主轴电动机能正反转，因正反操作并不频繁，所以由床身下侧电器箱上的组合开关来改变电源相序实现。

（2）由于主轴传动系统中装有避免振荡的惯性轮，故主轴电动机采用电磁离合器制动以实现准确停车。

（3）铣床的工作台要求有前后、左右、上下六个方向的进给运动和快速移动，所以也要求进给电动机能正反转，并通过操作手柄和机械离合器相配合来实现。进给的快速移动通过电磁铁和机械挂挡来完成。圆形工作台的回转运动是由进给电动机经传动机构驱动的。

（4）根据加工工艺的要求，该铣床应具有以下电气联锁措施：

① 为了防止刀具和铣床的损坏，只有主轴旋转后才允许有进给运动和进给方向的快速运动。

② 为了减小加工表面的粗糙度，只有进给停止后主轴才能停止或同时停止。

③ 该铣床采用机械操作手柄和位置开关相配合的方式实现进给运动六个方向的联锁。

④ 主轴运动和进给运动采用变速盘来进行速度选择，为保证变速齿轮进入良好的啮合状态，两种运动都要求变速后顺时点动。

⑤ 当主轴电动机或冷却泵过载时，进给运动必须立即停止，以免损坏刀具和铣床。

（5）要求有冷却系统、照明设备及各种保护措施。

2. 主轴电动机的控制

（1）主轴电动机的启动。本机床采用两地控制方式，启动按钮 SB1 和停止按钮 SB3 为一组；启动按钮 SB2 和停止按钮 SB4 为一组。分别安装在工作台和机床床身上，以方便操作。启动前，先选择好主轴转速，并将主轴换向的转换开关 SA5 扳到所需转向上。然后，按下启动按钮 SB1 或 SB2，接触器 KM3 通电吸合并自锁，主轴电动机 M1 启动。KM1 的辅助动合触点闭合，接通控制电路的进给线路电源，保证了只有先启动主轴电动机，才可启动进给电动机，避免损毁工件或刀具。

（2）主轴电动机的制动。为了使主轴停车准确，且减少电能损耗，主轴采用速度继电器制动。该速度继电器安装在主轴传动链中与电动机轴相连的第一根传动轴上。当按下停止按钮 SB3 或停止按钮 SB4 时，接触器 KM3 断电释放，同时接触器 KM2 触电瞬间吸合然后释放，主轴电动机 M1 失电。与此同时，也可以按下行程开关 SQ7 按钮进行反接制动。

（3）主轴变速时的冲动控制。主轴变速可在主轴不动时进行，也可在主轴旋转时进行。变速时按下行程开关 SQ7 短时动作，即 SQ7-2 分断，SQ7-1 闭合，使接触器 KM3 断电。主轴电动机 M1 失电，M2 得电，M1 反接制动，转速迅速降低。以保证变速过程的顺利进行。

变速完成后，按下启动按钮 SB1 或 SB2。再次启动主轴电动机 M1，主轴变速完成。

3．进给运动的控制

工作台的进给运动分为工作进给和快速进给。工作进给只有在主轴启动后才可进行，快速进给是点动控制，即使不启动主轴也可进行。工作台的左、右、前、后、上、下六个方向的运动都是通过操作手柄和机械联动机构带动相应的行程开关使进给电动机 M2 正转或反转来实现的。行程开关 SQ1、SQ3 控制工作台的向右和向左运动，SQ2、SQ4 控制工作台的向前、向下和向后、向上运动。

（1）工作台的纵向（左、右）进给运动。工作台左右进给手柄位置及其控制关系如表 10-1 所示。

表10-1　工作台左右进给手柄位置及其控制关系

手柄位置	位置开关动作	接触器动作	电动机M2转向	传动链搭合丝杠	工作台运动方向
左	SQ1	KM4	正转	左右进给丝杠	向左
中	—	—	停止	—	停止
右	SQ3	KM5	反转	左右进给丝杠	向右

工作台的纵向运动由纵向进给手柄操作。当纵向进给手柄扳向右侧时，机械联动机构将电动机的传动链拨向工作台下面的丝杠，使电动机的动力通过该丝杠作用于工作台。同时，压下行程开关 SQ1，动合触点 SQ1-1 闭合，动断触点 SQ1-2 断开，接触器 KM4 线圈得电吸合，进给电动机 M2 正转，带动工作台向右运动。

当纵向进给手柄扳向左侧时，行程开关 SQ3 受压，SQ3-1 闭合，SQ3-2 断开，接触器 KM5 线圈得电吸合，进给电动机反转，带动工作台向左运动。

（2）工作台的垂直（上、下）与横向（前、后）进给运动。工作台上、下、中、前、后进给手柄位置及其控制关系如表 10-2 所示。

表10-2　工作台上、下、中、前、后进给手柄位置及其控制关系

手柄位置	位置开关动作	接触器动作	电动机M2转向	传动链搭合丝杠	工作台运动方向
上	SQ4	KM5	反转	上下进给丝杠	向上
下	SQ2	KM4	正转	上下进给丝杠	向下
中	—	—	停止	—	停止
前	SQ4	KM4	正转	前后进给丝杠	向前
后	SQ2	KM5	反转	前后进给丝杠	向后

工作台的垂直与横向进给手柄操作。该手柄有五个位置：即上、下、中、前、后。当手柄向上或向下时，机械联动机构将电动机传动链和升降台的上下移动丝杠相连；当手柄向前或向后时，机械联动机构将电动机传动链与溜板下面的丝杠相连；手柄在中间位时，传动链脱开，电动机停转。

以工作台向下（或向前）运动为例，将垂直与横向进给手柄扳倒向下（或向前）位，手柄通过机械联动机构压下行程开关 SQ2，动合触点 SQ2-1 闭合，动断触点 SQ2-2 断开，接触器 KM4 线圈得电吸合，进给电动机 M2 正转，带动工作台做向下（或向前）运动。

若将手柄扳到向上（或向后）位，行程开关 SQ4 被压下，SQ4-1 闭合，SQ4-2 断开，接触器 KM4 线圈得电，进给电动机 M2 反转，带动工作台做向上（或向后）运动。

4．控制电路的联锁与保护

（1）进给运动与主轴运动的联锁。进给运动的控制电路接在主轴启动接触器 KM3 动合触点之后，故只有在主轴启动之后，工作台的进给运动才能进行。由于 KM3 动合触点上并联了 KM2 的动合触点，因此，在主轴未启动情况下，也可实现快速进给。

（2）工作台六个运动方向的联锁。电路上有两条支路：一条是与纵向操纵进给手柄联动的行程开关 SQ1、SQ2 的两个动断触点串联支路；另一条是和垂直于横向操纵进给手柄联动的行程开关 SQ3、SQ4 的两个动断触点串联支路。这两条支路是接触器 KM4 或 KM5 线圈通电的必经之路。因此，只要两个操纵进给手柄同时扳动，进给电路立即切断，实现了工作台各向进给的联锁控制。

（3）工作台的进给与圆工作台的联锁。使用圆工作台时，必须将两个进给手柄都置于"中间"位置。否则，圆工作台就不能运行。

（二）电气控制线路工艺安装

电气控制线路工艺设计的目的是为了满足电气控制设备的制造和使用要求。工艺设计必须在电气原理图设计完成之后进行。在完成电气原理图设计及电气元件选择之后，马上可以进行电气控制设备的结构设计，总装配图、总接线图、各部分的电气装配图与接线图的设计，并列出各部分的元件目录、进出线号以及主要材料清单等技术资料，最后编写设计说明书。

1．电气设备总体配置

电气设备总体配置设计任务是根据电气原理图的工作原理与控制要求，将控制系统划分为几个组成部分，称为部件。根据电气设备的复杂程度，每一部件又可划分成若干组件，如开关电器安装板组件、控制电器组件、印制电路板组件、电源组件等，根据电气原理图的接线关系整理出各部分的进出线号，并调整它们之间的连接方式。总体配置设计是以电气系统的总装配图与总接线图形式来表示的，图中应以示意形式反映出各部分主要组件的位置及各部分的接线关系，走线方式及使用行线槽、管线要求等。

总装配图、接线图（根据需要可以分开，也可以并在一起）是进行分部分设计和协调各部分组成一个完整系统的依据总体设计要使整体系统集中、紧凑，同时在空间允许条件下，对发热元件、噪声、振动大的电气部件，如热继电器、启动电阻箱等尽量放在离其他元件较远的地方或隔离起来，对于多工位加工的大型设备，应考虑两地操作方便，总电源开关、紧急停止控制开关应安放在方便而明显的位置。总体配置设计合理与否关系到电气系统的制工作质量，也影响到电气系统性能的实现及其工作的可靠性，以及操作、调试、维护等工作的方便和质量。

2．电气元件布置

电气元件布置是某些电气元件按一定原则的组合。

（1）电气元件在控制板（或柜）上的布置原则如下：

① 体积大和较重的电器应安装在控制板的下面。

② 发热元件应安装在控制板的上面，要注意使感温元件与发热元件隔开。

③ 弱电部分应加屏蔽和隔离，防止强电部分以及外界干扰。

④ 要经常维护检修操作调整用的电器（例如插件部分、可调电阻器、熔断器等），安装位置不宜过高或过低。

⑤ 应尽量把外形及结构尺寸相同的电气元件安装在一排，以利于安装和补充加工，而且宜于布置，整齐美观。

⑥ 考虑电器维修，电气元件的布置和安装不宜过密，应留一定的空间位置，以利于操作。

⑦ 电器布置应适当考虑对称，可从整个控制板考虑对称，也可从某一部分布置考虑对称，具体根据机床结构特点而定。

（2）电气元件的相互位置。各电气元件在控制板上的大体安装位置确定以后，就可着手具体确定各电器之间的距离，它们之间的距离应从如下几方面去考虑：

① 电器之间的距离应便于操作和检修。

② 应保证各电器的电气距离，包括漏电距离和电气间隙。

③ 应考虑有些电器的飞弧距离，例如自动开关、接触器等在断开负载时形成电弧将使空气电离。所以在这些地方其电气距离应增加。具体的电器飞弧距离由制造厂家来提供，若由于结构限制不能满足时，则相应的接地或导电部分要用耐弧绝缘材料加以保护。

机床电气控制柜、操作台、悬挂操纵箱，有标准的结构设计，可根据要求进行选择，但要进行补充加工。如果标准设计不能满足要求，可另行设计。这时可将所有电气元件按上述原则排在一块板上，移动各个电气元件求出一个最佳排列方案，然后确定控制柜尺寸。这种实物排列比用电气元件外形尺寸来考虑排列更为方便、快捷。

3. 线路的连接

选用的电气元件要可靠、牢固、动作时间少、抗干扰性能好。

（1）正确连接电器的线圈。在交流控制电路中不能串联接入两个电器的线圈，即使外加电压是两个线圈额定电压之和，也是不允许的。因为每个线圈上所分配的电压与线圈阻抗成正比，两个电器动作总是有先后，还可能同时吸合。若接触器 KM2 先吸合，线圈电感显著增加，其阻抗比未吸合的接触器 KM1 的阻抗大，因而在线圈上的电压降增大，使 KM1 的电压达不到动作电压。因此，若需两个同时动作时，其线圈应该并联连接。

对于直流电磁线圈，只要其电阻相同，是可以串联的。但最好不要并联连接，特别是两者电感量相差较大时。

线圈 KA 并联，在接通电源时可以正常工作，但在断开电源时，由于电磁铁线圈的电感量比继电器的电感量大得多，因此在断电时继电器很快释放，但电磁铁线圈产生的自感电势将使继电器又吸合，一直到继电器线圈上的电压再次下降到释放值为止，这就会造成继电器的误动作，解决办法是 YA 和 KA 各用一个接触器 KM 的触点来控制。

（2）正确连接电器的触点。安装时应使分布在线路不同位置的同一电器触点尽量接到同一极或同一相上，以避免在电器触点上引起短路。在控制电路中，应尽量将所有电器的联锁触点接在线圈的左端，线圈的右端直接接电源，这样，可以减少线路内产生虚假回路的可能性，还可以简化电气柜的出线。

（三）机床电气故障的排查

1. 机床电气设备故障的诊断步骤

（1）故障调查：

① 机床发生故障后，首先应向操作者了解故障发生的前期情况，有利于根据电气设备的工作原理来分析发生故障的原因。一般询问的内容有：故障发生在开车前、开车后，还是发生在运行中；是运行中自行停车，还是发现异常情况后由操作者停下来的；发生故障时，机床工作在什么工作顺序，按动了哪个按钮，扳动了哪个开关；故障发生前后，设备有无异常现象（如响声、气味、冒烟或冒火等）；以前是否发生过类似的故障，是怎样处理的等。

② 熔断器内熔丝是否熔断，其他电气元件有无烧坏、发热、断线，导线连接螺钉有否松动，电动机的转速是否正常。

③ 电动机、变压器和有些电气元件在运行时声音是否正常，可以帮助寻找故障的部位。

④ 电动机、变压器和电气元件的线圈发生故障时，温度显著上升，可切断电源后用手去触摸。

（2）电路分析。根据调查结果，参考该电气设备的电气原理图进行分析，初步判断出故障产生的部位，然后逐步缩小故障范围，直至找到故障点并加以消除。分析故障时应有针对性，如接地故障一般先考虑电气柜外的电气装置，后考虑电气柜内的电气元件；断路和短路故障，应先考虑动作频繁的元件，后考虑其余元件。

（3）断电检查。检查前先断开机床总电源，然后根据故障可能产生的部位，逐步找出故障点。检查时应先检查电源线进线处有无碰伤而引起的电源接地、短路等现象，螺旋式熔断器的熔断指示器是否跳出，热继电器是否动作。然后检查电气外部有无损坏，连接导线有无断路、松动，绝缘是否过热或烧焦。

（4）通电检查。做断电检查仍未找到故障时，可对电气设备进行通电检查。在通电检查时要尽量使电动机和其所传动的机械部分脱开，将控制器和转换开关置于零位，行程开关还原到正常位置；然后用万用表检查电源电压是否正常，是否缺相或严重不平衡；再进行通电检查。检查的顺序为：先检查控制电路，后检查主电路；先检查辅助系统，后检查主传动系统；先检查交流系统，后检查直流系统；先检查开关电路，后检查调整系统。或断开所有开关，取下所有熔断器，然后按顺序逐一插入欲要检查部位的熔断器，合上开关，观察各电气元件是否按要求动作，是否有冒火、冒烟、熔断器熔断的现象，直至查到发生故障的部位。

2. 机床电气设备故障诊断方法

（1）断路故障的诊断。具体方法如下：

① 试电笔诊断法。试电笔诊断断路故障的方法如图10-2所示。诊断时用试电笔依次测试1、2、3、4、5、6各点，测到哪点试电笔不亮即断路处。

② 万用表诊断法。具体方法如下：

a．电压测量法。检查时，把万用表的选择开关旋到交流电压 500 V 挡位上。

• 电压分阶测量法如图 10-3 所示。

检查时，首先用万用表测量 1、7 两点之间的电压，若电路正常，应为 380 V；然后按住启动按钮 SB2 不放，同时将黑色表笔接到点 7 上，红色表笔按 6、5、4、3、2 标号依次向前移动，分别测量 7-6、7-5、7-4、7-3、7-2 各阶之间的电压，电路正常情况下，各阶的电压值均为 380 V。如测到 7-6 之间无电压，说明是断路故障，此时可将红色表笔向前移，当移至某点（如点 2）时电压正常，说明点 2 以前的触点或接线有断路故障。一般是点 2 后第一个触点（即刚跨过的停止按钮 SB1 的触点）或连接线断路。根据各阶之间电压值来检查故障的方法如表 10-3 所示。这种测量方法像上台阶一样，所以称为分阶测量法。

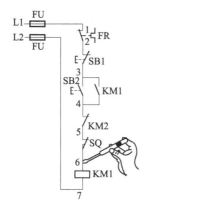

图10-2　试电笔诊断断路故障的方法

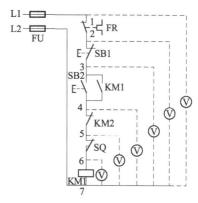

图10-3　电压分阶测量法

表10-3　电压分阶测量法判别故障原因

故障现象	测试状态	7-6/V	7-5/V	7-4/V	7-3/V	7-2/V	7-1/V	故障原因
按下SB2，KM1不吸合	按下SB2不放松	0	380	380	380	380	380	SQ动断触点接触不良
		0	0	380	380	380	380	KM2动断触点接触不良
		0	0	0	380	380	380	SB2动合触点接触不良
		0	0	0	0	380	380	SB1动断触点接触不良
		0	0	0	0	0	380	FR动断触点接触不良

• 电压分段测量法如图 10-4 所示。先用万用表测试 1、7 两点之间的电压，电压值为 380 V，说明电源电压正常。电压的分段测试法是将红、黑两根表笔逐段测量相邻两标号点 1-2、2-3、3-4、4-5、5-6、6-7 之间的电压。如电路正常，按 SB2 后，除 6-7 两点间的电压等于 380 V 之外，其他任何相邻两点间的电压值均为零。

如按下启动按钮 SB2，接触器 KM1 不吸合，说明发生断路故障，此时可用电压表逐段测试各相邻两点间的电压。如测量到某相邻两点间的电压为 380 V 时，说明这两点间所包含的触点、连接导线接触不良或有断路故障。例如标号 4-5 两点之间的电压为 380 V，说明接触器 KM2 的动断触点接触不良。根据各段电压值来检查故障的方法如表 10-4 所示。

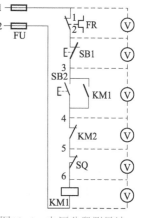

图10-4　电压分段测量法

表10-4 分段测量法判别故障原因

故障现象	测试状态	1-2/V	2-3/V	3-4/V	4-5/V	5-6/V	故障原因
按下SB2， KM1不吸合	按下SB2 不放松	380	0	0	0	0	FR动断触点接触不良
		0	380	0	0	0	SB1动断触点接触不良
		0	0	380	0	0	SB2动合触点接触不良
		0	0	0	380	0	KM2动断触点接触不良
		0	0	0	0	380	SQ动断触点接触不良

b. 电阻测量法。具体方法如下：

• 电阻分阶测量法如图 10-5 所示。按下启动按钮 SB2，接触器 KM1 不吸合，该电气回路有断路故障。用万用表的电阻挡检测前应先断开电源，然后按下 SB2 不放松，先测量 1-7 两点之间的电阻，如电阻值为无穷大，说明 1-7 之间的电路断路。然后分阶测量 1-2、1-3、1-4、1-5、1-6 各点间电阻值。若电路正常，则该两点间的电阻值为"0"；当测量到某标号间的电阻值为无穷大，则说明表笔刚跨过的触点或连接导线断路。

• 电阻分段测量法如图 10-6 所示。检查时，先切断电源，按下启动按钮 SB2，然后依次逐段测量相邻两标号点 1-2、2-3、3-4、4-5、5-6 间的电阻。如测得某两点间的电阻值无穷大，说明这两点间的触点或连接导线断路。例如当测得 2-3 两点间电阻值为无穷大时，说明停止按钮 SB1 或连接 SB1 的导线断路。电阻测量法的优点是安全，缺点是当测得的电阻值不准确时，容易造成判断错误。为此应注意用电阻测量法检查故障时一定要断开电源；如被测的电路与其他电路并联时，必须将该电路与其他电路断开，否则所测得的电阻值是不准确的；测量高电阻值的电气元件时，把万用表的选择开关旋转至适合电阻挡。

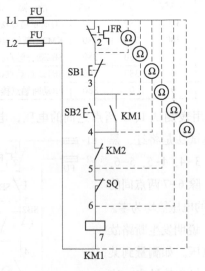

图10-5 电阻分阶测量法

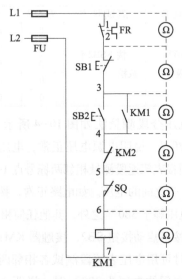

图10-6 电阻分段测量法

③ 短接法。短接法是用一根绝缘良好的导线，把所怀疑断路的部位短接，如短接过程中，电路被接通，就说明该处断路。

a. 局部短接法。局部短接法如图 10-7 所示。按下启动按钮 SB2 时，接触器 KM1 不吸合，说明该电路有故障。检查前先用万用表测量 1—7 两点间的电压值，若电压正常，可按下启动按钮 SB2 不放松，然后用一根绝缘良好的导线，分别短接标号相邻的两点，如短接 1—2、2—3、3—4、4—5、5—6。当短接到某两点时，接触器 KM1 吸合，说明断路故障就在这两点之间。具体短接部位及故障原因如表 10—5 所示。

表10—5 局部短接法部位及故障原因

故　障　现　象	短接点标号	KM1动作	故　障　原　因
按下SB2，KM1不吸合	1—2	KM1吸合	FR动断触点接触不良
	2—3	KM1吸合	SB1动断触点接触不良
	3—4	KM1吸合	SB2动合触点接触不良
	4—5	KM1吸合	KM2动断触点接触不良
	5—6	KM1吸合	SQ动断触点接触不良

b．长短接法。长短接法检查断路故障如图 10—8 所示。长短接法是指一次短接两个或多个触点，来检查故障的方法。当 FR 的动断触点和 SB1 的动断触点同时接触不良，如用上述局部短接法将 1—2 短接，按下启动按钮 SB2，KM1 仍然不会吸合，故可能会造成判断错误。而采用长短接法将 1—6 短接，如 KM1 吸合，说明 1—6 这段电路中有断路故障，然后再短接 1—3 和 3—6，若短接 1—3 时 KM1 吸合，则说明故障在 1—3 段范围内。再用局部短接法短接 1—2 和 2—3，能很快地排除电路的断路故障。

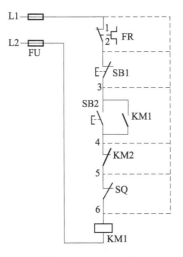

图10-7 局部短路法

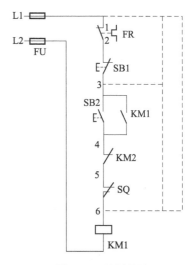

图10-8 长短接法

短接法是用手拿绝缘导线带电操作的，所以一定要注意安全，避免触电事故发生。短接法只适用于检查压降极小的导线和触点之类的断路故障。对于压降较大的电器，如电阻器、线圈、绕组等断路故障，不能采用短接法，否则会出现短路故障。对于机床的某些关键部位，必须在保障电气设备或机械部位不会出现事故的情况下才能使用短接法。

（2）短路故障的诊断：

① 电源间短路故障的检修。这种故障一般是通过电气的触点或连接导线将电源短路。如图 10—9 所示。行程开关 SQ 中的 3 号与 0 号因某种原因连接将电源短路，接通电源熔断器

FU 就熔断。采用电池灯进行检修的方法如下：

a．拿去熔断器 FU 的熔芯，将电池灯的两根线分别接到 1 号和 0 号线上，灯亮，说明电源间短路。

b．将行程开关 SQ 动合触点上的 0 号线拆下，灯暗，说明电源短路在这个环节。

c．再将电池灯的一根线从 0 号移到 9 号上，如灯灭，说明短路在 0 号上。

d．将电池灯的两根线分别接到 1 号和 0 号线上，然后依次断开 4、3、2 号线，当断开 2 号线时灯灭，说明 2 号和 0 号间短路。

② 电气触点本身短路故障的检修。如果图 10-9 中的停止按钮 SB1 的动断触点短路，则接触器 KM1 和 KM2 工作后就不能释放。又如接触器 KM1 的自锁触点短路，这时接通电源，接触器 KM2 就吸合，这类故障较明显，只要通过分析即可确定故障点。

③ 电气触点之间的短路故障检修。如果图 10-10 中的接触器 KM1 的两副辅助触点 3 号和 8 号因某种原因而短路，这样当合上电源，接触器 KM2 即吸合。

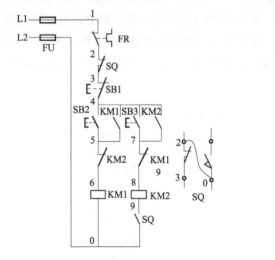

图10-9　电源间短路故障

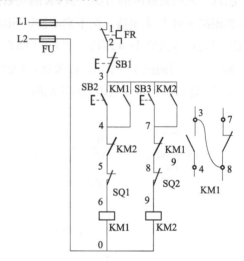

图10-10　电气触点间的短路故障

a．通电检修。通电检修时可按下 SB1，如接触器 KM2 释放，则可确定一端短路故障在 3 号；然后将 SQ2 断开，KM2 也释放，则说明短路故障可能在 3 号和 8 号之间。若拆下 7 号线，KM2 仍吸合，则可确定 3 号和 8 号为短路故障点。

b．断电检修。将熔断器 FU 拔下，用万用表的电阻挡（或电池灯）测 2-9，若电阻为"0"（或电池灯亮）表示 2-9 之间有短路故障；然后按 SB1，若电阻为"∞"（或电池灯不亮说明短路不在 2 号）；再将 SQ2 断开，若电阻为"∞"（或电池灯不亮），则说明短路也不在 9 号。然后将 7 号断开，电阻为"∞"（或电池灯不亮），则可确定短路点为 3 号和 8 号。

3. 检修后通电调试的一般要求

（1）各电源开关通电应按一定程序进行，与待调试无关的电路开关不应闭合。

（2）测量电源电压，其波动范围不应超过 ±7%。

（3）各机构动作程序的检验调试，应根据电路图在调试前编制的程序进行。

（4）在控制电路正确无误后，才可接通主电路电源。

（5）主电路初次送电应点动启动。

（6）操作主令控制器时应由低速挡向高速挡逐挡操作，其挡位与运行速度相对应，操作方向与运行方向相一致。

（7）对调速系统的各挡速度应进行必要的调整，使其符合调整比，对非调整系统的各挡的速度不需调整。

（8）起升机构为非调速系统时，下降方向的操作应快速过渡，以避免电动机超速行驶。

（9）保护电路的检验调试应首先手动模拟各保护联锁环节触点的动作，检验动作的正确和可靠性。

（10）限位开关的实际调整，应在机构低速运行的条件下进行，在有惯性越位时，应反复调试。

（四）X62W铣床常见故障分析及排除

1. 主电路的故障分析与排除

主电路故障的主要现象是电动机缺相，即控制电路能正常运行，但电动机不能转动并伴有声响。

（1）熔断器熔断：

① 故障现象：制动正常，进给都不正常。

② 故障原因：FU1熔断；TC损坏；FU4熔断；FR1、FR2过载保护等。

③ 排除方法：按惯例先查FU1，立刻就会发现L1相的FU1熔断器故障。更换熔体前需要进一步检查电动机M1、M2、M3以及它们的主电路，变压器TC是否有短路，确定无短路故障时，可能是瞬间大电流冲击造成的，更换熔体故障排除。

（2）主轴电动机缺相：

① 故障现象：主轴电动机不转动，伴有很响的"嗡嗡"声。

② 故障原因：首先肯定主轴电动机缺相；FU1、KM1主触点、FR1、SA3、M1等有一相已经断路。

③ 排除方法：查主轴电动机M1的主电路。

断开电动机。通电查FU1上、下桩头的电压是否正常，查KM1主触点上桩头电压正常（380 V），下桩头电压不正常。断电后，拆下KM1的灭弧罩，测量KM1主触点接触不良，修复触点或更换接触器，故障排除。

用电阻挡测量主轴电动机M1的主电路，从FU1至电动机M1的接线盒，查得KM1主触点断开，修复触点或更换接触器，故障排除。

（3）冷却泵电动机缺相：

① 故障现象：主轴电动机工作正常，冷却泵未输送冷却水。

② 故障原因：QS2损坏；冷却泵缺相；冷却泵电动机损坏；电源引线断开。

③ 排除方法：查 QS2 的进线电压正常（380 V），卸下冷却泵电动机端子板处的引线，合上 QS2，查冷却泵电动机电源开关出线电压（41 号）线 –（51 号）线间电压正常，(41 号）线 –（46 号）线间电压不正常，(46 号）线 –（51 号）线间电压不正常。断开电源，用电阻挡测量 QS2（46 号）线至 QS2（47 号）线，触点已开路，修复或更换 QS2，故障排除。

2. 控制电路的故障分析与排除

控制电路故障的现象相对复杂，其主要表现形式是交接不能吸合或自锁。此类故障涉及的器件众多，需耐心排查。

（1）拨盘开关触点接触不良：

① 故障现象：圆工作台正常、进给冲动正常，其他进给都不动作。

② 故障原因：故障范围被锁定在左右、上下、前后进给的公共通电路径；根据圆工作台、进给冲动工作正常，从而得知故障点就在 SA2–3 触点或连线上。

③ 排除方法：

a. 电阻法：断开 SA2–3 一端接线，测量 SA2–3 触点电阻接触不良，故障排除。

b. 电压法：先按下 SB1 或 SB2，接触器 KM1 吸合，查 TC 二次绕组（105 号）与 SA1–2(116 号）线间电压正常（110 V），查 TC 二次绕组（137 号）线与 SA1–2（117 号）线间电压不正常，触点 SA2–3 接触不良。修复拨盘开关，故障排除。

（2）交接辅助触点接触不良：

① 故障现象：主轴电动机工作正常，但进给不动作。

② 故障原因：联锁触点 KM1 接触不良；SQ1（132 号）至 KM1（140 号）；KM1（144 号）至 SA2–1 或 SQ2–2（152 号）导线断线；FR3 触点以及至 KM2 或 KM3、KM4 导线断线。

③ 排除方法：先按下 SB1 或 SB2，接触器 KM1 吸合，查 TC 二次绕组（105 号）与 KM1（145 号）线电压为正常（110 V），与 KM1（144 号）线间电压不正常，查触点 KM1 接触不良，修复触点，故障排除。

（3）触点电阻无穷大已开路：

① 故障现象：左、右进给不动作，圆工作台不动作，其他进给可以进行。

② 故障原因：故障出在左、右进给与圆工作台的公共部分：SQ2–2、SQ3–2、SQ4–2 以及连接导线。但进给冲动可以，进一步验证 SQ3–2、SQ4–2 触点是好的，唯一的故障落在 SQ2–2 触点或导线上。

③ 排除方法：断开 SA2，用万用表电阻挡查 SQ2–2 触点电阻无穷大已开路，修复触点或更换 SQ2，故障排除。（SQ2 动作频繁容易损坏。）

（4）触点开路：

① 故障现象：左、右进给不动作，圆工作台不动作，进给冲动不动作，其他进给正常。

② 故障原因：故障出在左、右进给与圆工作台的公共部分：SQ2–2、SQ3–2、SQ4–2 以及连接导线。但进给冲动不可以，进一步说明故障落在 SQ3–2、SQ4–2 触点范围。

③ 排除方法：断开 SA2 或断开 SQ3–2、SQ4–2 的一端连线。用万用表电阻挡查 SQ3–2、SQ4–2 触点的电阻以及连接导线，查 SQ3–2 触点断开，更换 SQ3，故障排除。

（5）触点损坏断开：

① 故障现象：上、下、前、后进给、圆工作台、进给冲动都不动作，左、右进给正常。

② 故障原因：故障出在上、下、前、后进给等它们的公共部分：SA2-1、SQ5-2、SQ6-2以及连接导线。

③ 排除方法：断开SA2或断开SQ5-2、SQ6-2的一端连线。用万用表的电阻挡，查SQ5-2、SQ6-2触点的电阻以及连接导线，查SQ6-2触点损坏，更换SQ6，故障排除。

（6）触点电阻很大，已开路：

① 故障现象：圆工作台不动作，其他进给都正常。

② 故障原因：综合分析故障现象，故障范围在SA2-2触点、连线。

③ 排除方法：断开SA2-2一端连线。用万用表的电阻挡，查SA2-1（167号）线与SA2-2（170号）线间电阻正常，查SA2-2触点电阻很大已开路，修复或更换SA2，故障排除。

（7）动断触点接触不良：

① 故障现象：上、左、后方向无进给，下、右、前方向进给正常。

② 故障原因：故障的范围在SA2-3（160号）线至SQ6-1（171号）或SQ4-1（177号）线；SQ6-1（172号）或SQ4-1（178号）线至KM3动断触点（179号）线；KM3动断触点；KM3动断触点（180号）线至KM4线圈；KM4线圈；KM4线圈（182号）至KM3线圈（166号）。

③ 排除方法：查KM4线圈正常；查KM3动断触点接触不良，修复触点，故障排除。

（8）触点连接不良：

① 故障现象：主轴电动机变成点动控制。

② 故障原因：自锁触点KM1以及引线。

③ 排除方法：用电阻法测量，先断开自锁触点一端引线，然后模拟接触器KM1通电吸合，测量自锁触点接触电阻完全断开。修复或更换，故障排除。

（9）动合触点的接触电阻完全开路：

① 故障现象：主轴电动机能正常启动，但不能变速冲动。

② 故障原因：主要故障范围在SQ1的动合触点以及引线；机械装置未压合冲动行程开关SQ1。

③ 排除方法：断开SQ1-1动合触点的一端连线，或者把SA1拨向断开位置。压合SQ1后，查SQ1-1动合触点的接触电阻完全开路，更换行程开关SQ1，故障排除。

（10）触点熔焊短路：

① 故障现象：合上电源开关QS1，主轴电动机直接启动。

② 故障原因：接触器KM1主触点熔焊；启动按钮被短接；SQ1被短接。

③ 排除方法：断电情况下，接触器的主触点未复位，证实接触器主触点KM1熔焊；更换接触器，故障排除。若接触器主触点复位，则按钮被短接。接触器线圈通电直通。查SB1、SB2动合触点即可。

项目情境

（1）由教师（代表管理方）对学生（员工）进行典型机床电气线路安装调试概述：

① X62W 铣床电气线路分析；

② X62W 铣床安装调试规程。

（2）由教师（代表管理方）对学生（员工）进行 X62W 铣床电气控制系统图片展示。

（3）由教师（代表管理方）对学生（员工）进行工作任务的布置与分配，明确"典型机床电气线路的安装调试"训练的目的、要求及内容。

由 ×××× 单位电气维修部门经理（教师或学生）向完成各具体子项目（任务）的执行经理或工作人员布置任务，派发任务单，如表 10-6 所示。

表10-6 任务单

项目名称	子项目	内 容 要 求	备注
X62W铣床控制系统的安装与调试	X62W铣床控制系统的安装	学生按照人数分组训练： 认真阅读控制原理图（见附录B），充分了解其原理后分解任务，每个小组成员都应有明确的负责事项。 填写材料领用单（见表10-7），领取相关器件后认真检查，如有不合格器件及时更换并填写器件更换单（见表10-8）。 铣床控制系统外观图（见图10-11），将各器件安装上，并标注。安装原则为布局合理、安装牢固、整齐美观。 按照原理图进行线路安装，硬线安装不分线径和颜色，各接点应套上写有编号的编号管，实物编号和图纸编号要一致	
	X62W铣床控制系统的调试及总结	学生按照人数分组训练： 接线完毕后小组内应相互检查，第一次调试前需经指导老师核查后方能通电，调试时必须有两人以上在场，并记录调试过程。 调试过程中有器件损坏的应及时更换并填写器件更换单（见表10-8）。 安装调试完成后，各小组需进行技术文档的整理。技术文档应包含以下内容：封面、前言、目录、设备介绍（图、表）、使用说明（常见故障现象及排除方法）、工作总结（安装调试过程）、成果展示。其中布置图、接线图等采用VISIO绘制，工作总结小组成员每人一份。以上文档各组上交电子稿及打印稿。 各小组全体上台说明工作过程，并展示完成作品。教师与其他学生可提出相关疑问由该组成员回答，全过程由学生进行答辩记录。最终给出各小组在该项目中的成绩，以备课程成绩的计算。 各小组组长需认真填写工作记录表（见表10-9），本项目考核成绩将依据记录表和评分标准评定	
目标要求	会安装并调试X62W铣床控制系统		
实训环境	X62W铣床控制系统各种配件、三相笼形异步电动机三台、安装板、电工工具等		
其他			

组别：　　　　组员：　　　　　　　　　项目负责人：

表10-7　材料领用单

班级：　　　组别：　　　　　　人员姓名：　　　　　　工位：

名称	型号规格	数量	备注	名称	型号规格	数量	备注

表10-8　器件更换及损耗记录表

器件名称、规格	数　量	原　　因

图10-11　铣床控制系统外观图

表10-9　铣床安装工作记录表

组别：　　　组员：　　　　组长：　　工位：

第___周：

日期	人员	学 习 工 作 内 容	效果评价	备　注

第___周：

日期	人员	学 习 工 作 内 容	效果评价	备　注

第___周：

日期	人员	学 习 工 作 内 容	效果评价	备　注

项目实施

　　具体完成过程是：按情境进行项目布置→学生个人准备→组内讨论、检查→发言代表汇报→评价→展示案例、问题指导→组内讨论、修改方案→第二次汇报→评价→问题指导→再讨论再修改→第三次汇报→评价、验收→拓展任务、巩固训练→师生共同归纳总结→新项目布置，完成项目十的具体任务和拓展任务。

　　将学生根据实训平台（条件）按照项目要求进行分组实施。

项目评价

　　（1）项目实施结果考核。由项目委托方代表（一般来说是教师）对项目十各项任务的完成结果进行验收、评分，对合格的任务进行接收。

　　（2）考核方案设计：

本项目将考核融入学习的全过程中，将个人成绩融入集体中，使学生必须时时刻刻认真参与，相互协调、相互促进，极大地提高了教学效果。具体是实行了项目组考核与人员考核先分离后统一的二级考核法：

① 项目组考核：从以下五个方面进行考核，每一方面占 20%。

a. 时间：提前的优；准时完成的良；完成 80% 以上的及格。

b. 质量：由过程规范检查和最终调试情况确定。

c. 安全：没有事故并未损坏任何器具的优；损坏器具占总数 1% 以下的良；2% 及格。

d. 文档：根据小组撰写的技术文档正确规范确定。

e. 答辩：根据小组答辩过程确定。

② 人员的考核：由于本课程以项目运行方式进行，依据每人在工作过程中的作用、状态和效果由各组组长确定（50%）、每人理论抽查成绩（50%）。

③ 最终成绩：每名学生的最终成绩是个人成绩与项目组成绩的加权叠加：

a. 组员：个人成绩 ×60%+ 项目组成绩 ×40%。

b. 组长：个人成绩 ×40%+ 项目组成绩 ×60%。

考评表见表 10-10。

表10-10　考评表

主要内容	考核要求	评分标准	配分	扣分	得分
规范安装同时调试铣床控制系统	时间：提前的优；准时完成的良；完成80%以上的及格。 质量：由过程规范检查和最终调试情况确定。 安全：没有事故并未损坏任何器具的优；损坏器具占总数1%以下的良；2%及格。 答辩：根据小组撰写的技术文档及答辩过程确定	提前的优；准时完成的良；完成80%以上的及格	20		
		由过程规范检查和最终调试情况确定	20		
		没有事故并未损坏任何器具的优，损坏器具占总数1%以下的良；2%及格	20		
		根据小组撰写的技术文档正确规范	20		
		报告说明及答辩清晰正确	20		
合　　计			100		

（3）成果汇报或调试。

（4）成果展示（实物或报告）：写出本项目完成报告。

（5）师生互动（学生汇报、教师点评）。

（6）考评组打分。

项目拓展

（1）到工厂机床车间现场观摩典型机床电气控制线路，并对机床设备进行故障分析和故障维修。

（2）由教师根据岗位能力需求布置有关"思考讨论题"。

项目十一

配电应用技术

项目学习目标

（1）现场展示实训室各种基本的室内电气工程图，让学生观摩，并大概了解项目概况。

（2）引领学生学习常用各种电器的图形符号的标注方法，并给学生示范每种元器件的操作要领。

（3）引领学生学习常用室内配电线路、照明器具和电气设备的使用方法，并给学生示范识图的基本步骤及注意事项。

（4）引领学生完成常用电光源的选择、人工照明的实际程序、室内配线和常见照明器具及白炽灯、荧光灯的安装与调试。

（5）引领学生学习车间常用配电线路运行维护的要求、巡查项目与常见故障分析。

（6）学生自主分组训练项目："车间照明装置的敷设与维护""车间配电线路的敷设与维护演练"。

（7）总结归纳配电技术应用知识与技能，每人抽考一个。

项目相关知识

（一）室内电气工程识图基础

1. 室内电气工程的组成（指供电和用电工程）

包括外线工程、变配电工程、室内配线工程、电力工程、照明工程、防雷工程、接地工程、发电工程和弱电工程（消防报警|广播、电话|闭路电视、互联网等）。

2. 室内电气施工图的作用、组成和特点

（1）图样的作用。说明电气工程的构成和功能，描述电气工程的工作原理，提供安装技术数据和使用维护的依据。

（2）图样的组成。设计说明、电气系统图、电气平面图、设备布置图、安装接线图、电气原理图等。

（3）图样的特点。各种装置或设备中的元器件都不按比例绘制它们的外形尺寸，而是用图形符号表示，同时用文字符号、安装代号来说明电气装置和线路的安装位置、相互关系和敷设方法。

表 11-1 和表 11-2 即为各种电器的图形符号表示举例。

表11-1　各种电器的图形符号

名　称	图形符号	名　称	图形符号
变压器		明装单相插座	
低压配电箱		暗装单相插座	
事故照明配电箱		防水单相插座	
照明配电箱		防爆单相插座	
动力配电箱		明装单相带接地保护插座	
电能表	WH	暗装单相带接地保护插座购	
三管荧光灯		防水单相带接地保护插座	
三管荧光灯		防爆单相带接地保护插座	
二管荧光灯		明装三相带接地保护插座	
单管荧光灯		暗装三相还接地保护插座	
灯顶灯		防水三相带接地保护插座	
壁灯		防爆三相带接地保护插座	
白炽灯		明装单极开关	
应急照明灯	B	明装双极开关	
出口指示灯		明装三极开关	
断路器		暗装单极开关	
熔断器式开关		暗装双极开关	
消防警铃		暗装三极开关	
扬声器		拉线开关	

表11-2　常见元件图形符号、文字符号

类别	名　称	图形符号	文字符号	类别	名　称	图形符号	文字符号
开关	单极控制开关		SA	位置开关	动合触点		SQ
	手动开关一般符号		SA		动断触点		SQ
	三极控制开关		QS		复合触点		SQ
	三极隔离开关		QS	按钮	动合按钮		SB
	三极负荷开关		QS		动断按钮		SB
	组合旋钮开关		QS		复合按钮		SB
	低压断路器		QF		急停按钮		SB
	控制器或操作开关	后　前 2 1 0 1 2	SA		钥匙操作式按钮		SB

类别	名称	图形符号	文字符号	类别	名称	图形符号	文字符号
接触器	线圈操作器件		KM	热继电器	热元件		FR
	动合主触点		KM		动断触点		FR
	动合辅助触点		KM	中间继电器	线圈		KA
	动断辅助触点		KM		动合触点		KA
时间继电器	通电延时（缓吸）线圈		KT		动断触点		KA
	断电延时（缓放）线圈		KT	电流继电器	过电流线圈	$I>$	KA
	瞬时闭合的动合触点		KT		欠电流线圈	$I<$	KA
	瞬时断开的动断触点		KT		动合触点		KA
	延时闭合的动合触点	或	KT		动断触点		KA
	延时断开的动断触点	或	KT	电压继电器	过电压线圈	$U>$	KV
	延时闭合的动断触点	或	KT		欠电压线圈	$U<$	KV
	延时断开的动合触点	或	KT		动合触点		KV
电磁操作器	电磁铁的一般符号	或	YA	电压继电器	动断触点		KV
	电磁吸盘		YH	电动机	三相笼形异步电动机	M 3~	M
	电磁离合器		YC		三相绕线转子异步电动机	M 3~	M
	电磁制动器		YB		他励直流电动机	M	M
	电磁阀		YV		并励直流电动机	M	M
非电量控制的继电器	速度继电器动合触点	n	KS		串励直流电动机	M	M
	压力继电器动合触点	P	KP	熔断器	熔断器		FU
发电机	发电机	G	G	变压器	单相变压器		TC
	直流测速发电机	TG	TG		三相变压器		TM

类别	名　称	图形符号	文字符号	类别	名　称	图形符号	文字符号
灯	信号灯（指示灯）	⊗	HL	互感器	电压互感器	⌇⌇	TV
	照明灯	⊗	EL		电流互感器	⌇	TA
接插器	插头和插座	—（ 或 —‹	X 插头XP 插座XS		电抗器	⌐⌐	L

3．室内配电线路的表示方法

（1）电气照明线路在平面图中采用线条和文字标注相结合的方法，表示出线路的走向、用途、编号、导线的型号、根数、规格及线路的敷设方式和敷设部位。

（2）线路配线方式及代号（斜线后为英文字母代码）：分为明敷（M）和暗敷（A）。

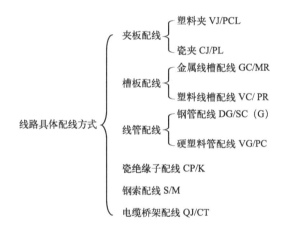

线路具体配线方式
- 夹板配线
  - 塑料夹 VJ/PCL
  - 瓷夹 CJ/PL
- 槽板配线
  - 金属线槽配线 GC/MR
  - 塑料线槽配线 VC/PR
- 线管配线
  - 钢管配线 DG/SC（G）
  - 硬塑料管配线 VG/PC
- 瓷绝缘子配线 CP/K
- 钢索配线 S/M
- 电缆桥架配线 QJ/CT

（3）线路敷设部位及代号（见表11-3）。

表11-3　线路敷设部位及代号

部　位	代　号	部　位	代　号
地面（板）	D	墙	Q
柱	Z	梁	L
顶棚	P		

（4）导线的类型及代号（见表11-4）。常见导线型号（见表11-5）。

表11-4　导线的类型及代号

项　目	类　型	代　号	类　型	代　号
线芯材料	铜芯导线（一般不标注）	T	铝芯导线	L
绝缘种类	聚氯乙烯绝缘	V	橡胶绝缘	X
	氯丁橡胶绝缘	XF	聚乙烯绝缘	Y
内护套	聚氯乙烯套	V	聚乙烯套	Y
其他特征	绝缘导线、平行	B	双绞线	S
	软线	R		

项目十一　配电应用技术

表11-5　常见导线型号

型　　号	名　　称
BXF (BLXF)	氯丁橡胶绝缘铜（铝）芯线
BX (BLX)	橡胶绝缘铜（铝）芯线
BXR	铜芯橡胶软线
BV (BLV)	聚氯乙烯绝缘铜（铝）芯线
BVR	聚氯乙烯绝缘铜（铝）芯软线
BVV (BLVV)	铜（铝）芯聚氯乙烯绝缘和护套线
RVB	铜芯聚氯乙烯绝缘平行软线
RVS	铜芯聚氯乙烯绝缘绞型软线
RV	铜芯聚氯乙烯绝缘软线
RX、RXS	铜芯、橡胶棉纱编织软线

（5）导线根数的表示方法：只要走向相同，无论导线的根数多少，都可以用一根图线表示一束导线，同时在图线上打上短斜线表示根数；也可以画一根短斜线，在旁边标注数字表示根数，所标注的数字不小于 3，对于两根导线，可用一条图线表示，不必标注根数。

（6）导线的标注格式：

$$a-b-c \times d-e-f$$

a 为线路编号；b 为导线型号；c 为导线根数；d 为导线截面；e 为敷设管径；f 为敷设部位。

例：N1- BV -2×2.5+PE2.5-DG20-QA

其中：　N1 表示导线的回路编号；

　　　　BV 表示导线为聚氯乙烯绝缘铜芯线；

　　　　2 表示导线的根数为 2；

　　　　2.5 表示导线的截面为 2.5 mm^2；

　　　　PE2.5 表示 1 根接零保护线，截面为 2.5 mm^2；

　　　　DG20 表示穿管为直径为 20 mm 的钢管；

　　　　QA 表示线路沿墙敷设、暗埋。

4．照明电器的表示方法

照明电器由光源和灯具组成，灯具在平面图中采用图形符号表示，在图形符号旁标注文字，说明灯具的名称和功能。

（1）光源的类型及代号（见表 11-6）。

表11-6　光源的类型及代号

光源的类型	代　　号	光源的类型	代　　号
白炽灯	IN (B)	氖灯	Ne
荧光灯	FL (Y)	电弧灯	ARC
卤（碘）钨灯	IN (L)	红外线灯	IR
汞灯	Hg (G)	紫外线灯	UV
钠灯	Na (N)		

(2) 灯具的类型及代号（见表11-7）。

表11-7　灯具的类型及代号

灯具的类型	代　　　号	灯具的类型	代　　　号
普通吊灯	P	卤钨探照灯	L
壁灯	B	投光灯	T
花灯	H	工厂灯	G
吸顶灯	D	防水、防尘灯	F
柱灯	Z	陶瓷伞罩灯	S

(3) 照明电器安装方式及代号（见表11-8）。

表11-8　照明电器安装方式及代号

安　装　方　式	代　　　号	安　装　方　式	代　　　号
线吊式	CP (X)	吸顶式	C (D)
链吊式	CH (L)	吸顶嵌入式	CR (DR)
管吊式	P (G)	嵌入式	WR (BR)
壁吊式	W (B)		

5. 电力及照明设备的表示方法

电力及照明设备包括配电箱、灯具、开关插座等。

表示方法如下：

(1) 电力及照明设备在平面图中采用图形符号表示，并在图形符号旁标注文字，说明设备的名称、规格、数量、安装方式、离开高度等。

(2) 电力及照明设备的标注格式：

$$a\dfrac{b}{c}\text{或 } a\text{-}b\text{-}c$$

设备编号　设备型号　设备功率

当需要标注引入导线时格式为：

$$\dfrac{a-b-c}{d-e\times f-g}$$

例：$X2\dfrac{XRM201-08-1}{12}$

$X2\dfrac{XRM201-08-1-12}{BV-41\times6+PE2.5-DG40-QA}$

其中：X2 表示配电箱编号；

XRM201-08-1 表示配电箱的型号；

12 表示配电箱的功率；

BV-41×6+PE2.5-DG40-QA 表示配电箱的进箱导线代号。

（3）开关及熔断器的标注格式：

$$a\frac{b}{c/i} \text{ 或 } a\text{-}b\text{-}c/i$$

设 设 设 整
备 备 备 定
编 型 功 电
号 号 率 流

当需要标注引入导线时格式为：

$$a\frac{b-c/i}{d-e \times f-g}$$

例： $3\dfrac{HH3-100/3}{100/80}$

其中： 3 表示开关编号；

HH3−100/3 表示开关的型号；

100 表示开关的额定电流为 100 A；

80 表示开关的整定电流为 80 A。

（4）照明灯具的标注格式：

$$a-b\frac{c \times d-1}{e}f$$

其中：a 表示灯具数量；

b 表示灯具型号；

c 表示每盏灯具内的灯泡（灯管）数量；

d 表示每个灯泡（灯管）的功率；

e 表示灯具安装高度；

f 表示安装方式；

1 表示光源种类（可省略不写）。

例： $4-YG\dfrac{2 \times 40}{2.5}L$

其中：4 表示灯具数量；

YG2 表示灯具型号；

2 表示每盏灯具内的灯泡（灯管）数量；

40 表示每个灯泡（灯管）的功率；

2.5 表示灯具安装高度 2.5 m；

L 表示吊链安装方式。

6. 阅读室内电气工程图的一般程序

一套建筑电气工程图所包括的内容比较多，图样往往有很多张。一般应按以下顺序依次阅读和进行必要的相互对照阅读。

（1）看标题栏及图样目录。了解工程名称、项目内容、设计日期及图样数量和内容等。

（2）看总说明。了解工程总体概况及设计依据，了解图样中未能表达清楚的各有关事项。

如供电电源的来源、电压等级、线路敷设方法、设备安装高度及安装方式、补充使用的非国家标准图形符号、施工时应注意的事项等。有些分项局部问题是在各分项工程的图样上说明的，看分项工程图样时，也要先看设计说明。

（3）看系统图。各分项工程的图样中都包含有系统图。如变配电工程的供电系统图、电力工程的电力系统图、照明工程的照明系统图以及电缆电视系统图等。看系统图的目的是了解系统的基本组成，主要电气设备、元器件等连接关系及它们的规格、型号、参数等，掌握该系统的基本概况。

（4）看平面图。平面布置图是建筑电气工程图样中的重要图样之一，如变配电所电气设备安装平面图，电力平面图，照明平面图，防雷、接地平面图等，都是用来表示设备安装位置、线路敷设方法及所用导线型号、规格、数量、管径大小的。在通过阅读系统图，了解了系统组成概况之后，就可依据平面图编制工程预算和施工方案，具体组织施工了。所以对平面图必须熟读。对于施工经验还不太丰富的读者，有必要在阅读平面图时，选择阅读相应的内容的安装大样图。

（5）看电路图和接线图。了解各系统中用电设备的电气自动控制原理，用来指导设备的安装和控制系统的调试工作。因电路图多是采用功能局法绘制的，看图时应依据功能关系从上至下或从左至右一个回路、一个回路地阅读。若能熟悉电路中各电器的性能和特点，对读懂图样将是一个极大的帮助。在进行控制系统的配线和调校工作中，还可配合阅读接线图和端子图进行。

（6）看安装大样图。安装大样图是按照机械制图方法绘制的用来详细表示设备安装方法的图样，也是用来指导安装施工和编制工程材料计划的重要依据图样。特别是对于初学安装的读者更显重要，甚至可以说是不可缺少的。安装大样图多是采用全国通用电气装置标准图集。

（7）看设备材料表。设备材料表给读者提供了该工程使用的设备、材料的型号、规格和数量，是读者编制购置主要设备、材料计划的重要依据之一。

阅读图样的顺序没有统一的规定，可以根据需要，自己灵活掌握，并应有所侧重。有时一张图样可反复阅读多遍。为更好地利用图样指导施工，使之安装质量符合要求，阅读图样时，还应配合阅读有关施工及验收规范、质量检验评定标准以及全国通用电气装置标准图集，以详细了解安装技术要求及具体安装方法等。

（二）车间动力与照明线路基础

1. 常用电光源类型的选择

电光源按照其工作原理可以分为两大类：

第一类——固体发光光源（包括白炽灯、半导体灯等）；

第二类——气体放电光源，又可分为弧光放电灯（荧光灯、高压汞灯、高压钠灯、金属卤化物灯等）和辉光放电灯（霓虹灯等）。主要光源的特点如下：

白炽灯：除了用在一般照明之外，还可以用于泛光照明和装饰照明。特点是体积小、亮度高、价格低。

卤钨灯：照明常用的光源，性能更为优越的白炽灯。价格高，但是使用寿命比较长，还能为节能做出贡献。

低压灯带：是把 1 W 左右的灯泡连接起来，间距为几厘米，这是带状装饰照明常用的光源。

荧光灯：低压汞蒸气放电激发荧光粉发光。荧光灯最大的特点就是发光率高、使用寿命长、经济性能好，但是体积较大，在工作时需要使用镇流器。

HID 灯：指高辉度放电灯，High Intensity Discharge Lamp 的英文缩写，一般指高压汞灯、高压钠灯的总称。这类光源集中了白炽灯和荧光灯的特点。

2．灯具的分类与选择

选择什么样的灯具需要视空间情况和室内设计风格而定。

（1）顶棚悬吊灯具。灯具通过吊杆与顶棚相连，普通吊灯、枝型吊灯都属于这一类。它们适合于创造室内空间的视觉中心，因而用途广泛，甚至可以看成是古典特征的再现。一般建议将这种灯用在室内空间比较高的场所里。

（2）吸顶型灯具。如果顶棚较矮，或者在顶棚上不能靠空安装灯具时，可以选用吸顶型灯具。它是指灯具直接与顶棚相连。灯具的大小要与房间的面积取得平衡。

（3）顶棚轨道式灯具。灯具安装在通电的槽沟上，可以在轨道上调节位置和角度。如果是带有合适于轨道的专用接头的灯具，则可以任意安装和拆卸，多用于射灯。当然，考虑到设备负荷容量的关系，射灯的数量会有限制。

（4）顶棚镶嵌式灯具。如果不需要让人感觉到灯具的存在，则可以使用这种镶嵌在顶棚内开口很小的灯具。

（5）荧光灯具。有格栅灯具、乳白灯罩灯具和敞口型灯具多种类型，广泛使用在办公室和商店内。

（6）墙地镶嵌灯具。有些镶嵌在墙面或地面的灯具，要求灯具尺寸薄且光线柔和，避免产生眩光，因为有些灯具的安装高度低于人眼的高度。

（7）壁灯。壁灯直接安装在墙面上，主要是为了突出空间的重要性和装饰作用。壁灯的设计和配光曲线对其安装高度会有影响，在选择灯具时，重点是研究灯具的外观和防止眩光，保证人眼不会直接看到光源。

（8）可移动灯具。室内可移动灯具主要指的是台灯和落地灯，而由于其灯罩和反射器的不同，具有不同的照明效果。

（9）建筑化照明灯具。把光源隐藏在墙体或顶棚等建筑和装修构件中，进行间接照明的方式称为建筑化照明。如发光灯槽等。把这些灯具巧妙地隐藏在建筑结构中，可以得到柔和的反射光。

（10）室外灯具。在室外道路、庭院、广场等使用的灯具，要求具有防雨、防腐蚀和抗击打的性能，包括门灯、庭院灯、道路灯具、建筑立面照明灯具、水池灯具等。

3．人工照明的设计程序

（1）明确照明设施的用途和目的：

① 明确环境的性质。确定建筑室内的用途和使用目的，如确定为办公室、商场、体育馆等。

② 确定照明设计的目的。确定需要通过照明设施所达到的目的，如各种功能要求和气氛要求等。

（2）确定适当的照度：

① 根据照明的目的选定适当的照度。

② 根据使用要求确定照度分布（根据活动性质、活动环境及视觉条件，选定照度标准）。

（3）照明质量：

① 考虑视野内的亮度分布。

② 光的方向性和扩散性。

③ 避免眩光。

（4）选择光源：

① 考虑光的效果及其心理效果。

② 发光效率比较。

③ 考虑光源的使用时间。

④ 考虑灯泡表面温度的问题。

（5）确定照明方式：

① 根据具体要求选择照明类型。

② 发光顶棚设计。

（6）照明器的选择：

① 灯具的效率、配光和高度。

② 灯具的形式和色彩。

③ 考虑与室内整体设计的调和。

（7）照明器布置位置的确定：

① 直射照度的计算。

② 平均照度的计算。

（8）电器设计。

（9）经济及维修保护。

（10）设计应考虑事项：

① 与建筑、室内及设备设计师协调。

② 与室内其他设备统一、如空调、音响等。

4．内线安装（室内配线）

（1）一般要求：

① 室内配线的绝缘水平大于线路工作电压。

② 导线截面满足载流量和机械强度要求。

③ 配线装置根据使用环境选择。

④ 配线应避免导线接头。

⑤ 明敷线路安装时应横平竖直，注重美观。

⑥ 导线穿墙时须有穿墙套管。

⑦ 室内线路与各种工艺管道距离符合要求。

（2）组成。室内布线如图 11-1 所示。

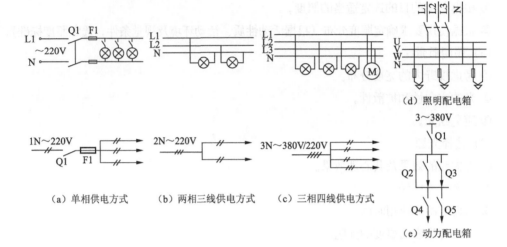

图11-1　室内配线组成

（3）导线截面选择原则：

① 按载流量选择。即按导线的允许温升选择。在最大允许连续负荷电流通过的情况下，导线发热不超过线芯所允许的温度，导线不会因过热而引起绝缘损坏或加速老化。

② 按电压损失选择。导线上的电压损失应低于最大允许值，以保证供电质量。

③ 按机械强度选择。在正常工作状态下，导线应有足够的机械强度以防断线，保证安全可靠运行；低压动力供电线路，因负荷电流较大，所以一般先按载流量（既发热温升条件）来选择导线截面，再校验电压损耗和机械强度；低压照明供电线路，因照明对电压水平要求较高，所以一般先按允许电压损耗来选择截面，然后校验其发热条件和机械强度。按以上经验进行选择，一般比较容易满足要求，较少返工；关于机械强度，对于动力供电线路来讲，一般不详细计算，只按最小选取导线截面校验即可。

（4）零线截面选择原则：

① 在单相及两相线路中，中性线截面应与相线截面相同。

② 在三相四线制供电系统中，如果负荷都是白炽灯或卤钨灯，而且三相负荷平衡时，干线的中性线截面可按相线载流量 50% 选择；如果全部或大部分为气体放电灯，则因供电线路中有三次谐波电流，中性线截面应按最大一相的电流选择。在选用带中性线的四芯电缆时，则应使中性线截面满足载流量要求。

（5）熔丝的选择：

① 熔断器熔体的额定电流不应大于电缆或穿管绝缘导线允许载流量的 2.5 倍，或明敷绝缘导线允许载流量的 1.5 倍。

② 在被保护线路末端发生单相接地短路（中性点直接接地网络）或两相短路时（中性点不接地网络），其短路电流对于熔断器不应小于其熔体额定电流的 4 倍；对于自动开关不应小于其瞬时或短延时过电流脱扣器整定电流的 1.5 倍。

③ 熔断器的熔体电流或自动开关过电流脱扣器整定电流，不小于被保护线路的负荷计算电流。同时应保证在出现正常的短时过负荷时（如线路中电动机、照明光源的启动或自启动等），保护装置不致使被保护线路断开。

（6）施工工艺：

① 铜导线的连接——铰接法，如图 11-2 所示。

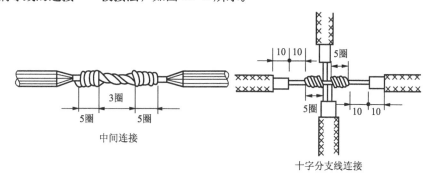

图11-2　铜导线的连接——铰接法

② 铜导线的连接——缠绕绑接，如图 11-3 所示。

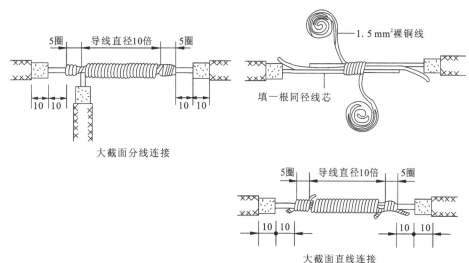

图11-3　铜导线的连接——缠绕绑接

③ 铜导线的连接——多芯导线缠绕绑法，如图 11-4 所示。

④ 铜导线的连接——单卷连接或复卷连接，如图 11-5、图 11-6 所示。

⑤ 铝导线的连接——压接、电焊、钎焊、气焊，如图 11-7 所示。禁止采用铰接和绑接管压接（单线）。

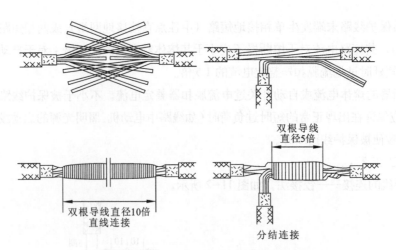

双根导线
直径5倍

双根导线直径10倍
直线连接

分结连接

图11-4　铜导线的连接——多芯导线缠绕绑法

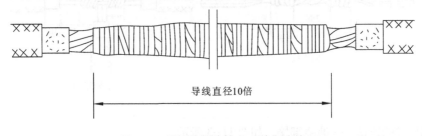

导线直径10倍

图11-5　铜导线的连接——单卷连接

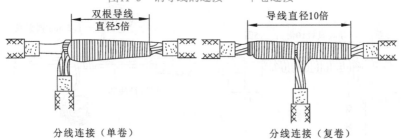

双根导线
直径5倍

导线直径10倍

分线连接（单卷）

分线连接（复卷）

图11-6　铜导线的连接——复卷连接

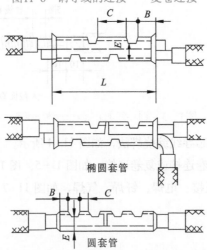

C　B

E

L

椭圆套管

B　C

E

圆套管

图11-7　铝导线的连接——压接、电焊、钎焊、气焊

⑥ 铝导线的连接——管压接（多股），如图 11-8 所示。

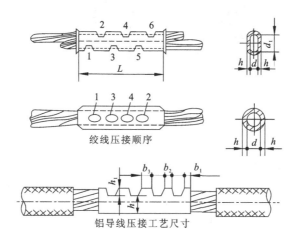

绞线压接顺序

铝导线压接工艺尺寸

图11-8　铝导线的连接——管压接（多股）

⑦ 铝导线的连接——焊接，如图 11-9 所示。

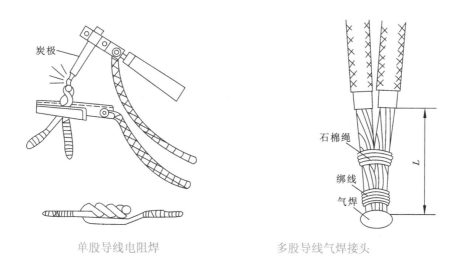

单股导线电阻焊　　　　　　　　　　多股导线气焊接头

图11-9　铝导线的连接——焊接

5. 常用照明附件和白炽灯的安装

（1）常用照明附件。常用照明附件包括灯座、开关、插座、挂线盒及木台等器件。

① 灯座。灯座的种类大致分为插口式和螺旋式两种。灯座外壳分为瓷、胶木和金属材料三种。根据不同的应用场合分为平灯座、吊灯座、防水灯座、荧光灯座等。常用灯座如图 11-10 所示。

② 开关。开关的作用是在照明电路中接通或断开照明灯具的器件。按其安装形式分明装式和暗装式，按其结构分单联开关、双联开关、旋转开关等。常用开关如图 11-11 所示。

(a) 插口吊灯座　　(b) 插口平灯座　　(c) 螺口吊灯座　　(d) 螺口平灯座

图11-10　常用灯具

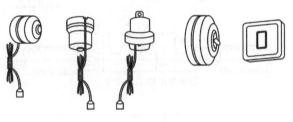

图11-11　常用开关

③ 插座。插座的作用是为各种可移动用电器提供电源。按其安装形式可分为明装式和暗装式，按其结构可分为单相双极插座、单相带接地线的三极插座及带接地的三相四极插座等。如图 11-12 所示。

图11-12　插座

④ 挂线盒和木台。挂线盒俗称"先令"，用于悬挂吊灯并起接线盒的作用，制作材料可分为磁质和塑料。木台用来固定挂线盒、开关、插座等，形状有圆形和方形，材料有木质和塑料。

(2) 常用照明附件的安装：

① 木台的安装。木台用于明线安装方式。在明线敷设完毕后，需要在安装开关、插座、挂线盒等处先安装木台。在木质墙上可直接用螺钉固定木台，对于混凝土或砖墙应先钻孔，插入木榫或膨胀管。

在安装木台前先对木台加工：根据需要安装的开关、插座等的位置和导线敷设的位置，在木台上钻好出线孔、锯好线槽。然后将导线从木台的线槽进入木台，从出线孔穿出（在木台下留出一定长度余量的导线），再用较长木螺钉将木台固定牢固。

② 灯座的安装：

a．平灯座的安装。平灯座应安装在已固定好的木台上。平灯座上有两个接线柱，一个与电源中性线连接，另一个与来自开关的一根线（开关控制的相线）连接。对于插口平灯座上的两个接线柱可任意连接上述的两个线头；而对螺口平灯座有严格的规定；必须把来自开关的线头连接在连通中心弹簧片的接线柱上，电源中性线的线头连接在连通螺纹圈的接线柱上。如图 11–13 所示。

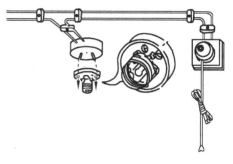

图11-13　螺口平灯座安装

b．吊灯座的安装。把挂线盒底座安装在已固定好的木台上，再将塑料软线或花线的一端穿入挂线盒罩盖的孔内，并打个结，使其能承受吊灯的质量（采用软导线吊装的吊灯质量应小于 1 kg，否则应采用吊链），然后将两个线头的绝缘层剥去，分别穿入挂线盒底座正中凸起部分的两个侧孔里，再分别接到两个接线柱上，旋上挂线盒盖。接着将软线的另一端穿入吊灯座盖孔内，也打个结，把两个剥去绝缘层的线头接到吊灯座的两个接线柱上，罩上吊灯座盖。安装方法如图 11–14 所示。

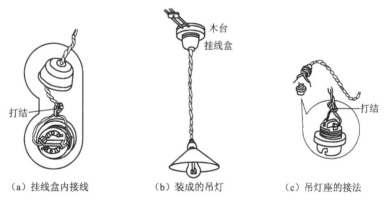

（a）挂线盒内接线　　　　（b）装成的吊灯　　　　（c）吊灯座的接法

图11-14　螺口吊灯座安装

③ 开关的安装：

a．单联开关的安装。开关明装时也要装在已固定好的木台上,将穿出木台的两根导线（一根为电源相线；另一根为开关线）穿入开关的两个孔眼，固定开关，然后把剥去绝缘层的两个线头，分别接到开关的两个接线柱上，最后装上开关盖。

b．双联开关的安装。双联开关一般用于在两处用两只双联开关控制一盏灯。双联开关的安装方法与单联开关类似，但其接线较复杂。双联开关有三个接线柱，分别与三根导线相接，注意双联开关中连铜片的接线柱不能接错，一个开关的连铜片接线柱应和电源相线连接，另一个开关的连铜片接线柱与螺口灯座的中心弹簧片接线柱连接。每个开关还有两个接线柱用两根导线分别与另一个开关的两个接线柱连接。待接好线，经过仔细检查无误后才能通电使用。

④ 插座的安装。明装插座应安装在木台上，安装方法与安装开关相似，穿出木台的两根

项目十一　配电应用技术

197

导线为相线和中性线，分别接于插座的两个接线柱上。对于单相三极插座，其接地线柱必须与接地线连接，不能用插座中的中性线作为接地线。

（3）照明装置安装规定：

① 对于潮湿，有腐蚀性气体，易燃、易爆的场所，应分别采用合适的防潮、防爆、防雨的开关、灯具。

② 吊灯应装有挂线盒，一般每只挂线盒只能装一盏灯。吊灯应安装牢固，超过 1 kg 的灯具必须用金属链条或其他方法吊装，使吊灯导线不受力。

③ 使用螺口灯头时，相线必须接于螺口灯头座的中心铜片上，灯头的绝缘外壳不应有损伤，螺口白炽灯泡金属部分不准外露。

④ 吊灯离地面距离不应低于 2 m，潮湿、危险场所应不低于 2.5 m。

⑤ 照明开关必须串联于电源相线上。

⑥ 开关、插座离地面高度一般不低于 1.3 m。特殊情况，插座可以装低，但离地面不应低于 150 mm，幼儿园、托儿所等处不应装设底位插座。

（4）白炽灯照明线路的安装：

① 白炽灯的构造和种类。白炽灯具有结构简单、安装简便、使用可靠、成本低、光色柔和等特点。一般灯泡为无色透明灯泡，也可根据需要制成磨砂灯泡、乳白灯泡及彩色灯泡。

a. 白炽灯的构造。白炽灯由灯丝、玻璃壳、玻璃支架、引线、灯头等组成。灯丝一般用钨丝制成，当电流通过灯丝时，由于电流的热效应使灯丝温度上升至白炽程度而发光。功率在 40 W 以下的灯泡，制作时将玻璃壳内抽成真空；功率在 40 W 及以上的灯泡则在玻璃壳内充有氩气或氮气等惰性气体，使钨丝在高温时不易挥发。

b. 白炽灯的种类。白炽灯的种类很多，按其灯头结构可分为插口式和螺口式两种；按其额定电压分有 6 V、12 V、24 V、36 V、110 V 和 220 V 等六种；按其用途分为普通照明用白炽灯、投光型白炽灯、低压安全灯、红外线灯及各类信号指示灯等。各种不同额定电压的灯泡外形很相似，所以在安装使用灯泡时应注意灯泡的额定电压必须与线路电压一致。

② 白炽灯照明线路：

a. 用单联开关控制白炽灯。一只单联开关控制一盏白炽灯的接线原理图，如图 11-15(a)所示。

b. 用双联开关控制白炽灯。两只双联开关控制一盏白炽灯的接线原理图，如图 11-15(b)所示。

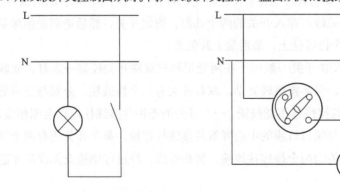

（a）单联开关控制白炽灯接线原理图　　　　（b）双联开关控制白炽灯接线原理图

图 11-15　白炽灯照明线路

6. 荧光灯照明线路及其安装

（1）荧光灯及其附件的结构。荧光灯照明线路主要由灯管、辉光启动器、辉光启动器座、镇流器、灯座、灯架等组成。

① 灯管。由玻璃管、灯丝、灯头、灯脚等组成，其外形结构如图 11-16（a）所示。玻璃管内抽成真空后充入少量汞和氩等惰性气体，管壁涂有荧光粉，在灯丝上涂有电子粉。

灯管常用规格有 6 W、8 W、12 W、15 W、20 W、30 W 及 40 W 等。灯管外形除直线形外，也有制成环形或 U 形等。

② 辉光启动器。由氖泡、纸介质电容器、出线脚、外壳等组成，氖泡内有∩形动触片和静触片，如图 11-16（b）所示。常用规格有 4 ~ 8 W、15 ~ 20 W、30 ~ 40 W，还有通用型 4 ~ 40 W 等。

③ 辉光启动器座。常用塑料或胶木制成，用于放置辉光启动器。

④ 镇流器。主要由铁芯和线圈等组成，如图 11-16（c）所示。使用时，镇流器的功率必须与灯管的功率及辉光启动器的规格相符。

⑤ 灯座。灯座有开启式和弹簧式两种。灯座规格分为大型的，适用 15 W 及以上的灯管；小型的，适用 6 ~ 12 W 灯管。

⑥ 灯架。有木制和铁制两种，规格应与灯管相配合。

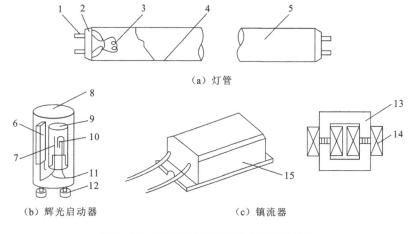

（a）灯管

（b）辉光启动器　　　　　　　（c）镇流器

图11-16　荧光灯照明装置的主要部件结构

1—灯脚；2—灯头；3—灯丝；4—荧光粉；5—玻璃管；6—电容器；7—静触片；8—外壳；9—氖泡；10—动触片；11—绝缘底座；12—出线脚；13—铁芯；14—线圈；15—金属外壳

（2）荧光灯的工作原理。荧光灯工作原理如图 11-17 所示。闭合开关，接通电源后，电源电压经镇流器、灯管两端的灯丝加在辉光启动器的∩形动触片和静触片之间，引起辉光放电。放电时产生的热量使得用双金属片制成的∩形动触片膨胀并向外伸展，与静触片接触，使灯丝预热并发射电子。在∩形动触片与静触片接触时，二者间电压为零而停止辉光放电，∩形动触片冷却收缩并复原而与静触片分离，动、静触片断开瞬间在镇流器两端产生一个比电源电压高得多的感应电动势，这感应电动势与电源电压串联后加在灯管两端，使灯管内惰性气体被电离而引起弧光放电。随着灯管内温度升高，液态汞汽化游离，引起汞蒸气弧光放电而产生肉眼看不见的紫外线，紫外线激发灯管内壁的荧光粉后，发出近似日光的可见光。

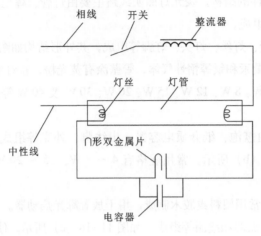

图11-17　荧光灯的工作原理

（3）镇流器的作用。镇流器在电路中除上述作用外还有两个作用：一是在灯丝预热时限制灯丝所需的预热电流，防止预热电流过大而烧断灯丝，保证灯丝电子的发射能力；二是在灯管启辉后，维持灯管的工作电压和限制灯管的工作电流在额定值，以保证灯管稳定工作。

（4）辉光启动器内电容器的作用。该电容器有两个作用：一是与镇流器线圈形成 LC 振荡电路，延长灯丝的预热时间和维持感应电动势；二是吸收干扰收音机和电视机的交流杂声。

7. 荧光灯照明线路的安装

安装荧光灯照明线路中导线的敷设，木台、接线盒、开关等照明附件的安装方法与要求与白炽灯照明线路基本相同。现主要介绍荧光灯的安装方法。

荧光灯的接线装配方法如图 11-18 所示。

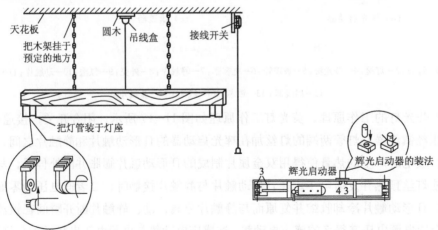

图11-18　荧光灯线路的装配图

（1）用导线把辉光启动器座上的两个接线柱分别与两个灯座中的一个接线柱连接。

（2）把一个灯座中余下的一个接线柱与电源中性线连接，另一个灯座中余下的一个接线柱与镇流器的一个线头相连。

（3）镇流器的另一个线头与开关的一个接线柱连接。

（4）开关的另一个接线柱接电源相线。

接线完毕后，把灯架安装好，旋上辉光启动器，插入灯管。注意当整个荧光灯质量超过1 kg时应采用吊链，载流导线不受力。

（三）车间配电线路运行维护

1. 一般要求

要做好车间配电线路的运行维护工作，必须全面了解车间配电线路的布线情况、结构形式、导线型号规格及配电箱和开关、保护装置的位置等，并了解车间负荷的要求、大小及车间变电所的有关情况。对车间配电线路，有专门的维护电工时，一般要求每周进行一次巡视检查。

2. 车间配电线路的巡视检查项目

（1）检查导线的发热情况。例如，裸母线在正常运行时的最高允许温度一般为70 ℃。如果温度过高时，将使母线接头处氧化加剧，接触电阻增大，运行情况迅速恶化，最后可能引起接触不良或断线。所以一般要在母线接头处涂以变色漆或示温蜡，以检查其发热情况。

（2）检查线路的负荷情况。如果线路过负荷，可引起导线过热，对绝缘导线，其过热还可能引发火灾，十分危险。因此运行维护人员要经常注意线路的负荷情况，除了可从配电屏上的电流表指示了解外，还可用钳形电流表来测量线路的负荷电流。

（3）检查配电箱、分线盒、开关、熔断器、母线槽及接地保护装置的运行情况，着重检查接线有无松脱、瓷绝缘子有无放电破损等现象，并检查螺栓是否紧固。

（4）检查线路上和线路周围有无影响线路安全的异常情况。绝对禁止在带电的绝缘导线上悬挂物体，禁止在线路近旁堆放易燃、易爆物品。

（5）对敷设在潮湿、有腐蚀性物质的线路和设备，要定期进行绝缘检查，绝缘电阻（相间和相对地）一般不得低于0.5 MΩ。

在巡视中发现的异常情况，应记入专用记录本内，重要情况应及时汇报上级，请示处理。

3. 线路运行中突遇停电的处理

突然停电的四种情况如下：

（1）电压突然降为零。电压突然降为零是电网暂时停电，这时总开关不必拉开，但各路出线开关应全部拉开，以免突然来电时用电设备同时启动，造成过负荷，使电压骤降，影响供电系统的正常运行。

（2）双电源进线中的一路进线停电。应立即进行切换操作（即倒闸操作），将负荷，特别是重要负荷转移到另一路电源上。（若备用电源线路上装有电源自动投入装置则切换操作自动完成。）

（3）厂内架空线路发生故障使开关跳闸。如开关的断流容量允许，可以试合一次。如果试合失败，即开关再次跳开，说明架空线路上的故障还未消除，也可能是永久性故障，应进行停电隔离检修。

（4）放射式线路发生故障使开关跳闸。采用"分路合闸检查"方法找出故障线路，使其余线路恢复供电。这种分路合闸检查故障的方法，可将故障范围逐步缩小，并最终查出故障线路，同时恢复其他正常线路的供电。

4．荧光灯照明线路常见故障分析

（1）接通电源后，荧光灯不亮：

① 故障原因：

a．灯脚与灯座；辉光启动器与辉光启动器座接触不良。

b．灯丝断。

c．镇流器线圈断路。

d．新装荧光灯接线错误。

② 对应故障原因的检修方法：

a．转动灯管或辉光启动器，找出接触不良处并修复。

b．用万用表电阻挡检查灯管两端的灯丝是否断，可换新灯管。

c．修理或调换镇流器。

d．找出接线错误处。

（2）荧光灯光闪动或只有两头发光：

① 故障原因：

a．辉光启动器氖泡内的动、静触片不能分开或电容器被击穿短路。

b．镇流器配用规格不合适。

c．灯脚松动或镇流器接头松动。

d．灯管陈旧。

e．电源电压太低。

② 对应故障原因的检修方法：

a．更换辉光启动器。

b．调换与荧光灯功率适配的镇流器。

c．修复接触不良处。

d．换新灯管。

e．如有条件采取稳压措施。

（3）光在灯管内滚动或灯光闪烁：

① 故障原因：

a．新管暂时现象。

b．灯管质量不好。

c．镇流器配用规格不合适或接线松动。

d．辉光启动器接触不良或损坏。

② 对应故障原因的检修方法：

a．开用几次可消除故障现象。

b．换灯管试一下。

c．调换合适的镇流器或加固接线。

d．修复接触不良处或调换辉光启动器。

（4）镇流器过热或冒烟：

① 故障原因：

a．镇流器内部线圈短路。

b．电源电压过高。

c．灯管闪烁时间过长。

② 对应故障原因的检修方法：

a．调换镇流器。

b．检查电源。

c．按故障（3）处理思路检查闪烁原因并排除。

5．室内照明与动力线路检修

（1）室内照明与动力线路故障寻迹图，如图11—19所示。

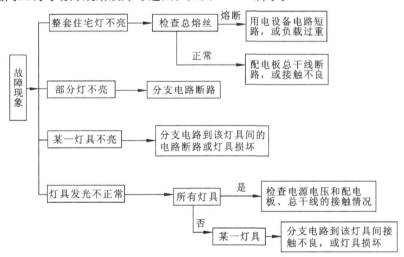

图11—19　室内照明与动力线路故障寻迹图

（2）灯具线路故障寻迹图，如图11—20所示。

（3）故障分析和检修常用方法：

① 电阻法。用万用表电阻挡检查电路接线通断情况，有无开路、短路。

② 电压法。用万用表交流电压挡检查电源电压、某两点间电压是否为220 V或380 V。

③ 电流法。用万用表交流电流挡检查是否有漏电、电流通过情况。

④ 电笔法。可用电笔检查相线是否有电，外壳是否带电、漏电。

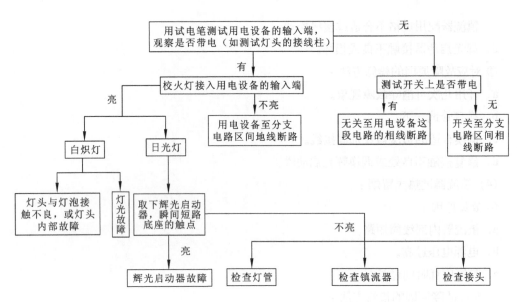

图11-20 灯具线路故障寻迹图

⑤ 绝缘电阻表法。用绝缘电阻表检查：两线之间或导线对地间的绝缘电阻。

⑥ 短路线法。用短路线短接怀疑故障的开关、接线柱甚至导线。绝不能短接电源、插座、负载等。

⑦ 校验灯法。用校验灯短接怀疑故障的开关、接线柱甚至导线。若校验灯亮则说明怀疑的开关、接线柱、导线有故障。

项目情境

（1）由教师（代表管理方）对学生（员工）进行配电技术应用技能讲解：

① 住宅配电识图。

② 车间动力照明线路设计。

③ 车间动力照明线路安装。

④ 车间配电线路运行维护。

（2）由教师（代表管理方）对学生（员工）进行配电技术应用技能的操作展现：

① 由教师（代表管理方）在维修电工实训室进行住宅配电识图讲解。

② 由教师（代表管理方）在维修电工实训室进行车间常见照明线路安装展示。

③ 由教师（代表管理方）在维修电工实训室进行导线截面的选择与相关计算展示。

④ 由教师（代表管理方）在维修电工实训室进行车间配电线路的敷设与维护展示。

（3）由教师（代表管理方）对学生（员工）进行工作任务的布置与分配，明确"配电技术应用技能"训练的目的、要求及内容。

项目实施

具体完成过程是：按情境进行项目布置→学生个人准备→组内讨论、检查→发言代表汇报→评价→展示案例、问题指导→组内讨论、修改方案→第二次汇报→评价→问题指导→再讨论再修改→第三次汇报→评价、验收→拓展任务、巩固训练→师生共同归纳总结→新项目布置，完成项目十一的具体任务和拓展任务。

将学生根据实训平台（条件）按照项目要求进行分组实施。

1. 车间照明装置的敷设与维护演练

演练步骤如下：

（1）分析车间照明系统图及平面图，如图 11-21 所示，明确照明方式、光源的类型、灯具的选择。

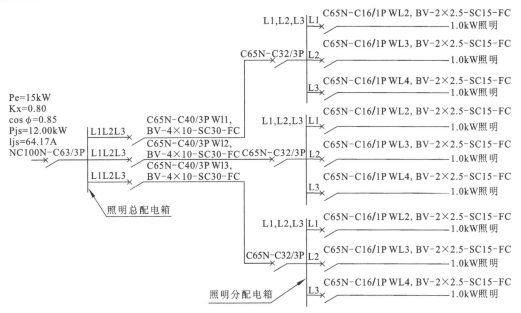

图11-21　某车间车间照明系统示意图

（2）照明配电箱、照明灯具、开关、插座安装等，如图 11-22 所示。

（3）车间照明线路的敷设方法分析。绝缘导线的敷设方式有明敷设和暗敷设两种。明敷设是指导线直接穿在管子、线槽等保护体内，敷设于墙壁、顶棚的表面以及桁架、支架等处。暗敷设是指在建筑物内预埋穿线管，再在管内穿线。但穿管的绝缘导线在管内不允许有接头，接头必须埋在专门的接线盒内。根据建设部标准，穿管暗敷设的导线必须是铜芯线。

（4）车间照明线路导线选择原则。首先进行照明线路电流的计算，其次进行照明线路导线的选择，要求掌握常用照明线路导线型号及用途，按机械强度选择导线，按允许载流量选择导线，按线路电压损失选择导线，中性线截面的选择，保护线(以下简称 PE 线)截面的选择,保护接地中性线(PEN)的选择等。

（5）照明装置的一般运行要求。照明装置故障与其他用电设备相同，大体分为短路、开路、漏电和过热四种。要求详细分析发生各种故障的主要原因。

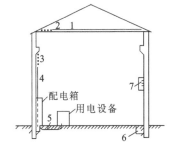

图11-22　某车间照明平面示意图

1—沿屋架横向明敷；2—跨屋架纵向明敷；

3—沿墙或沿柱明敷；4—穿管明敷；

5—地下穿管暗敷；

6—地沟内敷设；7—母线槽（插接式母线）

（6）照明装置的巡视和检查周期。包括架空线路的安全检查、电缆线路的安全检查和车间配电线路的安全检查等。

（7）车间照明装置常见故障和处理。分析车间照明装置常见故障现象、照明线路的主要故障和照明线路发生故障后的检修等。

2. 车间配电线路的敷设与维护演练

现有某机加工车间需进行低压配电设计与安装，该车间共有数控车床 10 台，数控铣车 5 台，数控磨床 6 台，普通车床 20 台，普通铣床、磨床、钻床各 5 台，普通锯床 15 台，台式电钻 15 台，弧焊电焊机 4 台，梁上行车 1 台，通风风机 2 台，照明灯具 40 套，已提供各设备平面布置图和车间配电室平面图如图 11-23 所示。

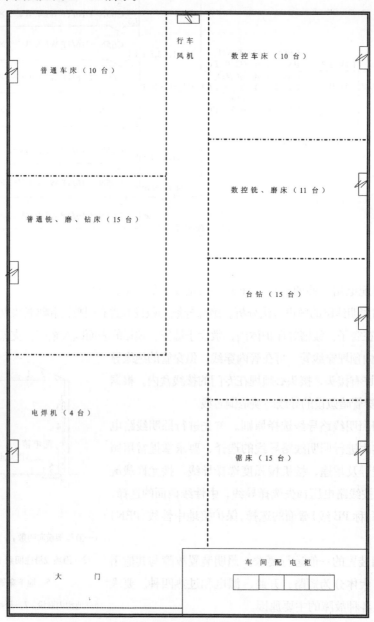

图 11-23 某车间动力平面示意图

训练要求如下：

（1）依据设备功率及平面布置，合理进行设备分组。

（2）完成各设备组负荷计算并据此选择各类电器。

（3）依据所选择电器完成配电箱设计与安装。

（4）依据计算负荷和设备功率选择导线类型及线径。

（5）依据导线和设备位置设计布线方式。

（6）依据所选器件和工程量编制项目预算表。

（7）完成照明与动力布线。

演练步骤如下：

（1）车间配电线路的导线敷设。分析常用导线类型，明确车间线路的敷设方式及要求。

（2）导线电缆截面的选择（包括相线、中性线、保护线和保护中性线等）。详述如下：

① 掌握按发热条件选择导线电缆截面。

② 掌握按电流密度选择导线电缆截面。

③ 掌握按电压损耗选择导线电缆截面。

（3）车间配电线路的导线维护：

① 对车间配电线路的安全检查。

② 定期进行车间配电线路的停电清扫。

③ 检查配电线路中的各种开关电器及熔断器。

项目评价

由项目委托方代表（一般来说是教师）对项目十一各项任务的完成结果进行验收、评分，对合格的任务进行接收。

考核评分表如表 11-9 所示。

表11-9　考核评分表

考核内容	考核要求	配分	评分标准	扣分	得分	备注
柜布置及布线安装	配电柜布局合理；安装符合要求；布线合理美观；接线正确、牢固，电气接触良好	30分	布置合理安装牢固，布线规范接线正确接触良好			
设备分组及理论计算	设备分组合理；负荷计算正确；器件选择合理；线径选择正确	30分	能较好地运用理论知识完成计算、选择等工作			
通电试运行	接通电源、供电正常仪表运行正常	30分	试运行的步骤和方法不正确，扣5分；经两次通电才成功，扣10分；两次通电不成功且不能查出故障，扣20分			
安全生产文明生产	按国家颁发的安全生产法规进行考核；按学校实验室规定考核	10分	每违反一项从总分中，扣2分；发生重大事故或损坏设备取消考试资格			

🛠 项目拓展

（1）走廊、楼梯照明的特殊要求：

走廊和楼梯照明关系到安全，走廊和楼梯是人们在紧急时刻撤离建筑物的路径。楼梯包括很少使用的消防梯，当发生火灾或其他紧急事件的时候，为了快速撤离建筑，照明设计是非常重要的。走廊和楼梯中的照明主要是引导行走，照度要求不高。但是建筑法规要求在走廊和楼梯区域必须安装辅助照明或应急照明。

（2）根据负荷电流、敷设方式、敷设环境估算导线截面的口诀：

十下五，百上二；二五、三五四、三界；

七零、九五两倍半；穿管温度八九折；

铜线升级算；裸线加一半。

例1 负荷电流28 A，要求铜线暗敷设，环境温度按35 ℃计算。

试算：设采用6 mm 2塑铜线（如BV–6）。据口诀，可按10 mm 2绝缘铝线计算其载流量，为10×5 A=50 A；暗敷设，50×0.8 A=40 A；环境温度按35 ℃计算，40×0.9 A=36 A>28 A；故可用。

例2 负荷电流58 A。要求铝线暗敷设，环境温度按35 ℃。

试算：设采用16 mm 2的塑铝线（如BLV–16）。据口诀，16×4=64 A。

暗敷设，64×0.8 A=51.2 A<66 A。改选25 mm 2的塑铝线（如BLV–25）。

据口诀，25×4 A=100 A。暗敷设，100×0.8 A=80 A。环境温度按35 ℃时，80×0.9 A=72 A>58 A；故可用。

（3）由教师根据岗位能力需求布置有关"思考讨论题"。

安全用电操作规程

第一章 总 则

（1）为了贯彻国家安全生产的方针政策和法规，保障施工现场用电安全，防止触电事故发生，促进建设事业发展，特制定本规范。

（2）本规范适用于新建、改建和扩建的工业与民用建筑和市政基础设施施工现场临时用电工程中的电源中性点直接接地的 380 V/220 V 三相四线制的低压电力系统的设计、安装、使用、维修和拆除。

（3）建筑施工现场临时用电工程专用的电源中性点直接接地的 220 V/380 V 三相四线制低压电力系统，必须符合下列规定：

① 采用三级配电系统；

② 采用 TN-S 接零保护系统；

③ 采用二级漏电保护系统。

（4）施工现场临时用电，除应执行本规范的规定外，尚应符合国家现行有关强制性标准的规定。

第二章 术语、代号

术 语

（1）低压（low voltage）。交流额定电压在 1 kV 及以下的电压。

（2）高压（high voltage）。交流额定电压在 1 kV 及以上的电压。

（3）外电线路（external circuit）。施工现场临时用电工程配电线路以外的电力线路。

（4）有静电的施工现场（construction site with electrostatic field）。存在因摩擦、挤压、感应和接地不良等而产生对人体和环境有害静电的施工现场。

（5）强电磁波源（source of powerful electromagnetic wave）。辐射波能够在施工现场机械设备上感应产生有害对地电压的电磁辐射体。

（6）接地（ground connection）。设备的一部分为形成导电通路与大地的连接。

（7）工作接地（working ground connection）。为了电路或设备达到运行要求的接地，如变压器低压中性点和发电机中性点的接地。

（8）重复接地（iterative ground connection）。设备接地线上一处或多处通过接地装置与大地再次连接的接地。

（9）接地体（earth lead）。埋入地中并直接与大地接触的金属导体。

（10）人工接地体（manual grounding）。人工埋入地中的接地体。

（11）自然接地体（natural grounding）。施工前已埋入地中，可兼作接地体用的各种构件，如钢筋混凝土基础的钢筋结构、金属井管、金属管道（非燃气）等。

（12）接地线（ground line）。连接设备金属结构和接地体的金属导体（包括连接螺栓）。

（13）接地装置（grounding device）。接地体和接地线的总和。

（14）接地电阻（ground resistance）。接地装置的对地电阻。它是接地线电阻、接地体电阻、接地体与土壤之间的接触电阻和土壤中的散流电阻之和。

接地电阻可以通过计算或测量得到它的近似值，其值等于接地装置对地电压与通过接地装置流入地中电流之比。

（15）工频接地电阻（power frequency ground resistance）。按通过接地装置流入地中工频电流求得的接地电阻。

（16）冲击接地电阻（shock ground resistance）。按通过接地装置流入地中冲击电流（模拟雷电流）求得的接地电阻。

（17）电气连接（electric connect）。导体与导体之间直接提供电气通路的连接（接触电阻近于零）。

（18）带电部分（live-part）。正常使用时要被通电的导体或可导电部分，它包括中性导体（中性线），不包括保护导体（保护零线或保护线），按惯例也不包括工作零线与保护零线合一的导线（导体）。

（19）外露可导电部分（exposed conductive part）。电气设备的能触及的可导电部分。它在正常情况下不带电，但在故障情况下可能带电。

（20）触电（电击）（electric shock）。电流流经人体或动物体，使其产生病理生理效应。

（21）直接接触（direct contact）。人体、牲畜与带电部分的接触。

（22）间接接触（indirect contact）。人体、牲畜与故障情况下变为带电体的外露可导电部分的接触。

（23）配电箱（distribution box）。一种专门用作分配电力的配电装置，包括总配电箱和分配电箱，如无特指，总配电箱、分配电箱合称配电箱。

（24）开关箱（switch box）。末级配电装置的通称，亦可兼作用电设备的控制装置。

（25）隔离变压器（isolating transformer）。指输入绕组与输出绕组在电气上彼此隔离的变压器，用以避免偶然同时触及带电体（或因绝缘损坏而可能带电的金属部件）和大地所带来的危险。

（26）安全隔离变压器（safety isolating transformer）。为安全特低电压电路提供电源的隔离变压器。

它的输入绕组与输出绕组在电气上至少由相当于双重绝缘或加强绝缘的绝缘隔离开来。

它是专门为配电电路、工具或其他设备提供安全特低电压而设计的。

代　　号

（1）DK 为电源隔离开关；

（2）H 为照明器；

（3）L1、L2、L3 为三相电路的三相相线；

（4）M 为电动机；

（5）N 为中性点，中性线，工作零线；

（6）NPE 为具有中性线和保护线两种功能的接地线，又称保护中性线；

（7）PE 为保护零线，保护线；

（8）RCD 为漏电保护器，漏电断路器；

（9）T 为变压器；

（10）TN 为电源中性点直接接地时电气设备外露可导电部分通过零线接地的接零保护系统；

（11）TN-C 为工作零线与保护零线合一设置的接零保护系统；

（12）TN-C-S 为工作零线与保护零线前一部分合一，后一部分分开设置的接零保护系统；

（13）TN-S 为工作零线与保护零线分开设置的接零保护系统；

（14）TT 为电源中性点直接接地，电气设备外露可导电部分直接接地的接地保护系统，其中电气设备的接地点独立于电源中性点接地点；

（15）W 为电焊机。

第三章　临时用电管理

（1）电工必须经过按国家现行标准考核合格后，持证上岗工作；其他用电人员必须通过相关安全教育培训和技术交底，考核合格后方可上岗工作。

（2）安装、巡检、维修或拆除临时用电设备和线路，必须由电工完成，并应有人监护。电工等级应同工程的难易程度和技术复杂性相适应。

（3）各类用电人员应掌握安全用电基本规程和所用设备的性能，并应符合下列规定：

① 使用电气设备前必须按规定穿戴和配备好相应的劳动防护用品，并应检查电气装置和保护设施，严禁设备带"缺陷"运转。

② 保管和维护所用设备，发现问题及时报告解决。

③ 暂时停用设备的开关箱必须分断电源隔离开关，并应关门上锁。

④ 移动电气设备时，必须经电工切断电源并做妥善处理后进行。

第四章　电气设备防护

（1）电气设备现场周围不得存放易燃、易爆物，污源和腐蚀介质，否则应予清除或做防护处置，其防护等级必须与环境条件相适应。

（2）电气设备设置场所应能避免物体打击和机械损伤，否则应做防护处置。

→ **铣床控制原理图**

铣床控制原理图如图 B-1 所示。

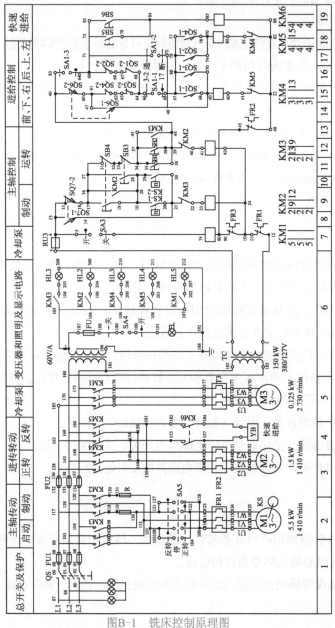

图B-1　铣床控制原理图

参 考 文 献

[1] 李显全. 维修电工职业技能鉴定教材[M]. 北京：中国劳动社会保障出版社，1998.

[2] 蒋科华. 维修电工职业技能鉴定指导[M]. 北京：中国劳动社会保障出版社，1998.

[3] 仇超. 电工实训[M]. 北京：北京理工大学出版社，2007.

[4] 王炳勋. 电工实习教程[M]. 北京：机械工业出版社，2004.

[5] 李爱军. 维修电工技能实训[M]. 北京：北京理工大学出版社，2007.

[6] 王忠庆. 电工技术实训[M]. 北京：高等教育出版社，2003.

[7] 于占河. 电工技术基础[M].2版.北京：化学工业出版社，2007.

[8] 邓允. 电工与电子技术基础[M]. 北京：化学工业出版社，2004.